农田土壤重金属钝化修复技术与实践

Technologies and Practices of Heavy Metal Immobilization in Farmland Soils

付庆灵　胡红青　主编

中国农业出版社
北　京

图书在版编目（CIP）数据

农田土壤重金属钝化修复技术与实践 / 付庆灵，胡
红青主编. —北京：中国农业出版社，2023.2
ISBN 978-7-109-29850-7

Ⅰ.①农… Ⅱ.①付… ②胡… Ⅲ.①农田污染－重
金属污染－污染土壤－修复－研究 Ⅳ.①X53

中国版本图书馆 CIP 数据核字（2022）第 149509 号

中国农业出版社出版

地址：北京市朝阳区麦子店街 18 号楼
邮编：100125
责任编辑：魏兆猛
责任校对：周丽芳
印刷：三河市国英印务有限公司
版次：2023 年 2 月第 1 版
印次：2023 年 2 月河北第 1 次印刷
发行：新华书店北京发行所
开本：700mm×1000mm 1/16
印张：14
字数：270 千字
定价：69.00 元

序

　　快速的工业化进程带来了经济的高速增长，同时带来了严重的环境问题。2014 年环境保护部联合国土资源部发布《全国土壤污染状况调查公报》，调查显示，全国土壤环境状况整体不容乐观，耕地土壤点位超标率高达 19.4%，重金属污染为主要无机污染物。重金属污染不仅降低土壤质量，损害土壤生态功能，还可以通过食物链进入人体，进而给人体健康带来潜在危害。国务院 2016 年 5 月发布《土壤污染防治行动计划》，提出受污染耕地安全利用率达到 90% 以上；2018 年颁布《中华人民共和国土壤污染防治法》，为土壤污染防治提供了法律保障。因此，农田土壤重金属污染修复是关系国计民生的大事，符合国家战略需求。

　　土壤重金属污染修复技术繁多，主要包括化学钝化、物理修复、生物修复等。农田土壤重金属污染修复具有特殊性，需要保障农田生产功能，因此化学钝化是实现"边生产边修复"的重要修复模式。目前，广泛运用于农田土壤化学钝化材料主要包括黏土矿物、含磷材料、生物炭等，它们通过吸附固定重金属、改变土壤 pH 等降低土壤中重金属的生物有效性，保障农作物安全生产。本书的编者团队在国家自然科学基金等国家级项目的支持下，针对农田土壤重金属钝化材料选择、钝化机理和应用实践等方面开展了长期深入的研究，取得了突出成果。编者团队在系统总结这些数据和成果的基础上，编写了这本《农田土壤重金属钝化修复技术与实践》专著，重点阐述了我国农田土壤重金属污染现状、修复技术概况和修复材料钝化机制，并详细介绍了含磷物质、生物炭和常见黏土矿物在农田土壤重金属钝化中的应用实践。这些研究成果可为农田土壤重金属污染修复提供科学参考，具有较好的理论和实践意义。

　　我之所以愿意为《农田土壤重金属钝化修复技术与实践》一书作序，把它介绍给广大读者，是因为这本书提供了大量理论联系实际的研究成果,可为广大同行了解我国农田土壤修复现状、高效开展相关研究工作发挥积极作用。同时,也希望编者团队及全国相关领域科研人员能更加深入地开展这些研究,特别是转化型的研究。这些研究成果必将为实现农田土壤重金属污染防治,促进我国农田安全生产的可持续发展提供科技支撑。

2022 年 4 月 26 日

前　言

　　土壤是自然生态环境系统的重要组成部分，是人类赖以生存的环境基本要素，也是经济、社会可持续发展的关键。2014年环境保护部联合国土资源部发布《全国土壤污染状况调查公报》，调查显示，全国耕地土壤点位超标率高达19.4％，重金属污染为主要无机污染物。重金属污染不仅降低土壤质量、危害土壤健康，还可通过食物链危害人体健康。土壤重金属污染具有隐蔽性、滞后性、长期性，以及生物体富集性、弱移动性等特点。因此，有效预防、及时控制及治理土壤重金属污染，改善土壤质量，已成为农业可持续发展和生态环境保护中迫切需要进行的重要工作，也是保障粮食安全与农业可持续发展的重要前提。

　　国务院2016年5月印发了《土壤污染防治行动计划》，提出受污染耕地安全利用率达到90％以上。农田土壤重金属污染修复具有特殊性，既要降低土壤重金属毒性，又要保障农田的基本生产功能，确保农产品质量安全，因此，农田土壤重金属污染修复主要目标是受污染耕地安全生产。土壤重金属化学钝化修复技术通过改变土壤重金属形态，降低重金属的有效性，实现"边生产边修复"，是保障农田安全生产的重要修复模式。

　　本书的编者团队在国家自然科学基金、国家科技支撑计划、国家高技术研究发展计划、国家重点研发计划等项目的支持下，在农田土壤重金属修复实践方面开展了长期深入的研究，取得了突出成果。编者团队在华中农业大学胡红青教授和付庆灵博士指导下系统总结了这些数据和成果，编写了这本《农田土壤重金属钝化修复技术与实践》专著。本书第一章主要介绍了我国农田土壤重金属污染现状与修复技术概况，由苏小娟博士和付庆灵博士共同撰写；第二章主要介绍现有重金属钝化修复材料及其对重金属固定机制，由黄国勇博士撰写；第三章主要分析了含磷物质对土壤重金属钝化修复效果与实践，由刘永红博士和姜冠杰博士共同撰写；第四章重点介绍了生物炭对土壤重金属钝化修复与实践，由高瑞丽博士和付庆灵博士撰写；第五章和第六章主要介绍黏土矿物及其他常见修复材料对土壤重金属钝化修复与实践，由胡超博士撰写；第七章对农田重金属钝化修复研究与应用进行了展望，由胡红青教授撰写。最后，由付庆灵博士统稿及校正。健康土壤带来健康生活，农田土壤重金属污染修复关乎国计民生，这些研究成果可为农田土壤重金属污染修复提供科学参考。

本书很荣幸邀请到朱永官院士作序，朱院士对本书提出了许多宝贵意见和建议。本书的出版得到了中国农业出版社魏兆猛同志的大力支持，他在本书的编辑加工上花费了大量心血，借此机会，向他们致以衷心和诚挚的谢意。

由于编者水平有限，疏漏与不足之处在所难免，敬请各位读者批评、指正。

编　者

2022 年 3 月 31 日

目 录

序

前言

第一章

我国农田土壤重金属污染现状与修复技术概况

　　土壤是自然生态环境系统的重要组成部分，是人类赖以生存的基础和环境基本要素，还是经济、社会可持续发展的关键。近年来，随着人类利用和改造自然的进程加快，导致大量污染物进入土壤环境，当污染物累积量超过土壤自净能力和环境容量，土壤则作为最终受体而受到污染。重金属在土壤中不能被微生物降解，却能够通过大气圈、水圈和生物圈等进入食物链，在生物体内不断富集放大，从而对整个生态系统产生影响（徐明岗 等，2014；Shomar et al.，2005；毛应明，2015）。

　　随着社会的不断进步、经济的快速发展和生活水平的稳步提高，人们对远离污染、保证粮食安全和人体健康的需求日益增长。因此，治理土壤重金属污染已成为亟待解决的环境问题。土壤重金属污染具有隐蔽性、滞后性、长期性、不可逆转性，以及生物体富集性、移动性弱等特点，只有通过对土壤中重金属存在形态、迁移转化机理和影响因素的研究，以及重金属对植物的有效性甚至对人畜健康影响的深入研究，才能确定是否污染及污染的程度。所以，有效地预防、控制及治理土壤重金属污染，改善土壤质量，已成为农业可持续发展和生态环境保护中迫切需要进行的重要工作，也是社会发展的时代要求。

第一节　农田土壤重金属的污染现状、来源和危害

一、我国农田重金属污染现状、来源

　　随着我国工矿业快速发展、废弃物排放量增加和不合理堆置、农药和化肥广泛使用，农田土壤质量退化和土壤污染问题日益严重（胡文友 等，2021）。目前，我国农田土壤重金属污染相当普遍，对生态环境和人体健康构成严重威胁。2014年环境保护部联合国土资源部发布的《全国土壤污染状况调查公报》指出：南方土壤污染重于北方，西南、中南地区土壤重金属超标范围大，镉（Cd）、汞（Hg）、砷（As）、铅（Pb）等无机污染物含量分布呈现从西北到东南、从东北到西南方向逐渐升高的态势。耕地土壤点位超标率为19.4%，其

中轻微、轻度、中度和重度污染点位比例分别为 13.7％、2.8％、1.8％和1.1％，主要污染物为镉、镍（Ni）、铜（Cu）、砷、汞、铅、滴滴涕和多环芳烃等（环境保护部和国土资源部，2014）。

20 世纪 80 年代，我国逐步开展了系统的土壤重金属背景值调查研究，并出版了《中国土壤元素背景值》（中国环境监测总站，1990），为我国土壤背景值的研究和合理制定土壤环境质量标准提供了科学依据。陈文轩等基于 2002 年以来中国各行政区农田土壤重金属实测数据，探讨了农田 Cr（铬）、Cd、Pb、Zn（锌）、Cu、As 和 Hg 7 种重金属的污染程度及空间分布特征，发现湖南、云南、贵州、四川、福建、广西以及上海的农田土壤重金属含量较高。其中 Cr 和 As 的平均含量未超出中国土壤背景值，而 Cd、Pb、Cu、Zn 以及 Hg 的平均含量分别是土壤背景值 2.47 倍、1.26 倍、1.28 倍、1.17 倍和 1.82 倍（表 1-1）（陈文轩 等，2020）。他们在克里金插值基础上，利用 ArcGIS10.2 软件统计分析，得到各省、自治区和直辖市的农田土壤重金属含量的平均值。农田土壤重金属平均含量较高的区域主要位于湖南、云南、贵州、四川、福建、广西及上海等地的农田土壤；而内蒙古、黑龙江、青海、新疆、辽宁、吉林以及宁夏的农田土壤重金属含量较低（表 1-2）（陈文轩 等，2020）。

表 1-1 农田土壤重金属描述统计

元素	样本数	平均值/(mg/kg)	标准差	变异系数	偏度	峰度	中国土壤背景值/(mg/kg)	土壤环境质量标准/(mg/kg)
Cr	532	59.97	21.86	0.36	0.21	0.01	61.00	150.0
Cd	535	0.24	0.19	0.78	1.76	3.36	0.097	0.3
Pb	593	32.73	18.57	0.57	1.38	2.05	26.00	70.0
Cu	493	28.91	11.77	0.41	1.01	0.90	22.60	50.0
Zn	389	86.52	32.21	0.37	1.08	1.34	74.20	200.0
As	481	10.40	5.77	0.56	0.42	0.26	11.20	25.0
Hg	449	0.118	0.10	0.83	1.87	5.02	0.065	0.5

注：数据引自陈文轩 等（2020）。

表 1-2 中国各行政区农田土壤重金属含量平均值及背景值[①]（mg/kg）

行政区	Cr	Cd	Pb	Cu	Zn	As	Hg
浙江	58.8 (52.90)[②]	0.20 (0.07)	40.8 (23.70)	26.9 (17.60)	95.08 (70.60)	7.27 (9.20)	0.16 (0.09)
云南	74.43 (65.20)	0.24 (0.218)	35.7 (40.06)	32.5 (46.30)	93.49 (89.70)	12.35 (18.40)	0.12 (0.06)

（续）

行政区	Cr	Cd	Pb	Cu	Zn	As	Hg
新疆	51.26 (49.30)	0.274 (0.12)	18.02 (19.40)	32.7 (26.70)	81.55 (68.80)	11.03 (11.20)	0.03 (0.02)
四川	60.87 (79.00)	0.268 (0.08)	32.28 (30.90)	30.8 (31.10)	107.5 (86.50)	9.65 (10.40)	0.10 (0.06)
陕西	61.16 (62.50)	0.314 (0.09)	32.63 (21.40)	34.3 (21.40)	75.99 (69.40)	11.26 (11.10)	0.118 (0.03)
山西	69.98 (61.80)	0.180 (0.13)	27.22 (15.80)	31.38 (26.90)	80.15 (75.50)	10.08 (9.80)	0.101 (0.03)
山东	55.29 (66.00)	0.198 (0.08)	24.13 (25.80)	25.60 (24.00)	75.51 (63.50)	9.95 (9.30)	0.076 (0.02)
青海	46.63 (70.10)	0.171 (0.14)	24.64 (20.90)	26.16 (22.20)	89.62 (80.30)	11.53 (14.00)	0.055 (0.02)
宁夏	56.98 (60.00)	0.211 (0.112)	23.26 (20.90)	22.70 (22.10)	66.95 (58.80)	9.80 (11.90)	0.067 (0.02)
内蒙古	51.85 (41.40)	0.142 (0.05)	23.24 (17.20)	23.87 (14.10)	63.03 (59.10)	9.24 (7.50)	0.061 (0.04)
辽宁	56.32 (57.90)	0.218 (0.108)	29.27 (21.40)	24.35 (19.8)	76.86 (63.50)	7.81 (8.80)	0.102 (0.04)
江西	50.40 (45.90)	0.220 (0.108)	44.32 (32.30)	29.50 (20.3)	87.90 (69.40)	10.36 (14.90)	0.140 (0.08)
吉林	52.47 (46.70)	0.189 (0.10)	25.91 (28.80)	27.33 (17.10)	77.49 (80.40)	10.47 (8.00)	0.074 (0.04)
湖南	59.97 (71.40)	0.381 (0.13)	42.78 (29.70)	35.50 (27.30)	104.25 (94.00)	13.39 (15.7)	0.201 (0.12)
湖北	67.11 (86.00)	0.259 (0.172)	31.75 (26.70)	29.35 (30.7)	86.46 (83.60)	10.33 (12.30)	0.097 (0.08)
黑龙江	54.95 (58.60)	0.138 (0.086)	23.71 (24.20)	22.94 (20.0)	64.66 (70.70)	13.19 (7.30)	0.095 (0.04)
河南	60.57 (63.80)	0.252 (0.074)	30.03 (19.60)	32.90 (19.7)	84.72 (60.10)	10.10 (11.40)	0.081 (0.03)
北京	50.59 (68.10)	0.153 (0.074)	23.57 (25.40)	23.90 (23.6)	83.77 (102.6)	8.60 (9.70)	0.073 (0.07)

（续）

行政区	Cr	Cd	Pb	Cu	Zn	As	Hg
天津	69.52 (84.20)	0.351 (0.090)	25.99 (21.00)	32.86 (28.8)	82.03 (79.30)	9.79 (9.60)	0.159 (0.08)
海南	46.44 (105.4)	0.288 (0.069)	33.62 (26.07)	29.64 (21.0)	89.34 (56.52)	9.87 (4.31)	0.080 (0.05)
贵州	60.17 (95.90)	0.365 (0.659)	38.49 (35.20)	29.35 (32.0)	103.86 (99.5)	13.88 (20.00)	0.190 (0.11)
广西	54.50 (82.10)	0.317 (0.267)	34.92 (24.00)	25.22 (27.8)	107.98 (75.6)	14.17 (20.50)	0.144 (0.15)
甘肃	63.01 (70.20)	0.213 (0.116)	24.52 (18.80)	26.83 (24.1)	86.43 (68.50)	10.46 (12.60)	0.084 (0.02)
福建	50.00 (41.30)	0.240 (0.054)	52.48 (34.90)	24.18 (21.6)	105.45 (82.7)	8.68 (5.78)	0.225 (0.08)
安徽	59.04 (66.50)	0.241 (0.097)	39.57 (26.60)	28.75 (20.4)	80.15 (62.00)	9.17 (9.99)	0.100 (0.03)
上海	74.90 (70.20)	0.138 (0.138)	26.18 (25.00)	29.58 (27.2)	95.35 (81.30)	8.87 (9.19)	0.145 (0.10)
重庆	58.57 (49.08)	0.400 (0.140)	50.46 (23.52)	26.34 (22.9)	93.72 (78.22)	10.22 (6.99)	0.099 (0.04)
江苏	57.88 (77.80)	0.244 (0.126)	28.73 (26.20)	30.55 (22.3)	83.90 (62.60)	8.37 (10.99)	0.120 (0.29)
广东	53.67 (50.50)	0.195 (0.056)	39.47 (36.00)	25.15 (17.0)	97.43 (47.30)	11.74 (8.99)	0.144 (0.08)
河北	56.72 (68.30)	0.181 (0.094)	26.42 (21.50)	26.39 (21.8)	81.30 (78.40)	9.00 (13.60)	0.068 (0.04)
全国平均	58.13	0.240	31.91	28.26	86.73	10.35	0.111
土壤环境质量标准	150	0.3	70	50	200	25	0.5

注：①数据来源为陈文轩等（2020）和中国监测总站（1990）出版的《中国土壤元素背景值》。其中西藏自治区、香港及澳门特别行政区、台湾和南海诸岛的数据暂缺。②括号外的数值各行政区农田土壤为重金属含量均值，括号里面的数值为对应地区农田土壤重金属含量背景值。

土壤是大气和水体污染的最终受体，工农业生产过程中排放到环境中的重金属，经大气沉降、水体胶体吸附和迁移等地球化学循环后进入土壤，最终造成土壤污染（陈世宝 等，2019）。因此，土壤重金属污染具有多来源、多途径和多过程等特点。我国土壤重金属污染来源复杂（表1-3），主要有矿山开采冶炼、化学工业生产、含重金属的污水灌溉、农药和化肥的施用、大气沉降及成土母质等（Lv et al.，2013）。其中，高背景地区成土母质是土壤重金属污染不可控因素，而工业"三废"的废气沉降、废水灌溉和废渣等固体废弃物堆放是土壤重金属污染的主要途径（吴洋，2015）。农田土壤重金属污染与工矿业生产活动区等污染源地区分布相一致，污染程度随着与污染源距离的增加而下降，表层土壤的变化最为明显（姜丽娜 等，2008；王森，2014）。随着我国科学技术的不断发展，农田土壤重金属污染逐渐呈现出由工业源向农业源、上游向下游、地表向地下、水土向食物链迁移的发展趋势（陈世宝 等，2019）。刘佳伟等（2021）研究发现，鄱阳湖西南边缘农田土壤重金属 Pb 和 Zn 主要由流域内赣江水系携带进入土壤，As、Cu 和 Cr 更多是通过当地农业活动进入土壤，且土壤重金属 Pb、Zn、As、Cu 和 Cr 的超标率占17%～58%。孟晓飞等（2021）使用主成分分析对河南省典型工业区周边农田土壤重金属空间分布特点和环境风险进行探讨，发现工业生产过程中排放的重金属是造成周边农田土壤 Cd、Cu 和 As 污染的重要来源。Yang 等（2021）研究了华北某长期污灌区农田重金属累积和迁移情况，发现该区域作物籽粒重金属污染风险较高，尤其是 Cd、As 和 Pb，部分位点重金属迁移已经到达30m。

表1-3　农田土壤重金属的来源

金属	来源
Cu	铜锌矿的开采和冶炼，畜禽粪便（Ni et al.，2018；Peng et al.，2019）
Zn	铅锌矿的开采、冶炼、运输、有机合成、大气沉降、畜禽粪便等（Ni et al.，2018）
Pb	铅锌矿的开采、冶炼、运输及汽车尾气的排放等（Jiang et al.，2016）
Cd	大气沉降、废水养殖、化肥、农药（Yi et al.，2018；徐蕾 等，2019）
Cr	农业活动、化石染料、工业活动（李艳玲 等，2019；黄华斌 等，2020）
Ni	工业生产、农药、化肥等（Lu et al.，2012；陈雅丽 等，2019）
As	农药、工业生产等（黄华斌 等，2020）
Hg	大气沉降、农药、化肥、灌水、燃煤、工业废弃物等（徐蕾 等，2019）

二、土壤重金属污染的危害

重金属进入土壤后，易与土壤环境中的有机或无机配体形成复合物，而被土壤胶体吸附，移动性小，很难被微生物降解。因此，土壤一旦遭受重金属污染，就很难彻底修复。当进入土壤的重金属元素积累到一定程度，就会影响作物的正常生长，农田土壤安全不仅是粮食生产的基本保障，甚至关系到人类健康乃至文明（施亚星 等，2016；Pen‐Mouratov et al.，2008）。重金属对农田生态系统的危害主要表现在对土壤质量和生态功能的危害、对作物的危害以及对人体健康的危害等方面。

1. 重金属污染对土壤质量和生态功能的危害

土壤质量是土壤的肥力质量、环境质量和健康质量的综合反应，是土壤维持生产力、环境净化能力及保障动植物健康能力的表现，受土壤物理、化学和生物属性等的影响（Badiane et al.，2001；闫晗，2011）。土壤质量与土壤生态系统及农业可持续发展有密切联系，是土壤生态与环境系统诸多特性和过程的综合反应（赵其国，2010）。重金属在土壤中不断累积必然会对土壤微生物群落结构及活性（滕应 等，2003）、土壤酶活性（宋玉芳 等，2002；杨正亮和冯贵颖，2002）和土壤动物（崔春燕 等，2015；Zhang et al.，2013）产生影响。

土壤微生物不仅是土壤肥力的重要指标，而且在维持土壤生态平衡过程中扮演着重要角色。当土壤遭受重金属污染时，土壤微生物能够通过调节自身的数量、活性与种群以适应外界环境的变化，土壤微生物对重金属污染具有较好的指示作用。大量研究指出，无论土壤遭受重金属短期污染还是长期污染，都可导致土壤微生物群落结构发生变化（Lorestani et al.，2011）。已有研究发现微生物的群落结构与重金属浓度有关。比如，Li 等（2016）的研究证明水稻土的细菌生物量和多样性随着与铜锌冶炼厂逐渐靠近而降低，距离冶炼厂近的土壤细菌群落结构相似性高，而距离较远的土壤中细菌群落结构相似性低。Zhang 等（2016）对 Cd 污染土壤中微生物群落的研究结果表明，细菌群落结构中相关菌群丰度具有显著的变化。因此，土壤微生物生物量、生物量氮、微生物商等变化可直观反映出重金属污染对土壤的影响，从而达到对土壤污染评价和早期预警的目的（线郁 等，2014）。

土壤酶指土壤中的聚积酶，包括胞外酶、胞内酶和游离酶等，主要来源于植物、动物和微生物及其分泌物，其中主要来源是微生物（Zornoza et al.，2006）。土壤酶是土壤环境代谢的关键因素，几乎参与催化土壤中所有生物化学过程，对土壤质量和生态环境的变化极其敏感，因此可将其作为土壤污染的指标之一（万忠梅 等，2009）。脱氢酶、脲酶、磷酸酶对重金属的敏感度也很高，因此，酶活性的大小可反映出土壤污染状况（和文祥 等，2000；Khan，2005；李江遐 等，2010；李廷强 等，2008）。

近年来，学者们围绕土壤动物（跳虫、线虫、原生动物、蚯蚓等）与土壤污染的相关问题进行了大量的研究，主要集中在土壤污染物对土壤动物的毒性效应及其自身解毒机制方面（Drobne et al.，1995；Wang et al.，2011；周明亮 等，2014）。已有研究表明，在长期废弃的铜尾矿中，土壤跳虫的个体数量均多于其他各类动物，可能是跳虫对食物需求的多样性以及对重金属富集和吸收能力的差异引起（朱永恒 等，2013）。刘玉荣等（2008）的报道指出，在污染胁迫下，一些耐性强的跳虫数量会大大增加并成为优势种，因此，某些种类跳虫是土壤环境质量良好的指示生物。此外，蚯蚓常被用于指示、监测污染土壤，但需考虑蚯蚓类型（周明亮 等，2014；Langdon et al.，2006）、暴露时间（Zorn et al.，2005b）和遗传（Lukkari et al.，2002）等因素的影响。

2. 土壤重金属污染对作物的危害

重金属胁迫是植物面临的一种重要的非生物胁迫。重金属对植物的危害主要包括两个方面：一是通过植物根系吸收富集，向上运输并干扰植物生理活动，在植物体内聚集，并通过食物链对人体健康带来危害（Alexander et al.，2006；Nosli et al.，2016，Wang et al.，2011）；二是重金属对植物产生毒害，使植物生长受阻甚至死亡，从而影响植物的产量（汪洪 等，2008；陈志良 等，2001；Ammar et al.，2005）。重金属对作物的危害具体表现在对植物种子萌发（唐蛟 等，2019）、幼苗生长（李富荣 等，2015）、根系生长（尤文鹏等，2000）、生理（曾路生 等，2005；孙莲强，2014）、产量（汪洪 等，2008）和品质（高芳 等，2011；郝玉波，2008）等方面的影响。

已有研究表明，作为植物的必需元素，Cu、Zn 等对植物种子的萌发均表现为"低促高抑的规律"，对芽的毒害远低于对幼苗根的毒害（Tao et al.，2007）。而对于植物的非必需元素，比如 Cr（Ⅵ），低浓度对青菜种子的萌发起抑制作用，而随着浓度的升高则抑制作用更强（任安芝和高玉葆，2000）。重金属影响种子萌发的原因是抑制了淀粉酶、蛋白酶活性，阻碍了种子内储藏淀粉和蛋白质的分解，影响种子萌发所需要的物质和能量（李桂玲 等，2019；Zhang et al.，2008）。

重金属离子随着植物根系对养分的吸收进入体内，当达到一定量时，就会导致根系生理代谢失调、生长受阻，影响根系吸收养分而导致养分亏缺（王友保 等，2001）。尤文鹏等（2004）的研究结果表明，随着 Hg^{2+} 浓度升高或处理时间的延长，洋葱根的生长速率递减，300mg/L Hg^{2+} 处理 4d 后几乎停止生长。然而，植物在重金属胁迫条件下，也可以通过调节根系分泌物的组成来改变根际状态以适应外界环境。胡红青等（1995）的研究结果表明，小麦根系在铝胁迫下分泌氨基酸和糖类的种类和数量发生变化，可能是小麦根细胞膜受到损害，透性增加，并引起植物体内碳氮代谢紊乱。Zheng 等（2001）的报道也指出，铝胁迫能够诱导植物根系分泌有机酸，包括柠檬酸、苹果酸和草酸等。此外，植物根系可以通过细胞壁（郁有健 等，2014）、果胶（Krzeslowska，2011）、纤维素等（张旭红 等，2008）与重金属结合，将其滞留在根部，限制重金属向地上部分转移，避免地上部分遭受伤害。

低浓度的重金属通常对植物有一定的刺激，从而有一定的增产效应，但随着浓度的增加，植物受重金属的毒害逐渐加重，最终造成植物减产甚至绝产（张金彪，2001；朱志勇 等，2011）。重金属对作物品质方面的影响体现在营养品质，如淀粉、蛋白质、脂肪、氨基酸等营养成分含量的变化（李玲，2012；陈京都，2013），特别是农产品质量安全与农田土壤重金属污染有着密不可分的关系（王中阳，2018；刘建国 等，2004）。

3. 土壤重金属污染对人体健康的危害

重金属通过各种途径进入农田土壤后，主要通过食物链和农业生产过程中多种暴露途径（口、鼻、皮肤接触等）进入人体，对人体健康造成严重危害（表1-4）。Cd对人体的肾脏、免疫系统等损害是不可逆的，导致骨质疏松、软化，引起疼痛（王婉芳，1994）。铅对人体健康的危害主要表现在损伤小脑和大脑皮质细胞、干扰代谢活动，从而对人体智力产生影响，特别是对胎儿和儿童易造成先天智力低下等（黄辉，2011；张英 等，2007）。化学反应酶活动也会受到重金属元素的影响，增加细胞质中毒风险，对人体健康造成危害。特别是铅、汞、镉等已成为重点防治对象，镍、铬、镉等有严重的致癌作用。

表1-4 重金属对人体的危害

元素	对人体的危害
Cu	过量的铜会刺激消化系统，使血红蛋白变性，影响机体的正常代谢，导致心血管系统疾病
Pb	微量的铅对人体的神经系统和血液系统就会产生影响，特别是神经系统；对儿童的智力产生影响；铅也可造成流产、不孕以及对胎儿智力产生影响
Cr	六价铬化合物及其盐类毒性最大（比三价铬几乎大100倍），三价铬次之，二价铬最小；过量的铬会使人体全身中毒，引起皮炎、湿疹、气管炎等，有致癌作用
Cd	过量的镉会使人体肾、骨和肝发生病变，导致贫血、神经痛和关节痛等
Ni	过量的镍会引起急性中毒，出现恶心、眩晕、头痛等，还可引起严重水肿、咳嗽、心动过速等，严重者可致死；长期少量接触会引起慢性中毒，使癌症发病率增加
As	会导致皮肤癌和肺癌；诱发畸胎；砷化物能抑制酶的活性，干扰人体代谢过程，使中枢神经系统发生紊乱，并最终导致癌症
Hg	损伤中枢神经系统，重者诱发肝炎和血尿，轻者口腔炎、易怒、情绪不稳定

注：引自董良潇（2017）。

三、农田土壤重金属污染风险评估

农田土壤作为农业生产的基础,一旦遭受重金属污染,则很容易通过食物链进入人体,对人体健康产生严重的负面影响(刘妍 等,2013)。因此,有必要探讨土壤和作物中重金属污染超标状况,并对农田土壤重金属污染进行风险评估。土壤重金属污染风险评估往往因重金属种类、土地利用方式(如农田、污染场地、城市、林地等)不同而不同。目前,针对土壤中重金属污染的风险评估,主要采用指数法、模型法、土壤和农产品综合指数法对重金属污染现状及生态风险进行评价,以及采用体外模拟消化法、动物实验、Caco‑2细胞模型法等对重金属生物可给性及人体健康风险进行评价(陈优良 等,2016;王玉军 等,2016;陈廷廷 等,2017;左甜甜 等,2020)。

1. 农田土壤重金属污染生态风险评估

(1)指数法 指数法是将实际测得的重金属污染物浓度值与评价标准进行比值,然后根据标准对照,确定受污染程度。通常采用 GB 15618—2018《土壤环境质量 农用地土壤污染风险管控标准(试行)》污染风险筛选值作为评价依据(表1‑5)。用单项污染指数法、内梅罗综合污染指数法、地累积指数法、潜在生态危害指数法和富集因子法进行评价。如刘瑞雪等(2019)利用潜在危害生态指数法评价了湘潭县农田土壤重金属污染现状及风险,结果表明该区重金属污染总体呈现高生态风险状态。张云芸等(2019)采用主成分分析法进行源解析,结合污染负荷指数(PLI)、潜在生态风险指数(RI)和生态风险预警指数(I_{ER})对浙江省典型农田土壤重金属污染及生态风险评价,研究结果表明,研究区土壤重金属属于轻度污染状态,Cr、Cu、Zn 和 Ni 的来源主要受自然因素控制,Cd 和 Hg 主要来源于工农业生产等人为活动,Pb 主要来源于交通源。为探明浙中典型硫铁矿区农田土壤重金属污染状况,成晓梦等(2021)采集了龙游县硫铁矿区周边土壤,采用统计学、地累积指数(I_{geo})及正定矩阵因子分析(PMF)等方法,发现研究区重金属来源中自然来源、高背景和成矿地质开采的综合污染来源及人为来源的综合贡献比率分别为32%、46%和22%。

表1‑5 农用地土壤污染风险筛选值(mg/kg)

污染物项目[①②]		风险筛选值			
		pH≤5.5	5.5<pH≤6.5	6.5<pH≤7.5	pH>7.5
镉	水田	0.3	0.4	0.6	0.8
	其他	0.3	0.3	0.3	0.6
汞	水田	0.5	0.5	0.6	1.0
	其他	1.3	1.8	2.4	3.4

（续）

污染物项目[①②]		风险筛选值			
		pH≤5.5	5.5＜pH≤6.5	6.5＜pH≤7.5	pH＞7.5
砷	水田	30	30	25	20
	其他	40	40	30	25
铅	水田	80	100	140	240
	其他	70	90	120	170
铬	水田	250	250	300	350
	其他	150	150	200	250
铜	果园	150	150	200	200
	其他	50	50	100	100
镍		60	70	100	190
锌		200	200	250	300

注：①重金属和类金属砷均按元素总量计；②对于水旱轮作地，采用其中较严格的风险筛选值。

(2) 模型法 模型法是利用已测得的数据，通过比较复杂的数学模型，在计算软件的辅助下，评价重金属污染的一种方法。常见的模型法包括模糊数学法、灰色聚类法、层次分析法、投影寻踪法等。如吴先亮等（2018）利用灰色聚类法研究黔西煤矿区周边土壤重金属污染情况，结果表明，除非煤矿区样点外，其他样点均受到不同程度的污染。陈优良等（2016）采用模糊数学污染评价模型对信丰稀土矿区重金属污染评价，结果表明，该矿区综合土壤质量等级为1级，属于安全水平。模糊数学污染评价模型比传统污染指数法更为客观、准确。

(3) 土壤和农产品综合质量指数法 土壤和农产品综合质量指数法综合考虑了土壤重金属影响综合指数和农产品重金属影响综合指数，在污染评价中同时考虑了土壤和农产品重金属含量及限量标准、土壤元素背景值、元素价态效应等多项参数对农田土壤重金属污染评价结果的影响（王玉军 等，2016）。该方法主要通过计算土壤相对影响当量（RIE）、土壤元素测定浓度偏离背景值程度（DDDB）、总体土壤标准偏离背景程度（DDSB）、农产品品质指数（QIAP），然后在此基础上构建综合质量影响指数（IICQ），即土壤综合质量影响指数（IICQ$_S$）和农产品综合质量指数（IICQ$_{AP}$）之和。韩晋仙等（2018）通过将土壤和农产品综合质量指数法与土壤污染指数法进行对比，结果显示，同时考虑土壤和农产品污染情况的综合质量指数法，能更全面、真实地评价农田土壤重金属污染的状态与响应。该方法还可在简单编制的计算程序的基础上，方便、快捷而准确地获得所需要的结果（王玉军 等，2016）。

2. 农田土壤重金属污染人体健康风险评估

(1) 体外模拟消化法 对于农田土壤而言，不仅要考虑土壤污染程度，还要考虑土壤对作物安全的响应。如 Ruby 等人认为进入人体的重金属并非被人体全部吸收，因此，通过 UBM、PBET、SBET、IVG 等体外模拟消化的方法对在农业生产过程中通过口鼻摄入、皮肤接触、食物链进入人体的重金属的风险进行评估（Ruby et al.，1999）。李小琦采用单因子污染指数法对云南典型红壤农田 Pb、Cd 污染特征及其风险评价，研究结果表明，整个研究区域土壤 Pb 污染超标率达 31.5%，Cd 污染超标率达 82.3%；同时对土壤和作物健康风险进行评价，不论是成人还是儿童，Pb 的暴露风险都远高于 Cd；此外，Pb、Cd 的健康风险值均大于 1（李小琦，2018）。林承奇等（2021）结合生物可给性简单提取方法（SBET）与健康风险模拟，探讨了闽西南土壤-水稻系统中重金属的生物可给性及健康风险，发现该地区部分土壤中 Cd、Zn、Pb 和 Cu 含量均高于农用地土壤污染风险筛选值（GB 15618—2018），且稻米中重金属的生物可给性较土壤中重金属的生物可给性更高，更易被人体吸收，对人体健康存在着一定的风险。

（2）动物实验　与人类摄入重金属的途径相似，动物可通过摄食被重金属污染的食物和水、吸入空气中的粉尘等途径摄入重金属。研究者们采用鼠（Smith et al.，2011；Li et al.，2015）、幼猪（Casteel et al.，2006；Brattin et al.，2013）等动物研究重金属的毒性和生物有效性。与体外消化模拟等化学方法相比，动物实验的结果更准确、可信。但动物实验往往因为实验周期长、费用高等问题而不能广泛应用，同时难以从细胞和分子水平研究重金属的吸收机制以及动物与人类之间存在的差异使得动物活体实验获取的生物有效性数据难以推广到人体（陈廷廷，2017）。

（3）Caco-2 细胞模型法　近年来，国内外学者普遍采用细胞模型（MDR1-MDCK 细胞模型、MDCK 细胞模型、ECV304 细胞模型及 Caco-2 细胞模型等）作为研究重金属在人体肠道吸收的工具（王振洲 等，2014；陈廷廷 等，2017；左甜甜 等，2020）。有学者尝试通过 IVG/Caco-2 细胞模型联合分析土壤重金属 Ni（Vasiluk et al.，2011）、As 和 Pb 的生物有效性（陈廷廷，2017）。付瑾利用体外消化方法/Caco-2 细胞模型评估通过食物链进入人体中重金属的有效性，结果表明生吃蔬菜人体摄入的重金属多于煮熟，外源铁导致油菜中铅的生物有效性显著升高，而外源钙则使萝卜根中铅的有效性显著降低（付瑾，2012）。因此，准确评估土壤和食物中的重金属对人体的健康风险至关重要。

第二节　农田土壤重金属环境行为及影响因素

在农田生态系统中，进入土壤中的重金属很难被生物降解，因此在土壤中不断积累，并通过食物链进入人体，危害人体健康。而重金属对植物的危害程度，不仅取决于土壤中重金属总量，还取决于该元素在土壤中的赋存形态。

HJ/T 166—2004《土壤环境监测技术规范》将采用 DTPA、HCl 等化学溶液提取的重金属看作重金属的有效态（国家环境保护总局，2004）。Tessier 等（1979）提出采用不同提取剂将沉积物中重金属的形态分为：可交换态、碳酸盐结合态、铁锰氧化物结合态、有机结合态及残渣态。Tessier 法被广泛应用到土壤重金属形态分析中，研究表明，可交换态重金属在土壤中的移动性最强，最容易被生物吸收利用，也对植物的毒害较大，因此该部分土壤重金属的含量高低在一定程度上决定了重金属的生物有效性或生物毒性的大小（杨洁等，2017；陈青云 等，2011），其次是碳酸盐结合态和铁锰氧化物态。以上三种形态活性较大，是土壤重金属的有效态，容易被植物吸收利用。而有机结合态和残渣态重金属的形态比较稳定、活性小，不易被植物吸收利用（叶宏萌等，2016）。Tessier 法存在一些难以克服的缺点，欧共体标准局（BCR）于 1989 年提出 BCR 三步提取法，将土壤重金属化学形态分为酸可交换态、可还原态及可氧化态。为克服 BCR 提取法中重现性较差的问题，Rauret 等（1999）提出了改进的 BCR 连续提取法。然而，通过化学提取剂提取的重金属有效态与作物吸收的吻合程度不同，而且在提取过程中容易引起重金属形态分布的动态变化（陈飞霞 等，2006）。近年来，由英国科学家 Davsion 和 Zhang 于 1994 年发明的一种原位被动采样的薄膜扩散梯度技术（Diffusive gradients in thin-films，DGT）被广泛地应用于土壤重金属有效态的测定（Zhang et al.，1998；Dunn et al.，2007；姚羽 等，2014）。

一般来说，土壤中重金属的有效性处于一个动态平衡的过程中，并不是由某一种形态的重金属所决定的，而是受到土壤环境中很多因素的影响，如土壤 pH、氧化还原电位 Eh、有机质等基本理化性质，重金属进入土壤的老化时间及水分管理和施肥等人为因素的影响。

一、土壤重金属的环境行为

土壤重金属的环境行为主要是指重金属在土壤固-液界面和根际环境的化学行为，是国内外的研究热点。重金属进入土壤后，可发生一系列复杂的化学、物理、生物反应过程，包括吸附解吸、络合、沉淀以及氧化还原反应。

1. 吸附和解吸作用

重金属离子在环境中的迁移转化及生物有效性主要取决于土壤固相表面和溶液的化学特性。当土壤溶液中离子类型、浓度或土壤 pH 等发生变化时，吸附在土壤表面的重金属离子可能被置换而重新进入土壤溶液。土壤中重金属的吸附-解吸作用直接影响重金属在土壤及生态环境中的转化，制约其在环境中的迁移、生物有效性和毒性。

已有研究表明，在高度风化的热带土壤上，Cd 的生物有效性和转移主要受铁氧化物对其吸附-解吸的影响，而土壤 pH、温度、溶液浓度、离子强度和老化时间等会影响铁氧化物对 Cd 的吸收（Mustafa et al.，2004）。

pH 是影响重金属在土壤中吸附的重要因素，制约重金属的环境化学行为。蔡奎等（2016）研究表明：Pb、Hg 有效态含量与土壤 pH 呈显著负相关关系，土壤酸化增加了 Pb、Hg 的生物有效性。徐仁扣等（2006）研究也表明，土壤对铜、铅离子的吸附量均随着 pH 升高而增加。土壤 pH 一方面影响重金属离子的溶解-沉淀平衡，影响它们在土壤溶液中的形态；另一方面，土壤 pH 可通过影响土壤表面电荷性质而改变重金属在土壤中的迁移转化及生物有效性（陈怀满，1996）。

2. 络合反应

土壤中腐殖质、水溶性有机物中含有大量具羟基（—OH）、羧基（—COOH）、羰基（—C＝O）、酚羟基（R—OH）及氨基（—NH$_2$）等官能团，它们均可与重金属发生配位、络合反应，在一定程度上影响土壤中重金属元素的环境行为（Johnson et al.，1995）。王艮梅（2004）的研究结果表明，施用绿肥和猪粪两种有机物料后不仅增加了水稻植株对 Cd 的吸收，同时也明显促进了土壤中 Cd 向土壤深层和渗漏水中的淋滤。周立祥等（1994）研究证明，连续两年施用污泥的菜地上，土壤中 Zn 下移 60cm。然而，也有研究显示，土壤中有机质的含量与水溶态和交换态重金属含量呈负相关关系，可能是重金属-腐殖质形成比较稳定的络合物，而这部分被络合或者螯合的重金属离子牢牢地固定在土壤中，降低土壤中重金属离子的移动性（蔡奎 等，2016；祖艳群 等，2003）。

3. 沉淀反应

当重金属离子进入土壤后，可与土壤溶液中的 OH$^-$、CO$_3^{2-}$ 和 PO$_4^{3-}$ 等发生沉淀反应。氢氧化物沉淀一般发生在中性或偏碱性的条件下。已有研究证实，含磷物质固定重金属 Pb 的主要机理是生成磷-铅沉淀或者矿物（左继超，2014）。如在适当的反应条件下，羟基磷灰石在不到 10min 的时间使溶液中 Pb^{2+} 浓度从 100mg/L 降低到 1μg/L，说明发生了快速的溶解-沉淀反应，同时该机制也通过扫描电镜（SEM）、X 射线衍射等微观技术得到证实。左继超（2014）的研究结果证实，与对照相比，添加 1.0mmol/L P 的处理样品，有磷氯铅矿 [Pb$_5$（PO$_4$）$_3$Cl] 的特征衍射峰，说明磷存在条件下红壤胶体对铅的固定过程中有磷氯铅矿的生成。生物炭对重金属离子的吸附主要是 CO$_3^{2-}$ 或 PO$_4^{3-}$ 与重金属离子发生沉淀反应，而通过—OH 或 π 电子发生的表面配合作用较少。如 200℃制备的生物炭，在重金属初始浓度为 5mmol/L 时，有 80% 以上的 Cu、Zn 和 Cd 通过沉淀反应被固定，少于 20% 的重金属通过—OH 的表面配合反应固定（Xu et al.，2013）。

4. 氧化还原反应

氧化还原反应是陆地和水生生态系统中普遍存在的化学或生物化学反应，对污染元素的形态转化及其他地球化学行为有多方面的影响（丁昌璞 等，2011）。在土壤介质中，重金属易与铁锰氧化物、有机质、硫化物等发生吸附、络合、沉淀等化学反应，因此 Eh 的变化会直接、间接影响重金属形态，从而影响其生物有效性（毛凌晨和叶华，2018）。于天仁等（1983）研究结果表明，水稻干湿交替过程中氧化还原电位的变化会引起铁和锰的形态转化。铁、锰氧化物和氢氧化物具有较大的比表面积，因此对重金属有很高的吸附容量，同时重金属一般以专性吸附的方式被铁、锰氧化物吸附，不易通过离子交换反应释放到土壤中，但在淹水条件下，吸附于铁、锰氧化物表面的重金属离子随着铁、锰的还原溶解而释放出来。这些释放的重金属离子既可以留在土壤溶液中，也可以与土壤其他组分发生反应，再次被固定。如土壤淹水过程中还会引起硫酸盐的还原，导致溶液中 S^{2-} 浓度增加，最终影响土壤中重金属的沉淀-溶解平衡（陈怀满，2002；丁昌璞 等，2011）。

土壤中氧化还原条件发生变化时，土壤中受关注较多的变价污染元素 As、Cr 和 Hg 的形态会发生相应的变化，其毒性和活动性也相应地发生变化。对 As 而言，在氧化条件下，土壤中 As 主要以 As（Ⅴ）的形态存在，可占砷总量的 $65\%\sim98\%$，包括 $H_2AsO_4^-$、$HAsO_4^{2-}$ 和 AsO_4^{3-} 的形态，其中铁、铝氧化物作为 As 的主要吸附载体影响着 As 的固定与释放（陈静 等，2003）；还原条件下，As（Ⅴ）转化为 As（Ⅲ），毒性降低。对 Cr 而言，土壤中的 Cr 主要以三价 Cr 离子（Cr^{3+} 和 CrO_2^-）和六价 Cr 离子（CrO_4^{2-} 和 $Cr_2O_7^{2-}$）两种价态存在。还原菌可以将六价铬还原成三价铬，而在酸性或微碱性条件下，三价铬主要以氢氧化物沉淀的形式存在，从而被土壤固定（Kotas et al.，2000）。研究发现，这两种价态四种化学形态之间主要受土壤 pH 和氧化还原电位的影响而发生相互转化（Jiang et al.，2008）。Hg 在土壤中以 0 价、+1价、+2 价三种价态存在。正常的 Eh 和 pH 条件下，由于 Hg 具有很高的电离势，土壤中的 Hg 主要以 0 价态存在；在氧化状态下，土壤中的 Hg 可以任何形态稳定存在，其移动性和生物有效性较低（丁昌璞 等，2011）。

二、土壤重金属环境行为的影响因素

研究显示，重金属的环境行为与土壤 pH（Appel and Ma 2002；Lu et al.，2005；蔡奎 等，2016）、土壤有机物（水溶性有机物、有机质和小分子有机酸）（Zhou 和 Wong，2001；Ashworth 和 Alloway，2007；Huang et al.，2016）、土壤矿物组分（王晓琳，2015）、土壤温度（张迎新，2011；胡宁静

等，2007)，以及重金属离子类型（王维君 等，1995；Papini et al.，2004）等有密切关系。

1. 土壤性质

（1）土壤 pH　土壤 pH 是土壤中重金属生物有效性的重要决定因子之一。pH 主要通过影响土壤对重金属的吸附-解吸、溶解-沉淀过程，进而影响土壤中重金属的有效性。一般认为 pH 与土壤重金属有效性呈负相关关系，如 Ma 等（2006）的研究结果表明，pH 是影响土壤重金属老化的重要因素。徐明岗等（2008）对 3 种典型土壤（红壤、水稻土、褐土）中外源 Cu、Zn 老化的研究发现，有效态重金属的老化速率与 pH 呈负相关关系。但郑顺安等（2013）对我国 22 种典型土壤中重金属老化特征的研究显示，在培养结束时，pH 较低的吉林长春的黑土（5.53）有效态镉的含量降到了 5%；而 pH 较高的内蒙古栗钙土（8.17）有效态镉的含量仍然超过 20%。说明当土壤性质差异较大时，影响土壤中重金属有效性的因素比较复杂。此外，也有一些重金属的有效性随 pH 的增加而增加，如重金属 As 常以 AsO_4^{2-} 或 AsO_3^{3-} 形式存在。当土壤 pH 升高时，土壤颗粒表面的负电荷增加，从而减弱了 As 在土壤颗粒上的吸附作用，增加土壤溶液中 As 含量，使得土壤中 As 的有效性增加（Marin et al.，2003）。

（2）土壤氧化还原电位（Eh）　土壤氧化还原电位是反映土壤溶液中氧化还原状况的指标，代表土壤氧化性、还原性的相对程度，也是影响土壤重金属生物有效性的关键因素之一（廖敏 等，1998）。土壤氧化还原状况受氧化还原物质相对含量的影响。众多研究表明，当土壤氧化还原电位 Eh 发生变化时，土壤重金属元素形态分布、迁移转化和有效性或毒性方面会发生相应的变化，因为重金属易于对 Eh 敏感的活性组分发生吸附、络合、沉淀等化学反应（毛凌晨和叶华，2018）。已有研究表明，氧化还原电位 Eh 的变化会直接/间接影响重金属形态，从而决定土壤重金属的有效性或毒性（Shaheen et al.，2013；李新华 等，2006）。

（3）土壤有机质　土壤重金属的形态和迁移转化，最终影响其有效性。已有研究表明：土壤有机质含量与土壤有效态重金属含量多呈显著正相关关系，随着有机质含量的增加，有机结合态重金属比例增加，氧化态和残渣态比例降低（孙花 等，2011）。此外，有机质组分在很大程度上影响着土壤重金属的存在形态。徐龙君等（2009）的研究表明，随着土壤中可溶性有机物（DOM）含量的增加，水溶态 Cd 和有机结合态 Cd 含量会增加。陈同斌和陈志军（2002）的研究结果表明，DOM 会使得 Cd 的最大吸附容量和吸附率显著降低。

（4）阳离子交换量（CEC）　阳离子交换量是影响土壤重金属离子的吸附、移动性和生物有效性的关键因素之一（Li et al.，2016）。CEC 反映了土壤胶体的负电荷量，CEC 越高，其负电荷越高，通过静电引力而吸附的重金属离子也就越多，重金属的有效性则会降低（Naidu et al.，1998）。国内外许多研究表明，影响重金属在土壤中吸附的因素（有机质、矿物组成等）也是通过改变 CEC 来实现的（张磊和宋凤斌，2005；Liu et al.，2018）。已有研究表明，南方 5 种酸性红壤对 Cu、Pb 的吸附量的大小与土壤中有机质和阳离子交换量呈正相关关系（李灵 等，2017）。

2. 老化时间

外源重金属进入土壤后，在没有人为干扰下，其可交换性、生物有效性或毒性会随着时间的延长逐渐降低，同时重金属的赋存形态发生变化，称为老化过程（Ma et al.，2006；徐明岗 等，2008）。该过程对土壤重金属有效性和毒性起着关键性作用（郑顺安 等，2013）。

重金属老化显著降低其生物有效性/毒性。研究外源重金属在土壤中的老化过程有利于了解重金属进入土壤后带来的风险。刘彬等（2015）对外源 Cd 在不同水稻土中的老化过程研究发现，老化过程经历了快反应和慢反应两个阶段，即初期（30～60d）快速降低，随后变化逐渐减缓，90d 后趋于稳定。Su 等（2015）采用室内模拟培养实验，研究了外源 Pb 进入红壤和黄棕壤老化培养 3d、7d、49d、120d、480d 后的 Pb 生物有效性/毒性的变化规律，结果表明水溶态、有效态和 TCLP 可提取态 Pb 均随着老化时间的延长而降低。Liang 等（2014）研究发现，DGT 可利用态 As、Pb 浓度和有效性随老化时间的延长而降低。由此说明，污染土壤中重金属存在的形态和有效性会随着时间的延长而发生变化。

3. 水分管理

对农田土壤而言，在农作物生长或灌溉期间，土壤水分常会发生周期性的变化。水分条件主要通过影响土壤 pH、Eh、$CaCO_3$ 含量及铁锰氧化物形态而影响土壤重金属的形态及有效性（Van 和 Loch，2000）。一般情况下，对土壤水分的研究大部分从 60% 田间持水量（60% WHC）、干湿交替模式及淹水模式三个方面入手。邓林等（2014）通过测定土壤溶液和采用薄膜扩散梯度技术（DGT）研究土壤含水量变化对 Zn、Cd、Cu 和 Ni 有效性的影响，结果表明，土壤水分含量显著影响土壤中重金属的有效性，随土壤含水量降低，DGT 表征的 Zn、Cd、Cu 和 Ni 浓度降低，且随干湿交替次数增加而降低。杜彩艳等（2008）通过研究不同水分条件下小花南芥植株中 Pb 的含量，对比了淹水、65% WHC、15% WHC 条件下小花南芥地上和地下部重金属 Pb 的含量，发现淹水处理显著高于对照。淹水还会增强土壤中有机质对交换态重金属的吸附，有利于重金属-有机复合体的形成（杨宾 等，2019）。而 Van 等（1998）的研究表明，外源重金属进入干旱区土壤后，在干湿交替的水分条件下，促进了有效态重金属向更稳定的形态转变。

4. 施肥

我国人口压力大，优质耕地资源短缺与粮食生产需求矛盾异常突出，因此，采用化学钝化修复农田重金属污染土壤，尤其是对中轻度污染的农田土壤开展边生产边修复的方法。农业生产过程中施肥在很大程度上通过改变土壤pH（郭光光，2017；何其辉 等，2018；Gray et al.，2006；Cui et al.，2016）、有机质含量（翟静雅，2015）等，或肥料中的主要成分与重金属直接作用，其中研究最多的是磷肥的施用（许海波 等，2013；雷鸣 等，2014），直接或间接影响重金属在土壤中的存在形态，进而影响重金属的生物有效性和毒性。

长期不同施肥处理下，设施土壤中除 Cd 以外的其他 5 种重金属（Cr、Cu、Ni、Pb、Zn）在土壤中的含量均未达到污染水平（沃惜慧 等，2019），说明磷肥中的重金属特别是 Cd 的含量也是一个不容忽视的问题。据统计，我国每年随磷肥施用进入耕层土壤中 Cd 的累积速率为 $0.052\mu g/kg$，50 年后土壤中 Cd 的累积量将达到 $2.57\mu g/kg$，100 年后将达到 $5.15\mu g/kg$（黄青青 等，2016）。而磷肥因品种和产地不同，重金属含量有所差别（表 1-6）。据国家统计局统计结果显示：2016 年我国农用化肥用量达到 5 984.1 万 t（纯养分），如果化肥中重金属含量控制不严格，长期施用重金属含量高的化肥会造成农田土壤重金属的累积。因此，我国相关部门制定了化肥与部分肥料原料重金属限量标准（表 1-7）。

表 1-6　我国磷肥中重金属抽样调查（mg/kg）

产地	品种	As	Cd	Cr	Pb	Sr	Cu	Zn
山东	普通过磷酸钙	51.3	1.4	464.0	107.4	330.0	60.6	215.3
北京	普通过磷酸钙	36.4	1.9	39.9	124.1	267.0	61.4	253.2
云南	磷矿粉	25.0	3.8	47.3	242.1	464.5	54.2	225.3
浙江	钙镁磷肥	6.2	—	1 057.2	—	414.9	63.2	169.4
湖南	铬渣磷肥	67.7		5 144.0		189.5	48.0	768.8

注：数据引自丛艳国和魏立华（2002）。

表 1-7　我国化肥与部分肥料原料的重金属限量标准（mg/kg）

标准名称	As	Cd	Pb	Cr	Hg
GB 437—2009《硫酸铜（农用）》	≤25	≤25	≤125		
GB 535—1995[a]《硫酸铵》	≤0.5		≤50		
GB/T 2946—2008[b]《氯化铵》			≤5		
HG/T 4133—2010《工业磷酸二氢铵》	≤50				

（续）

标准名称	As	Cd	Pb	Cr	Hg
GB/T 2091—2008[c]《工业磷酸》	≤1		≤10		
HG/T 4511—2013[d]《工业磷酸二氢钾》	≤50		≤50		
HG/T 2326—2015《工业硫酸锌》		≤10	≤10	≤5	
GB/T 17420—1998《微量元素叶面肥料》	≤20	≤20	≤100		
GB/T 17419—1998《含氨基酸叶面肥料》	≤20	≤20	≤100		
NY 1110—2006《水溶肥汞、砷、镉、铅、铬的限量及其含量测定》	≤10	≤10	≤50	≤50	≤5
GB/T 23349—2009《肥料中砷、镉、铅、铬、汞生态指标》	≤50	≤10	≤200	≤500	≤5

注：a 表示 GB 535—1995《硫酸铵》中的重金属限量标准为优等品的标准，一等品与合格品对重金属限量不作要求；b 表示 GB/T 2946—2008《氯化铵》的重金属限量标准为优等品的标准；c 表示 GB/T 2091—2008《工业磷酸》的重金属限量标准为优等品的标准；d 表示 HG/T 4511—2013《工业磷酸二氢钾》的重金属限量标准为优等品的标准。

（1）氮肥　氮肥施入土壤后，主要通过改变土壤的 pH 而影响重金属的溶解度和吸附量。不同形态氮肥对土壤酸化程度和根际环境的影响程度不同，因此对土壤吸附与固定重金属的影响程度也不同（Eriksson，1990）。氮肥形态对玉米吸收重金属有明显影响，$NH_4^+ - N$ 促进植物对重金属的吸收，而 $NO_3^- - N$ 则抑制植物对重金属的吸收（楼玉兰，2004），其主要机理是植物吸收 NH_4^+ 时引起 H^+ 的分泌，造成根际土壤酸化，而吸收 NO_3^- 时根系分泌出 OH^-，造成根际碱化（Arthur，1989；楼玉兰，2004）。也有研究指出，NH_4NO_3 施入土壤后 NH_4^+ 将发生硝化反应，短期内导致土壤 pH 降低，从而增加土壤中 Cd 的生物有效性（曾清如 等，1997）。

（2）磷肥　磷肥影响重金属的有效性，主要是因为磷酸盐与重金属的共沉淀作用，以及通过改变土壤胶体表面电荷而影响重金属的吸附作用。有报道指出，KH_2PO_4 的添加有利于红壤胶体对 Pb 的固定，且随着磷浓度及磷吸附量的增加而增加（左继超，2014）。但也有学者认为，磷肥的施用会增加土壤重金属的有效性，因为磷肥的施用可带入 Ca^{2+}、Mg^{2+} 等从而与重金属离子之间产生竞争吸附，影响土壤对重金属的吸附（徐明岗 等，2006）。

（3）钾肥　钾肥对重金属有效性的影响主要是 K^+ 的离子交换作用、陪伴阴离子的络合作用和水解沉淀等几方面共同作用（李瑛 等，2003）。

（4）有机肥　有机肥的施用会增加土壤腐殖质的含量，从而促进重金属与腐殖酸等的结合，影响土壤中重金属的化学形态，最终影响重金属的生物有效性。有研究认为，施用有机肥会降低土壤中铜的生物有效性（李文庆 等，

2011）；但也有部分学者认为有机肥对重金属生物有效性没有产生作用，甚至会加重重金属污染风险（Zhang et al.，2011），可能与土壤、植物类型、重金属种类和有机肥中重金属含量等因素有关。施用鸡粪等有机肥后，潮土中苋菜体内 Cu 和 Zn 的含量增加，而 Cd、Pb 的含量均下降；而红壤中苋菜体内 Zn、Cd 和 Pb 的含量均显著降低（吴清清 等，2010）。

综上所述，化肥和有机肥的施用对农田土壤重金属生物有效性的影响是极其复杂的，尤其涉及化肥种类与施肥量、土壤性质、化肥对土壤表面性质的改变、重金属与植物类型、环境条件和其他农业措施等因素的影响。施肥对土壤重金属有效性的影响主要通过以下几种途径：①化肥特别是磷肥和含污染物的有机肥的施用带入重金属离子；②影响土壤 pH；③带入竞争离子；④提供能沉淀、络合重金属的基团；⑤促进植物对养分吸收的同时间接影响对重金属的吸收。

第三节　土壤重金属污染修复的方法

重金属污染土壤的修复是通过处理受污染的土壤，使其逐步恢复正常的生态功能。常用的修复技术包括物理修复、化学修复、生物修复（植物、动物和微生物修复）和联合修复。目前，治理土壤重金属污染的途径主要有：通过添加修复材料，促进重金属向残渣态转化，降低其在环境中的迁移性和生物有效性；通过微生物、有机物等活化土壤重金属，再通过超积累植物吸收、淋洗等方法从土壤中去除。

一、物理修复技术

物理修复技术是指通过各种工程措施（如客土、换土和深耕翻土等技术）和热脱附等技术将重金属从土壤中去除或分离的技术（崔德杰和张玉龙，2004；骆永明，2009）。工程措施的优点在于去除重金属的彻底性和稳定性，但工程量大、处理费用较高，易破坏土壤结构，导致处理后的土壤不宜农用。因此，该法只适用于小面积重度污染土壤的修复（杨海琳，2009）。

热脱附是通过对污染土壤加热，将具有挥发性的重金属 Hg、As、Se 等从土壤中分离出来。Navarro 等（2009）研究表明，热脱附系统在 $400\sim500℃$ 对 Hg 的去除率高达 $41\%\sim87\%$，但高温处理容易改变土壤性质，特别是改变其他共存重金属的形态，适用重金属不广且脱附的气体需要收集处理。

二、化学修复技术

相对于物理修复，化学修复技术发展较早，主要有土壤固化-稳定化、淋洗、氧化-还原、光催化降解和电动力学修复等。化学措施主要是向污染土壤中添加磷酸盐、硅酸盐、碳酸盐、生物炭等降低重金属的溶解性，从而降低其生物有效性。由于化学修复技术成熟简单，操作简便、快速，可进行大面积的场地处理，而被广泛应用到土壤重金属修复中。常用于土壤重金属稳定化的材料有磷酸盐、碳酸盐、硅酸盐和有机物质，不同修复剂对重金属的作用机理不同。

基于含磷物质修复重金属污染土壤，是化学原位钝化修复中研究较多且最为经济、有效的修复方法（Sneddon et al.，2006）。磷酸盐治理重金属污染土壤时，并不能改变重金属的总量，而是通过改变重金属在土壤-植物系统中的形态来降低重金属的生物有效性或者毒性（Bolan et al.，2003）。磷酸盐是一种重要的低成本修复材料，广泛应用于土壤重金属的修复中，特别是对 Pb 的固定修复。常用的磷酸盐有磷灰石族矿物、骨粉、磷肥和磷酸盐等，含磷物质能显著降低土壤中重金属的溶出、转移及生物可利用性（陈世宝 等，2006）。目前含磷物质主要应用于 Pb 污染土壤和水体修复（Cao et al.，2002）。磷酸盐的添加可促进 Pb 从交换态、碳酸盐结合态、铁锰氧化物结合态、有机物结合态转化为稳定的磷酸盐或者残渣态，从而降低 Pb 的可移动性和生物有效性（Chen et al.，2003）。磷酸盐和重金属反应的产物是难溶的磷酸盐，在环境中的稳定性和自然形成矿物基本相同。

碳酸盐主要有石灰石（$CaCO_3$）、碳酸钙镁（Ca，Mg）CO_3 等，在重金属污染的土壤中加入碳酸盐时，可增加土壤 pH，抑制重金属的活性和生物有效性（熊礼明，1994）。已有研究指出，在 Cd 污染土壤上施用石灰，一方面可增加土壤表面负电荷而增加对 Cd^{2+} 的吸附；另一方面，在较高 pH 下 Cd^{2+} 水解生成 $CdOH^+$，在土壤吸附点位上的亲和力远高于 Cd^{2+}，同时生成 $CdCO_3$ 沉淀（廖敏 等，1998）。在汞镉铅复合污染的菜地上，施用石灰调节土壤 pH，可降低蔬菜中重金属的残留量及土壤中有效态的汞镉铅的含量（赵小虎，2008）。

硅酸盐材料主要包括硅酸钠、硅酸钙、硅肥、含硅污泥及硅酸盐类黏土矿物（沸石、海泡石、坡缕石、膨润土）等。硅酸通过沉淀作用，可改变土壤中重金属的形态（徐应明 等，2009）。除了提高土壤 pH 而增加土壤对重金属的吸附外（孙约兵 等，2012），硅酸盐（如海泡石、沸石、高岭石等）还具有超强的自净能力、高的比表面积、特殊的晶层结构等特点，大量吸附重金属离子，使重金属的污染活性和迁移性明显降低（Xu et al.，1999）。硅酸盐含有的 SiO_4^{4-}、AlO_4^{5-} 等基团在固液体系中可形成带负电的水合氧化物覆盖层，有利于配合作用（杨翠英 等，2005）。Naseem 等研究表明，在黏土矿物层间是分子引力相连接，重金属离子可以进入层间与 SiO—发生配合作用（Naseem et al.，2001）。

近年来，因生物炭具有多孔性、巨大的表面积以及表面大量含氧官能团（羧基、酚羟基、羟基、羰基、醌类物质）等特性，可吸附固定土壤中多种污染物，被广泛应用于农业和环境领域。作为一种新型的绿色土壤改良剂，生物炭在土壤重金属污染修复方面具有良好的应用前景（Cao et al.，2011；Xu et al.，2018）。生物炭对于重金属具有很强的吸附能力，并且被吸附的重金属不容易被解吸到土壤环境中（Kim et al.，2015）。目前，生物炭钝化重金属的研究主要集中在生物炭（不同来源、制备方法、改性）对重金属的吸附及机制（谢超然 等，2016；Xu et al.，2018）、生物炭修复重金属污染土壤的效果等方面（Namgay et al.，2010；Cao et al.，2011；Gunten et al.，2019）。Salam 等用水稻秸秆生物炭和油菜饼粕生物炭对 Pb、Cu 自然复合污染土壤进行长达 2 年的钝化修复，发现高温裂解生物炭对重金属的固定效果较低温裂解生物炭好，可能是不同裂解温度下制备的生物炭在自然老化过程中的稳定性差异导致（Salam et al.，2019）。Singh 等采用近边 X 射线吸收精细结构（NEXAFS）和 X 射线光电子能谱（XPS）分析了土壤中老化一年后和两年后的生物炭官能团性质，研究结果显示，羧基比例随老化时间的增加而增加（Singh et al.，2014）。Cui 等在长达 5 年的田间试验研究，发现可交换态 Cd 和 Pb 的含量均显著降低了 8.0%~44.6% 和 14.2%~50.3%，残渣态 Cd 和 Pb 均增加了 4.0%~32.4% 和 14.9%~39.6%（Cui et al.，2016）。

此外，更多研究者关注于不同钝化剂组合、钝化剂与肥料配施及钝化剂与农艺措施联合进行农田土壤重金属的化学修复。如高瑞丽等采用生物炭-磷矿粉共热解产物对 Cu、Cd、Pb、Zn 复合污染土壤进行修复，研究结果发现，对 Cu、Pb 而言，生物炭和磷矿粉共热解处理钝化效果显著优于生物炭、磷矿粉、煅烧磷矿粉和生物炭-磷矿粉共热解产物，分别使其弱酸可提取态含量下降 6.56%、1.95%；对 Cd 而言，生物炭-磷矿粉机械粉碎的钝化效果最好，酸溶态可提取态含量下降 5.21%。生物炭-磷矿粉机械粉碎或者共热解材料可作为良好的土壤钝化剂（高瑞丽，2017）。朱颖采用生物炭和石灰石对大冶市镉污染农田土壤进行原位钝化修复，发现生物炭和石灰石配合使用比单独施用降低土壤有效态 Cd 的效果好，且能减少生菜根部和叶片中的 Cd 含量（朱颖，2017）。段然等的研究结果表明，生物炭与草酸活化磷矿粉配施效果最好，弱酸提取态 Ni、Cd 的含量分别降低 37.0% 和 40.2%（段然 等，2017）。陈思慧等选取粉煤灰、磷矿粉、生物炭 3 种钝化剂单独施加或与叶面喷施硅肥对 Cd 污染水稻土进行田间试验，发现生物炭与叶面硅肥配合施用不仅显著降低土壤中有效镉的含量和水稻籽粒镉含量，而且具有显著的增产作用（陈思慧 等，2019）。

综上所述，化学钝化修复主要选择自然界中天然存在或改性后的矿物材料作为修复材料。化学修复材料不仅可以调节土壤 pH、增加土壤养分，还可通过吸附、固定等降低土壤重金属的生物有效性（王喆 等，2020）。

三、生物修复技术

生物修复是 20 世纪 90 年代以来迅速发展的绿色修复技术之一，主要是利用动物、植物或微生物的生命代谢活动，使土壤中重金属被吸收、富集或转化，达到无害化或降低生物毒性，改善或提高土壤质量的过程。

植物修复是利用超积累植物对重金属的吸收特性和运转能力，将重金属转移到植物地上部分，并将地上部分收获后集中处理来降低土壤重金属的浓度和毒害（Salt et al.，1998）。植物修复作用方式有植物提取、根际过滤、植物辅助、植物固化、植物转化和植物挥发技术，其中植物提取是目前研究最多的修复方式，而超富集植物是适合植物提取的理想植物。如已有研究证实，蜈蚣草对 As 具有超强的富集能力，且吸收的 As 在根部被高效还原后转移到地上部储存，地上部 As 的浓度可达干物质中的 1% 以上（Ma et al.，2001；Chen et al.，2002）。

微生物虽然不能将重金属降解，但其直接参与重金属的生物地球化学循环，可以对它们进行固定、移动和转化，改变它们在环境中的迁移特性和形态，从而实现重金属污染的生物修复（Lloyd et al.，2001；Mclean et al.，2001）。微生物对重金属的影响可分为：通过自养和异养浸出，螯合，微生物代谢产物和载体，氧化还原和甲基化等作用对重金属进行活化；或通过微生物的吸附和胞内积累，与结合肽、蛋白质、多糖等其他生物分子结合而固定重金属（Gadd et al.，2004）。

动物修复是指土壤中的动物（如蚯蚓、线虫、甲螨、鼠妇等）对重金属的吸收、运载和富集的过程，与植物和微生物相比研究较少（段桂兰 等，2020）。土壤动物一方面可以通过自身吞食主动摄入污染物和污染物从土壤溶液穿过体表进入其体内的被动扩散作用吸收重金属元素，待其富集重金属后，采用电激、清水等方法驱出，再集中处理，从而在一定程度上降低土壤中重金属的含量（Szlavecz et al.，2013）。有研究表明，蚯蚓对重金属的富集随着污染程度的增加而上升，且在一定范围内土壤中重金属元素浓度与蚯蚓体内重金属浓度的含量呈线性关系（张友梅 等，1996）。另一方面，蚯蚓等土壤动物可通过改变土壤通透性（Blouin et al.，2013）提高土壤肥力，促进土壤养分循环（Blouin et al.，2013），从而增加植物产量，提高植物修复的效率（冯凤玲 等，2006）。如俞协治和成杰民的研究结果表明，蚯蚓活动显著提高了黑麦草地上部的生物量，并显著增加了其对 Cu 的吸收量，但对 Cd 的吸收量无显著变化（俞协治和成杰民，2003）。

四、联合修复技术

为了恢复重金属污染农田土壤的生态功能，联合修复技术受到了许多研究者的特别关注。联合修复技术是利用土壤-微生物-植物的共存关系，充分发挥各种修复技术的优势，最大限度地促进植物的生长吸收，从而提高植物修复的效率。Pongrac 等认为某些真菌和十字花科植物联合修复重金属污染土壤具有广阔的应用前景（Pongrac et al.，2009）。研究表明，VA 菌根对重金属具有一定的修复能力，当土壤中重金属含量较高时，VA 菌根可以显著提高宿主植物对重金属离子的耐性，而对植物吸收重金属起到明显的促进作用（Enkhtuya et al.，2000；Ma et al.，2011）。傅雷对江苏省南京市汤山镇伏牛山铜尾矿周边土壤修复中，采用土培实验，综合考虑了"孔雀草-蚯蚓-丛枝菌根"联合修复对矿区周边土壤的重金属元素含量、理化性质、酶活性与微生物群落等的影响，结果表明，丛枝菌根真菌与蚯蚓同时添加处理显著提高了孔雀草的修复效率，植物的生物量、铜积累量与土壤酶活性均显著提高，同时采用 Miseq 高通量测序技术分析了土壤微生物群落结构，发现联合修复体系中，土壤微生物的丰富度指数 Chao1 指数和多样性指数 Shannon 均极显著上调，微生物-植物相互作用增强了生物修复过程，其中重金属抗性-植物生长促进菌被广泛应用于植物修复（傅雷，2016）。然而，微生物-植物联合修复中最常见的是重金属污染土壤普遍缺乏营养物质，不能维持细菌快速生长。生物炭作为土壤改良剂不仅可以吸附重金属，还可以作为微生物制剂潜在载体。因此，生物炭-细菌-植物联合可为重金属污染场所的治理提供一种有前景的绿色途径（Harindintwali et al.，2020）。

第四节 农田土壤重金属污染修复中存在的问题及展望

一、农田土壤重金属污染修复过程存在的问题

从国内外的研究与实践来看，目前应用于土壤重金属污染修复的材料和方法众多，各有优缺点。如工程修复方法（客土覆盖、表层剥离等）工程量大、成本高且容易改变土壤基本性质，主要用于场地污染修复，而很少应用于农田土壤污染修复。钝化修复虽可以有效降低中、低污染土壤中的重金属，但并未从土壤中彻底根除，当外界条件改变时，固定的重金属还可能被再次释放，造成二次污染。高度污染土壤应用较多的是超积累植物修复方法（植物挥发、植物固定、植物萃取），其中植物萃取技术被认为是当前最有发展前景、修复效

果最好的植物修复技术。很多研究表明，在植物修复重金属的同时，根据土壤性质和植物特性，可通过添加 EDTA、NTA、EDDS、LMWOAs 等络合剂，采用合理的农业技术措施，联合微生物及基因工程，以及多种修复方法联合修复的措施以提高植物吸附效率（李交昆 等，2017；袁金玮 等，2019）。尽管植物修复被认为是一种低成本和无二次污染风险的重金属污染修复途径，但目前发现的 400 多种超积累植物中，主要是 Cu、Cd、As、Zn、Ni 的超富集作物，对其他没有发现超富集作物的污染物，无法采用植物修复技术（段桂兰 等，2020）；另外，农田土壤的生产特征和我国人多地少的基本国情，决定了污染治理应以原位、绿色、可持续的修复措施为主（胡红青 等，2017）。因此，在制定修复措施时，应该针对不同污染程度、不同重金属类型、不同作物品种、不同土壤条件的农田土壤重金属污染等实际情况，在不影响农业正常生产的基础上，因地制宜地选择及研发合适的重金属污染修复新技术迫在眉睫。

重金属污染农田土壤修复的过程中，我们通常采用边生产边修复的化学钝化技术，更多地关注钝化剂本身对重金属的固定效果，一方面忽略了土壤微生物、植物根系分泌物、土壤动物之间的协同作用对重金属修复的影响；另一方面忽略边生产边修复过程中的环境、生态及经济效益的评价指标及综合效益的评估。因此，在未来重金属污染农田土壤修复研究时，主要考虑各生物因素之间相互作用机制及其对重金属迁移转化的影响机制，逐步开展固化材料-微生物-重金属、固化材料-微生物-植物-重金属、固化材料-微生物-植物-土壤动物-重金属之间等多元协同的污染农田土壤修复新技术；针对不同技术的边生产边修复后农产品安全利用情况、土壤肥力及土壤微生物多样性和经济效益的评价标准和方法深入研究，对于农田土壤重金属污染修复技术的选择及应用具有重要意义（王羚谕，2020）。

二、农田土壤环境质量管理发展与展望

过去几十年，我国在农田土壤管理和污染防治过程中，深入开展土壤污染调查，完善土壤污染防治的法律制度，推出了多种农田土壤污染修复技术，规范了土壤重金属污染的测定方法及基于生物可给性的土壤-植物-人体系统的风险评估方法和体系（徐建明 等，2018）。虽然我国在土壤污染预防、治理与修复等方面开展了大量的工作，也取得了显著进展，但我国经济已由高速增长阶段转向高质量发展阶段，新的土壤环境问题和社会需求仍会不断涌现，农田土壤环境质量管理与污染防治形势依然严峻，既要挺进土壤污染防治攻坚战的主战场，也要走进可持续发展和美丽中国建设的主阵地（张红振 等，2020）。

新时期，我国农田土壤重金属污染防治应开展符合中国国情与农情、具有

自主知识产权的修复技术创新，针对不同重金属污染来源，实施以"防"为主，"防""治"结合的措施（张红振 等，2020）。随着《土壤污染防治行动计划》的颁布，我国土壤环境质量管理体系已逐渐形成，但农田土壤质量管理政策与相关标准体系的研究仍需加强。GB 15618—2018《土壤环境质量　农用地土壤污染风险管控标准（试行）》遵循农用地土壤风险管控标准的新思路，提出了风险筛选值和风险管制值的概念，为我国农产品从"从农田到餐桌"的安全性提供了一定的保障。我国农田土壤类型多样，由于土壤形成历史、气候条件、耕作管理水平、土壤利用方式不同，不同地区土壤环境背景值有所差异。而现有土壤环境质量标准未充分考虑土壤类型和土地利用方式的差异，难以支撑国家及区域内土壤环境标准化及差异化管理。因此，亟须在国家规定的技术要求和方法的基础上，按照"分区、分级、分类"的原则，各地区因地制宜地制定区域土壤环境背景值和土壤污染的控制标准（胡友文 等，2021）。

参 考 文 献

崔春燕，沈根祥，胡双庆，等，2015. 铬（Ⅵ）和菲单一及复合暴露对赤子爱胜蚓的急性毒性效应研究 [J]. 农业环境科学学报，34：2070 - 2075.

崔德杰，张玉龙，2004. 土壤重金属污染现状与修复技术研究进展 [J]. 土壤通报，35：365 - 370.

蔡奎，段亚敏，栾文楼，等，2016. 河北平原农田土壤重金属元素 Pb、Hg 地球化学行为的影响因素 [J]. 中国地质，43：1420 - 1428.

陈怀满，等，2002. 土壤中化学物质的行为与环境质量 [M]. 北京：科学出版社.

陈京都，何理，许轲，等，2013. 镉胁迫对不同基因型水稻生长及矿质营养元素吸收的影响 [J]. 生态学杂志，12：105 - 111.

陈志良，莫大伦，仇荣亮，2001. 镉污染对生物有机体的危害及防治对策 [J]. 环境保护科学，4：37 - 39.

陈雅丽，翁莉萍，马杰，等，2019. 近十年中国土壤重金属污染源解析研究进展 [J]. 农业环境科学学报，38：2219 - 2238.

陈世宝，朱永官，马义兵. 2006. 不同磷处理对污染土壤中有效态铅及磷迁移的影响 [J]. 环境科学学报，26：1140 - 1144.

陈世宝，王萌，李杉杉，等，2019. 中国农田土壤重金属污染防治现状与问题思考 [J]. 地学前缘，26：35 - 41.

陈青云，胡承孝，谭启玲，等，2011. 不同磷源对土壤镉有效性的影响 [J]. 环境科学学报，31：2254 - 2259.

陈静，王学军，朱立军，2003. pH 和矿物成分对砷在红土中迁移的影响 [J]. 环境化学，22：121 - 125.

陈优良，史琳，王兆茹，2016. 基于模糊数学的矿区土壤重金属污染评价：以信丰稀土矿

区为例 [J]. 有色金属科学与工程, 7: 127-133.

陈同斌, 陈志军, 2002. 水溶性有机质对土壤中镉吸附行为的影响 [J]. 应用生态学报, 13: 183-186.

陈怀满, 1996. 土壤-植物系统中的重金属污染 [M]. 北京: 科学出版社: 141-142.

陈廷廷, 2017. 体外消化/Caco-2细胞模型评价场地土壤中重金属生物可给性/生物有效性及健康风险 [D]. 福建: 华侨大学.

陈飞霞, 魏世强, 2006. 土壤中有效态重金属的化学试剂提取法研究进展 [J]. 干旱环境监测, 3: 27-32.

陈文轩, 李茜, 王珍, 等, 2020. 中国农田土壤重金属空间分布特征及污染评价 [J]. 环境科学, 41: 2822-2833.

陈思慧, 张亚平, 李飞, 等, 2019. 钝化剂联合农艺措施修复镉污染水稻土 [J]. 农业环境科学学报, 38: 563-572.

陈雅丽, 翁莉萍, 马杰, 等, 2019. 近十年中国土壤重金属污染源解析研究进展. 农业环境科学学报, 38: 2219-2238.

成晓梦, 孙彬彬, 吴超, 2021. 浙中典型硫铁矿区农田土壤重金属含量特征及健康风险. 环境科学, https://doi.org/10.13227/j.hjkx.202102161.

丛艳国, 魏立华, 2002. 土壤环境重金属污染物来源的现状分析 [J]. 现代化农业, 1: 18-20.

董良满, 2017. 浙江省农田土壤和农作物重金属污染评价 [D]. 浙江: 温州大学.

段桂兰, 崔慧灵, 杨雨萍, 等, 2020. 重金属污染土壤中生物间相互作用及其协同修复应用 [J]. 生物工程学报, 36: 455-470.

邓林, 李柱, 吴龙华, 等, 2014. 水分及干燥过程对土壤重金属有效性的影响 [J]. 土壤, 46: 1045-1051.

杜彩艳, 祖艳群, 李元, 2008. 石灰配施猪粪对Cd、Pb和Zn污染土壤中重金属形态和植物有效性的影响 [J]. 安徽农业科学, 36: 1355-1356, 1370.

段然, 胡红青, 付庆灵, 等, 2017. 生物炭和草酸活化磷矿粉对镉镍复合污染土壤的应用效果 [J]. 环境科学, 38: 4836-4843.

傅雷, 2016. 孔雀草—蚯蚓—丛枝菌根真菌联合修复Cu污染土壤的研究 [D]. 南京: 南京农业大学.

冯凤玲, 成杰民, 王德霞, 2006. 蚯蚓在植物修复重金属污染土壤中的应用前景 [J]. 土壤通报, 37: 809-814.

何其辉, 谭长银, 曹雪莹, 等, 2018. 肥料对土壤重金属有效态及水稻幼苗重金属积累的影响 [J]. 环境科学研究, 31: 942-951.

和文祥, 朱铭莪, 张一平, 2000. 土壤酶与重金属关系的研究现状 [J]. 土壤与环境, 9: 139-142.

胡文友, 陶婷婷, 田康, 等, 2021. 中国农田土壤环境质量管理现状与展望 [J]. 土壤学报, 58: 1094-1109.

胡红青, 黄巧云, 李学垣, 1995. 不同铝浓度对小麦根系分泌氨基酸和糖类的影响 [J]. 土壤通报, 1: 15-17.

胡宁静，骆永明，宋静，2007. 长江三角洲地区典型土壤对镉的吸附及其与有机质、pH 和温度的关系［J］. 土壤学报，44：437 - 443.

黄华斌，林承奇，胡恭任，等，2020. 基于 PMF 模型的九龙江流域农田土壤重金属来源解析［J］. 环境科学，4：430 - 437.

黄青青，刘星，张倩，等，2016. 磷肥中镉的环境风险及生物有效性分析［J］. 环境科学与技术，39：156 - 161.

黄辉，2011. 发育早期铅暴露致食蟹猴阿尔茨海默病样作用及其对表观遗传修饰的影响［D］. 河南：郑州大学.

郝玉波，2008. 砷对玉米产量、品质及生理特性的影响［D］. 山东：山东农业大学.

环境保护部，国土资源部，2014. 全国土壤污染状况调查公报［N］. 中国国土资源报.

韩晋仙，李园园，王玉芬，等，2018. 土壤和农产品综合质量指数法优势分析［J］. 中国环境科学学会科学技术年会，3：3019 - 3024.

高芳，林英杰，张佳蕾，等，2011. 镉胁迫对花生生理特性、产量和品质的影响［J］. 作物学报，37：2269 - 2276.

高瑞丽，王倩，付庆灵，等，2017. 生物质—磷矿粉共热解产物对 Cu、Cd、Pb、Zn 复合污染土壤的修复效果研究［C］//中国土壤学会土壤环境专业委员会第十九次会议暨"农田土壤污染与修复研讨会"第二届山东省土壤污染防控与修复技术研讨会.

郭光光，2017. 氮磷施用对蓖麻吸收、转运铜的影响及机制［D］. 武汉：华中农业大学.

国家环境保护总局，2004. HJ/T 166 - 2004 土壤环境监测技术规范［S］. 北京：中国环境科学出版社：8 - 11.

姜丽娜，王强，郑纪慈，2008. 蔬菜产地土壤重金属含量空间分布研究［J］. 水土保持学报，22：174 - 178.

李桂玲，王琦，王金水，等，2019. 重金属对植物种子萌发胁迫及缓解的机制［J］. 生物技术通报，35：147 - 155.

李新华，刘景双，于君宝，等，2006. 土壤硫的氧化还原及其环境生态效应［J］. 土壤通报，37：159 - 163.

李江遐，张军，谷勋刚，等，2010. 尾矿区土壤重金属污染对土壤酶活性的影响［J］. 土壤通报，41：202 - 204.

李廷强，舒钦红，杨肖娥，2008. 不同程度重金属污染土壤对东南景天根际土壤微生物特征的影响［J］. 浙江大学学报（农业与生命科学版），34：692 - 698.

李小琦，2018. 云南典型红壤农田 Pb、Cd 污染特征及其风险评价［D］. 云南：云南大学.

李艳玲，卢一富，陈卫平，等，2019. 工业城市农田土壤重金属时空变异及来源解析［J］. 环境科学，41：8.

李富荣，朱娜，杨锐，等，2015. 铅、镉单一及复合污染对 11 个空心菜品种种子萌发和幼苗生长效应的影响［J］. 热带作物学报，36：1951 - 1958.

李瑛，李洪军，张桂银，等，2003. 几种电解质对土壤吸附 Cu^{2+} 的影响［J］. 生态与环境，12：8 - 11.

李文庆，张民，束怀瑞，等，2011. 有机肥对土壤铜形态及其生物效应的影响［J］. 水土保持学报，25：194-197.

李玲，2012. 镉胁迫对陆地棉生长发育、产量和品质的影响及其耐镉性的遗传研究 [D].
浙江：浙江大学.

李灵，唐辉，张玉，等，2017. 南方酸性红壤区 5 种典型土地利用土壤 Pb、Cu 的吸附解吸
特征 [J]. 科学技术与工程，17：131-136.

刘建国，李坤权，张祖建，等，2004. 水稻不同品种对铅吸收、分配的差异及机理 [J].
应用生态学报，15：291-294.

刘佳伟，杨明生，段磊光，等，2021. 鄱阳湖西南边缘农田土壤重金属污染特征及环境现
状 [J]. 河南师范大学学报（自然科学版），49：66-71.

刘玉荣，贺纪正，郑袁明，2008. 跳虫在土壤污染生态风险评价中的应用 [J]. 生态毒理
学报，3：323-330.

刘瑞雪，乔冬云，王萍，等，2019. 湘潭县农田土壤重金属污染及生态风险评价 [J]. 农
业环境科学学报，38：1523-1530.

刘彬，孙聪，陈世宝，等，2017. 水稻土中外援 Cd 老化的动力学特征与老化因子 [J]. 中
国环境科学，35：2137-2145.

刘妍，甘国娟，朱晓龙，等，2013. 湘中某工矿区农户菜园重金属污染分析与健康风险评
价 [J]. 环境化学，32：1738-1741.

林承奇，蔡宇豪，胡恭任，等，2021. 闽西南土壤—水稻系统重金属生物可给性及健康风
险 [J]. 环境科学，42：359-367.

骆永明，2009. 污染土壤修复技术研究现状与趋势 [J]. 化学进展，21：558-565.

雷鸣，曾敏，胡立琼，等，2014. 不同含磷物质对重金属污染土壤—水稻系统中重金属迁
移的影响 [J]. 环境科学学报，34：1527-1533.

孟晓飞，郭俊娥，杨俊兴，等，2021. 河南省典型工业区周边农田土壤重金属分布特征及
风险评价 [J]. 环境科学，42：900-907.

廖敏，谢正苗，黄昌勇，1998. 镉在土水系统中的迁移特征 [J]. 土壤学报，35：
170-185.

楼玉兰，2004. 不同形态氮肥对土壤中重金属化学行为变化及植物吸收的影响 [D]. 浙江.
杭州：浙江大学.

毛凌晨，叶华，2018. 氧化还原电位对土壤中重金属环境行为的影响研究进展 [J]. 环境
科学研究，31：25-32.

毛应明，2015. 徐州市典型污染源周边土壤重金属污染特征及磁学响应研究 [D]. 徐州：
中国矿业大学.

任安芝，高玉葆，2000. 铅、镉、铬单一和复合污染对青菜种子萌发的生物学效应 [J].
生态学杂志，19：19-22.

孙莲强，2014. 锌对花生生理特性、产量和品质的影响及其对镉胁迫的调控 [D]. 泰安：
山东农业大学.

孙约兵，徐应明，史新，等，2012. 海泡石对镉污染红壤的钝化修复效应研究 [J]. 环境
科学学报，32：1465-1472.

付瑾，2012. 应用体外消化/Caco-2 细胞模型评价蔬菜中铅和镉的生物有效性 [D]. 北京：中国科学院大学.

孙花，谭长银，黄道友，等，2011. 土壤有机质对土壤重金属积累、有效性及形态的影响 [J]. 湖南师范大学自然科学学报，34：82-87.

宋玉芳，周启星，宋雪英，等，2002. 土壤环境污染的生态毒理学诊断方法研究进展 [J]. 生态科学，21：182-186.

生态环境部和国家市场监督管理总局，2018. GB 15618—2018. 土壤环境质量农用地土壤污染风险管控标准（试行）[S]. 北京：中国标准出版社.

施亚星，吴绍华，周生路，等，2016. 土壤—作物系统中重金属元素吸收、迁移和积累过程模拟 [J]. 环境科学，37：3996-4003.

唐蛟，马学军，霍继鹏，等，2019. 重金属 Cr、Hg 胁迫对油白菜种子萌发及幼苗生长的影响 [J]. 河南科技学院学报（自然科学版），47：11-16.

滕应，黄昌勇，龙健，等，2003. 不同相伴阴离子对镉污染红壤微生物区系及群落功能多样性的影响 [J]. 环境科学学报，23：370-375.

王艮梅，2004. 农田土壤中水溶性有机物的动态及其对重金属铜、镉环境行为的影响 [D]. 江苏.南京：南京农业大学.

王喆，蔡敬怡，侯士田，等，2020. 地球化学工程技术修复农田土壤重金属污染研究进展 [J]. 土壤，52：445-450.

王友保，刘登义，张莉，等，2001. 铜、砷及其复合污染对黄豆（*glycinemax*）影响的初步研究 [J]. 应用生态学报，12：117-120.

王婉芳，1994. 痛痛病流行病学中镉接触的生物学监测 [J]. 劳动医学，11：32-32.

王中阳，2018. 朝阳地区耕地土壤重金属污染风险评价与来源解析研究 [D]. 沈阳：沈阳农业大学.

王晓琳，2015. 土壤及组分对重金属镉的吸附解吸机理研究 [D]. 长春：吉林农业大学.

王振洲，崔岩山，张震南，等，2014. Caco-2 细胞模型评估金属人体生物有效性的研究进展 [J]. 生态毒理学报，6：25-32.

万忠梅，宋长春，2009. 土壤酶活性对生态环境的响应研究进展 [J]. 土壤通报，40：951-956.

王森，2014. 矿区下游土壤典型重金属的积累规律研究 [D]. 杭州：浙江大学.

王维君，邵宗臣，何群，1995. 红壤黏粒对 Co、Cu、Pb 和 Zn 吸附亲和力的研究 [J]. 土壤学报，32：167-177.

王玉军，刘存，周东美，等，2016. 一种农田土壤重金属影响评价的新方法：土壤和农产品综合质量指数法 [J]. 农业环境科学学报，35：1225-1232.

王羚谕，2020. 镉污染农田植物"边生产边修复"模式效益评估方法研究 [D]. 杭州：浙江大学.

汪洪，赵士诚，夏文建，等，2018. 不同浓度镉胁迫对玉米幼苗光合作用、脂质过氧化和抗氧化酶活性的影响 [J]. 植物营养与肥料学报，14：36-42.

沃惜慧，杨丽娟，曹庭悦，等，2019. 长期定位施肥下设施土壤重金属积累及生态风险的研究 [J]. 农业环境科学学报，38：2319-2327.

吴清清，马军伟，姜丽娜，等，2010. 鸡粪和垃圾有机肥对苋菜生长及土壤重金属积累的影响 [J]. 农业环境科学学报，29：1302 - 1309.

吴先亮，黄先飞，全文选，等，2018. 黔西煤矿区周边土壤重金属形态特征、污染评价及富集植物筛选 [J]. 水土保持通报，38：313 - 321.

吴洋，杨军，周小勇，等，2015. 广西都安县耕地土壤重金属污染风险评价 [J]. 环境科学，36：2964 - 2971.

线郁，王美娥，陈卫平，2014. 土壤酶和微生物量碳对土壤低浓度重金属污染的响应及其影响因子研究 [J]. 生态毒理学报，9：63 - 70.

徐明岗，刘平，宋正国，等，2006. 施肥对污染土壤中重金属行为影响的研究进展 [J]. 农业环境科学学报，25：328 - 333.

徐仁扣，肖双成，蒋新，等，2006. pH 对 Cu（Ⅱ）和 Pb（Ⅱ）在可变电荷土壤表面竞争吸附的影响 [J]. 土壤学报，43：871 - 874.

徐龙君，袁智，2009. 外源镉污染及水溶性有机质对土壤中 Cd 形态的影响研究 [J]. 土壤通报，40：1442 - 1445.

徐蕾，肖昕，马玉，等，2019. 徐州农田土壤重金属空间分布及来源分析 [J]. 生态与农村环境学报，35：1453 - 1459.

谢超然，王兆炜，朱俊民，等，2016. 核桃青皮生物炭对重金属铅、铜的吸附特性研究 [J]. 环境科学学报，36：1190 - 1198.

熊礼明，1994. 石灰对土壤吸附镉行为及有效性的影响 [J]. 环境科学研究，7：35 - 38.

徐应明，梁学峰，孙国红，等，2009. 海泡石表明化学特性及其重金属 Pb^{2+}、Cd^{2+}、Cu^{2+} 吸附机理研究 [J]. 农业环境科学学报，28：2057 - 2063.

徐明岗，王宝奇，周世伟，等，2008. 外源铜锌在我国典型土壤中的老化特征 [J]. 环境科学，29：3213 - 3218.

徐明岗，2014. 施肥与土壤重金属污染修复 [M]. 北京：科学出版社：51 - 54.

徐建明，孟俊，刘杏梅，等，2018. 我国农田土壤重金属污染防治与粮食安全保障 [J]. 中国科学院院刊，33：153 - 159.

许海波，赵道远，刘培亚，等，2013. 磷酸盐对水稻土团聚体不同类型重金属镉、铬（Ⅵ）吸附的影响 [J]. 生态环境学报，22：857 - 862.

姚羽，孙琴，丁士明，等，2014. 基于薄膜扩散梯度技术的复合污染土壤镉的生物有效性研究 [J]. 农业环境科学学报，33：1279 - 1287.

于天仁，等，1983. 水稻土的物理化学 [M]. 北京：科学出版社.

丁昌璞，等，2011. 土壤的氧化还原过程及其研究法 [M]. 北京：科学出版社.

杨宾，罗会龙，刘士清，等，2019. 淹水对土壤重金属浸出行为的影响及机制 [J]. 环境工程学报，13：936 - 943.

杨海琳，2009. 土壤重金属污染修复的研究 [J]. 环境科学与管理，34：134 - 139.

杨洁，瞿攀，王金生，等，2017. 土壤中重金属的生物有效性分析方法及其影响因素综述 [J]. 环境污染与防治，39（2）：217 - 223.

杨正亮，冯贵颖，2002. 重金属对土壤脲酶活性的影响 [J]. 干旱地区农业研究，20：

41-43.

杨翠英，刘晓明，马晓隆，2005. 海泡石的酸改性对其吸附性能的影响 [J]. 山东科技大学学报（自然科学版），24：97-100.

郁有健，沈秀萍，曹家树，2014. 植物细胞壁同聚半乳糖醛酸的代谢与功能 [J]. 中国细胞生物学学报，36：93-98.

俞协治，成杰民，2003. 蚯蚓对土壤中铜、镉生物有效性的影响 [J]. 生态学报，23：922-928.

尤文鹏，施国新，丁小余，等，2000. Hg^{2+} 对蒜鳞茎生长的毒害效应 [J]. 南京师大学报（自然科学版），23：76-80.

叶宏萌，李国平，郑茂钟，等，2016. 武夷山茶园土壤汞、镉和砷形态及茶叶有效性特征 [J]. 热带作物学报，37：2094-2099.

闫晗，2011. 露天煤矿排土场土壤微生物生态特征及土壤质量评价 [D]. 阜阳：辽宁工程技术大学.

张云芸，马瑾，魏海英，等，2019. 浙江省典型农田土壤重金属污染及生态风险评价 [J]. 生态环境学报，28：1233-1241.

张磊，宋凤斌，2005. 土壤吸附重金属的影响因素研究现状及展望 [J]. 土壤通报，36：628-631.

周立祥，胡霭堂，戈乃，1994. 城市生活污泥中锌及病原物对作物及土壤环境的影响 [J]. 农业环境科学学报，13：158-162.

曾路生，廖敏，2005. 镉污染对水稻土微生物量、酶活性及水稻生理指标的影响 [J]. 应用生态学报，16：2162-2167.

曾清如，周细红，毛小云，1997. 不同氮肥对铅锌矿尾矿污染土壤中重金属的溶出及水稻苗吸收的影响 [J]. 土壤肥料，3：7-11.

左继超，2014. 磷和柠檬酸共存对红壤胶体固定铅的影响机理研究 [D]. 武汉：华中农业大学.

赵其国，林先贵，褚海燕，2010. 土壤微生物与土壤质量研究 [C]//第十一届全国土壤微生物学术讨论会暨第六次全国土壤生物与生物化学学术研讨会第四届全国微生物肥料生产技术研讨会论文（摘要）集.

赵小虎，2008. 汞镉铅复合污染对蔬菜的影响及其改良措施研究 [D]. 武汉：华中农业大学.

翟静雅，2010. 猪粪农用对土壤-小麦系统中镉迁移的影响 [D]. 武汉：华中农业大学.

郑顺安，郑向群，李晓辰，等，2013. 外源 Cr（Ⅲ）在我国 22 种典型土壤中的老化特征及关键影响因子研究 [J]. 环境科学，34：698-704.

朱永恒，李克中，余健，2013. 铜尾矿复垦地土壤动物群落的恢复 [J]. 动物学杂志，48：417-427.

朱志勇，郝玉芬，李友军，等. 2011. 镉对小麦旗叶叶绿素含量及籽粒产量的影响 [J]. 核农学报，25：1010-1016.

周明亮，戴万宏，曹玉红，2014. 蚯蚓对土壤中重金属化学行为及生物有效性影响的研究进展 [J]. 中国农学通报，30：54-160.

张红振，邓璟菲，李书鹏，2020. 我国"十四五"土壤生态环境保护发展建议［J］. 环境保护，48：39-41.

张迎新，2011. 冻溶作用对重金属 Pb 和 Cd 在土壤中吸附/解吸作用的影响及其机理［D］. 长春：吉林大学.

张金彪，2001. 镉对草莓的毒害机理和调控研究［D］. 福州：福建农林大学.

张旭红，高艳玲，林爱军，等，2008. 植物根系细胞壁在提高植物抵抗金属离子毒性中的作用［J］. 生态毒理学报，3：9-14.

张英，周长民，2007. 重金属铅污染对人体的危害［J］. 辽宁化工，36：395-397.

张友梅，郭永灿，1996. 土壤污染对蚯蚓的影响［J］. 湖南师范大学自然科学学报，19：84-90.

祖艳群，李元，陈海燕，等 . 2003. 蔬菜中铅镉铜锌含量的影响因素研究［J］. 农业环境科学学报，22：289-292.

中国环境监测总站，1990. 中国土壤元素背景值［M］. 北京：中国环境科学出版社：330-368.

Alexander P D, Alloway B J, Dourado A M, 2006. Genotypic variations in the accumulation of Cd, Cu, Pb and Zn exhibited by six commonly grown vegetables［J］. Environmental Pollution, 144：736-745.

Ammar W B, Nouairi I, Tray B, et al. , 2005. Cadmium effects on mineral nutrition and lipid contents in tomato leaves［J］. Journal De La Société De Biologie, 199：157-163.

An F Q, Diao Z, Lv J L, 2018. Microbial Diversity and Community Structure in gricultural Soils Suffering from 4-year Pb Contamination［J］. Canadian Journal of Microbiology, 64：305-316.

Appel C, Ma L, 2002. Concentration, pH, and surface charge effects on cadmium and lead sorption in three tropical soils［J］. Journal of Environmental Quality, 31：581-589.

Arthur W, 1989. Relationships among nitrogen, silicon, and heavy metal uptake by plants ［J］. Soil Science, 147：457-460.

Ashworth D J, Alloway B J, 2007. Complexation of copper by sewage sludge-derived dissolved organic matter：Effects on soil sorption behaviour and plant uptake［J］. Water, Air, and Soil Pollution, 182：187-196.

Badiane N N Y, Chotte J L, Pate E, et al. , 2001. Use of soil enzyme activities to monitor soil quality in natural and improved fallows in semi-arid tropical regions［J］. Applied Soil Ecology, 18：0-238.

Brattin W, Casteel S, 2013. Measurement of arsenic relative bioavailability in swine［J］. Journal of Toxicology and Environmental Health Part A, 76：449-457.

Blouin M, Hodson M E, Delgado E A, 2013. A review of earthworm impact on soil function and ecosystem services［J］. European Journal of soil science, 64：161-182.

Bolan N S, Adriano D, Naidu R, 2003. Role of phosphorus in (im) mobilization and baiovailability of heavy metals in the soil-plant system［J］. Reviews of Environmental Contamination and Toxicology, 177：1-44.

Cao X, Ma L, Liang Y, et al. , 2011. Simultaneous immobilization of lead and atrazine in contaminated soils using dairy‐manure biochar [J]. Environmental Science and Technology, 45: 4884‐4889.

Casteel S W, Weis C P, Henningsen G M, et al. , 2006. Estimation of relative bioavailability of lead in soil and soil‐like materials using young swine [J]. Environmental Health Perspectives, 114: 1162‐1171.

Chen B L, Chen Z M, Lv S F, 2011. A novel magnetic biochar efficiently sorbs organic pollutants and phosphate [J]. Bioresource Technology, 102: 716‐723.

Chen M, Ma L Q, Singh S, et al. , 2003. Melamed R. Field demonstration of in situ immobilization of soil Pb using P amendments. Advances Environmental Research, 8: 93‐102.

Cui L, Pan G, Li L, Bian R J, et al. , 2016. Continuous immobilization of cadmium and lead in biochar amended contaminated paddy soil: A five‐year field experiment [J]. Ecological Engineering, 93: 1‐8.

Cui H, Fan Y, Fang G, et al. , 2016. Leachability, availability and bioaccessibility of cu and cd in a contaminated soil treated with apatite, lime and charcoal: a five‐year field experiment [J]. Ecotoxicology and Environmental Safety, 134: 148‐155.

Dunn R J K, Teasdale P R, Warnken J, et al. , 2007. Evaluation of the in situ, time‐integrated DGT technique by monitoring changes in heavy metal concentrations in estuarine waters [J]. Environmental Pollution, 148: 213‐220.

Drobne D, Hopkin S P, 1995. The Toxicity of Zinc to Terrestrial Isopods in a "Standard" Laboratory Test [J]. Ecotoxicology and Environmental Safety, 31: 1‐6.

Gunten K V, Hubmann M, Ineichen R, et al. , 2019. Biochar induced changes in metal mobility and uptake by perennial plants in a ferralsol of Brazil's Atlantic forest [J]. Biochar, 1: 309‐324.

Salam A, Bashir S, Khlan I, et al. , 2019. Two years impacts of rapeseed residue and rice straw biochar on Pb and Cu immobilization and revegetation of naturally co‐contaminated soil [J]. Applied Geochemistry, 105: 97‐104.

Singh B, Fang Y, Cowie B C C, et al. , 2014. NEXAFS and XPS characterisation of carbon functional groups of fresh and aged biochars [J]. Organic Geochemistry, 77: 1‐10.

Gadd G M, 2004. Microbial influence on metal mobility and application for bioremediation [J]. Geoderma, 122: 109‐119.

Gray C W, Dunham S J, Dennis P G, et al. , 2006. Field evaluation of in situ remediation of a heavy metal contaminated soil using lime and red‐mud [J]. Environmental Pollution, 142: 530‐539.

Huang G, Guo G, Yao S, et al. , 2016. Organic acids, amino acids compositions in the root exudates and Cu‐accumulation in castor (Ricinus communis L.) under Cu stress [J]. International Journal of Phytoremediation, 18: 33‐40.

Harindintwali J D, Zhou J, Yang W, et al. , 2020. Biochar‐bacteria‐plant partnerships:

Eco – solutions for tackling heavy metalpollution. Ecotoxicology and Environmental Safety, 204: 111020.

Johnson W P, Amy G L, 1995. Facilitated Transport and Enhanced Desorption of Polycyclic Aromatic Hydrocarbons by Natural Organic Matter in Aquifer Sediments [J]. Environmental Science and Technology, 29: 807 – 817.

Jiang Y X, Chao S H, Liu J W, et al., 2016. Source apportionment and health risk assessment of heavy metals in soil for a township in Jiangsu Province, China [J]. Chemosphere, 168: 1658 – 1668.

Jiang J, Xu R K, Wang Y, et al., 2008. The mechanism of chromate sorption by three variable charge soils [J]. Chemosphere, 71: 1469 – 1475.

Krzeslowska M, 2011. The cell wall in plant cell response to trace metals: polysaccharide remodeling and its role in defense strategy [J]. Acta Physiologiae Plantarum, 33: 35 – 51.

Khan A G, 2005. Role of soil microbes in the rhizospheres of plants growing on trace metal contaminated soils in phytoremediation [J]. Journal of Trace Elements in Medicine and Biology, 18: 355 – 364.

Kim H S, Kim K R, Kim H J, et al., 2015. Effect of biochar on heavy metal immobilization and uptake by lettuce (*Lactuca sativa* L.) in agricultural soil [J]. Environmental Earth Sciences, 74: 1249 – 1259.

Kotas J, Stasicka Z, 2000. Chromium occurrence in the environment and methods of its speciation [J]. Environmental Pollution, 107: 263 – 283.

Lu A X, Zhang S Z, Shan X Q, 2005. Time effect on the fractionation of heavy metals in soils [J]. Geoderma, 125: 225 – 234.

Lorestani B, Cheraghi M, Yousefi N, 2011. Accumulation of Pb, Fe, Mn, Cu and Zn in plants and choice of hyperaccumulator plant in the industrial town of Vian, Iran [J]. Archives of Biological Sciences, 63: 739 – 745.

Li J, Li K, Cui X Y, et al., 2015. In vitro bioaccessibility and in vivo relative bioavailability in 12 contaminated soils: Method comparison and method development [J]. Science of the Total Environment, 532: 812 – 820.

Liang S, Guan D X, Ren J H, et al., 2014. Effect of aging on arsenic and lead fractionation and availability in soils: coupling sequential extractions with diffusive gradients in thin – films technique [J]. Journal of Hazardous Materials, 273: 272 – 279.

Lukkari T, Teno S, Väisänen A, et al., 2006. Effects of earthworms on decomposition and metal availability in contaminated soil: microcosm studies of populations with different exposure histories [J]. Soil Biology and Biochemistry, 38: 359 – 370.

Langdon C J, Meharg A A, Feldmann J, et al., 2002. Arsenic – speciation in arsenate – resistant and non – resistant populations of the earthworm, lumbricus rubellus [J]. Journal of Environmental Monitoring, 4: 603 – 608.

Lv J S, Liu Y, Zhang Z L, et al., 2013. Factorial kriging and stepwise regression approach to identify environmental factors influencing spatial multi‐scale variability of heavy metals in soils [J]. Journal of Hazardous Materials, 261: 387‐397.

Li J, Li K, Cui X Y, et al., 2015. In vitro bioaccessibility and in vivo relative bioavailability in 12 contaminated soils: Method comparison and method development [J]. Science of the Total Environment, 532: 812‐820.

Li Z, Ma T, Yuan C, et al., 2016. Metal contamination status of the soil‐plant system and effects on the soil microbial community near a rare metal recycling smelter [J]. Environmental Science and Pollution Research, 23: 17625‐17634.

Liu L, Guo X P, Zhang C L, et al., 2018. Adsorption behaviors and mechanisms of heavy metal ions on municipal waste composts with different degree of maturity [J]. Environmental Technology, 40: 1‐43.

Lu A X, Wang J H, Qin X G, et al., 2012. Multivariate and geostatistical analyses of the spatial distribution and origin of heavy metals in the agricultural soils in Shunyi, Beijing, China [J]. Science of the Total Environment, 425: 66‐74.

Lloyd J R, Lovley D R, 2001. Microbial detoxification of metals and radionuclides [J]. Current Opinion in Biotechnology, 12: 248‐253.

Mclean J, Beveridge T J, 2001. Chromate reduction by a pseudomonad isolated from a site contaminated with chromated copper arsenate [J]. Applied and Environmental Microbiology, 67: 1076‐1084.

Ma Y, Prasad M N V, Rajkumar M, et al., 2011. Plant growth promoting rhizobacteria and endophytes accelerate phytoremediation of metalliferous soils [J]. Biotechnology Advances, 29: 248‐258.

Ma Y B, Uren N C, 2006. Effect of aging on the availability of zinc added to a calcareous clay soil [J]. Nutrient Cycling in Agroecosystems, 76: 11‐18.

Marin A R, Masscheleyn P H, Patrick W H, 1993. Soil redox‐pH stability of arsenic species and its influence on arsenic uptake by rice [J]. Plant and Soil, 152: 245‐253.

Mustafa G, Singh B, Kookana R S, 2004. Cadmium adsorption and desorption behaviour on goethite at low equilibrium concentrations: effects of pH and index cations [J]. Chemosphere, 57: 1325‐1333.

Naseem T, Tahir S S, 2001. Removal of Pb (Ⅱ) from aqueous/acidic solutions by using bentonite as an adsorbent [J]. Water Research, 35: 3982‐3986.

Namgay T, Singh B, Singh B P, 2010. Influence of biochar application to soil on the availability of As, Cd, Cu, Pb, and Zn to maize (*Zea mays* L.) [J]. Soil Research, 48: 638‐647.

Navarro A, Cañadas I, Martinez D, et al., 2009. Application of solar thermal desorption to remediation of mercury‐contaminated soils [J]. Solar Energy, 83: 1405‐1414.

Nosli F, Tsamos P, 2016. Concentration of heavy metals and trace elements in soils, waters and vegetables and assessment of health risk in the vicinity of a lignite‐fired power plant

[J]. Science of the Total Environment, 563 – 564: 377 – 385.

Naidu R, Harter R D, 1998. Effect of different organic ligands on cadmium sorption by and extractability from soils [J]. Soil Science Society of America Journal, 62: 644 – 650.

Ni R, Ma Y, 2018. Current inventory and changes of the input/output balance of trace elements in farmland across China [J]. PLOS One, 13: 1 – 14.

Ning Y, Jin C, Zhou H, et al., 2018. Screening indices for cadmium – contaminated soil using earthworm as bioindicator [J]. Environmental Science and Pollution Research, 25: 4268 – 4278.

Papini M P, Saurini T, Bianchi A, et al., 2004. Modeling the competitive adsorption of Pb, Cu, Cd, and Ni onto a natural heterogeneous sorbent material (Italian "red soil") [J]. Industrial and Engineering Chemistry Research, 43: 5032 – 5041.

Pongrac P, Zhao F J, Razinger J, et al., 2009. Physiological responses to cd and Zn in two Cd/Zn hyperaccumulating thlaspi species [J]. Environmental and Experimental Botany, 66: 479 – 486.

Peng H, Chen Y, Weng L, et al., 2019. Comparisons of heavy metal input inventory in agricultural soils in north and south China: A review [J]. Science of the Total Environment, 660: 776 – 786.

Pen – Mouratov S, Shukurov N, Steinberger Y, 2008. Influence of industrial heavy metal pollution on soil free – living nematode population [J]. Environmental Pollution, 152: 172 – 183.

Ruby M V, Schoof R, Brattin W, et al., 1999. Advances in evaluating the oral bioavailability of inorganics in soil for use in human health risk assessment [J]. Environmental Science and Technology, 33: 3697 – 3705.

Salt D E, Smith R D, 1998. Raskin I. Phytoremediation [J]. Annual Review of Plant Physiol, 49: 643 – 668.

Sneddon I, Oruetxebarria M, Hodson M, et al., 2006. Use of bone meal amendments to immobilize Pb, Zn and Cd in soil: a leaching column study [J]. Environmental Pollution, 144: 816 – 825.

Szlavecz K, Pitz S L, Berand M J, et al., 2013. Manipulating earthworm abundance using electroshocking in deciduous forests [J]. Pedobiologia, 56: 33 – 40.

Smith E, Kempson I M, Juhasz A, et al., 2011. In vivo – in vitro and XANES spectroscopy assessments of lead bioavailability in contaminated periurban soils [J]. Environmental Science and Technology, 45: 6145 – 6152.

Shaheen S M, Rinklebe J, Frohne T, et al., 2013. Biogeochemical factors governing Co, Ni, Se, and V dynamica in periodically flooded egyptian north nile delta rice soils [J]. Soil Science Society of America Journal, 78: 1065 – 1078.

Shomar B H, Müller G, Yahya A, 2005. Geochemical features of top soils in the Gaza Strip: Natural occurrence and anthropogenic inputs [J]. Environmental Research, 98: 372 – 382.

Su X J, Zhu J, Fu Q L, et al., 2015. Immobilization of Lead in Anthropogenic Contamina-
ted Soils Using Phosphates with/without Oxalic Acid [J]. Journal of Environmental Sci-
ences, 28: 64 - 73.

Tessier A, Campbell P G C, Bisson M, 1979. Sequential extraction procedure for the specia-
tion of particular trace elements [J]. Analytical Chemistry, 51: 844 - 851.

Tao L, Ren J, Zhu G H, et al., 2007. Advance on the effects of heavy metals on seed ger-
mination [J]. Journal of Agro - Environment Science, 26: 52 - 57.

Van den Berg G A, Loch J P G, Winkels H J, 1998. Effect of fluctuating hydrological condi-
tions on the mobility of heavy metals in soils of a freshwater estuary in the Netherlands [J].
Water, Air, and Soil Pollution, 102: 377 - 388.

Vasiluk L, Dutton M D, Hale B, 2011. In vitro estimates of bioaccessible nickel in field -
contaminated soils, and comparison with in vivo measurement of bioavailability and identifi-
cation of mineralogy [J]. Science of the Total Environment, 409: 2700 - 2706.

Wang Z X, Chen J Q, Chai L Y, et al., 2011. Environmental impact and site - specific hu-
man health risks of chromium in the vicinity of a ferro - alloy manufactory, China [J].
Journal of Hazardous Materials, 190: 980 - 985.

Xu Y M, Wang R S, Wu F, 1999. Surface Characters and Adsorption Behavior of Pb（Ⅱ）
onto a Mesoporous Titanosilicate Molecular Sieve [J]. Journal of Colloid and Interface Sci-
ence, 209: 380 - 385.

Xu X Y, Cao X D, Zhao L, et al., 2013. Removal of Cu, Zn, and Cd from aqueous solu-
tions by the dairy manure - derived biochar [J]. Environmental Science and Pollution Re-
search, 20: 358 - 368.

Xu X W, Chen C, Wang P, et al., 2017. Control of arsenic mobilization in paddy soils by
manganese and iron oxides [J]. Envionment Pollution, 231: 37 - 47.

Yang S S, Feng W Z, Wang S Q, et al., 2021. Farmland heavy metals can migrate to deep
soil at a regional scale: a case study on a wastewater - irrigated area in China [J]. Envi-
ronmental Pollution, 281: 116977.

Yi K X, Fan W, Chen J Y, et al., 2018. Annual input and output fluxes of heavy metals to
paddy fields in four types of contaminated areas in Hunan Province, China [J]. Science of
The Total Environment, 634: 67 - 76.

Zhang F S, Li Y X, Yang M, et al., 2011. Copper Residue in Animal Manures and the
Potential Pollution Risk in Northeast China [J]. Journal of Resources and Ecology, 2:
91 - 96.

Zheng J S, Ma J F, Matsumoto H, 1998. High aluminum resistance in buckwheat. I. Al - in-
duced specific secretion of oxalic acid from root tips [J]. Plant Physiology, 117:
745 - 751.

Zhang H, Hu L Y, Hu K D, et al., 2008. Hydrogen sulfide promotes wheat seed germina-
tion and alleviates oxidative damage against copper stress [J]. Journal of Integrative Plant

Biology, 50: 1518 - 1529.

Zhang H, Davison W, Knight B, et al., 1998. In situ measurements of solution concentrations and fluxes of tracemetals in soils using DGT [J]. Environmental Science and Technology, 32: 704 - 710.

Zhang J E, Yu J Y, Ou Y Y, et al., 2013. Responses of earthworm to aluminum toxicity in latoso [J]. Environmental Science and Pollution Research, 20: 1135 - 1141.

Zhang C, Nie S, Liang J, et al., 2016. Effects of heavy metals and soil physicochemical properties on wetland soil microbial biomass and bacterial community structure and bacterial community structure [J]. Science of The Total Environment, 557: 785 - 790.

Zhou L X, Wong J W C, 2001. Effect of dissolved organic matter from sludge and sludge compost on soil copper sorption [J]. Jouranl of Environmental Quality, 30: 878 - 883.

Zornoza R, Guerrero C, Mataix - Solera J, et al., 2006. Assessing air - drying and rewetting pre - treatment effect on some soil enzyme activities under mediterranean conditions [J]. Soil Biology and Biochemistry, 38: 2125 - 2134.

Zorn M I, Van Gestel C A M, Eijsackers H, 2005. The effect of two endogeic earthworm species on zinc distribution and availability in artificial soil columns [J]. Soil Biology and Biochemistry, 37: 917 - 925.

第二章

重金属钝化修复材料与作用机制

化学钝化修复是指向重金属污染土壤中添加钝化材料，使重金属由活性态向稳定化形态转化，以降低重金属的迁移和生物可利用性，从而修复重金属污染土壤的方法。化学钝化修复不需要复杂的工程设备、简单易行、产生二次污染的可能性小，成本低、取材方便，在修复重金属污染的同时还可提高土壤肥力，具有边修复边生产等突出优点，因此适合应用于大面积中、轻度重金属污染农田修复治理。外源添加的钝化剂，主要通过影响土壤 pH、氧化还原电位、根际微生物活动以及化学反应过程等来降低/改变土壤中重金属的化学形态、移动性和生物有效性，从而减轻重金属的毒害（刘永红 等，2009；杨海征，2009a；蔡志坚，2010；王立群 等，2009）。

农田土壤重金属污染所使用的钝化剂主要是一些环境友好型材料，按照组成成分，分为有机钝化材料、无机钝化材料和复合钝化材料等，还包括一些新型的钝化材料。其中无机钝化材料包括含磷材料、含钙石灰性材料、硅酸盐黏土矿物和纳米金属及其氧化物等；有机钝化材料主要包括生物炭类、有机废弃物、活性污泥和堆肥等。复合钝化材料主要是有机材料或者无机材料经改性获得，兼具有机物和无机物的性质而应用于农田重金属的钝化。

第一节　无机钝化材料

目前采用的无机钝化材料主要包括各类含磷物质、石灰类、硅酸盐类黏土矿物和其他如赤泥、粉煤灰等工业副产物等。它们对不同污染物以及土壤类型、污染程度的修复效果有一定差异。本节就一些主要的化学钝化材料修复重金属污染研究进展进行概述。

一、磷酸盐类物质

磷化合物在农业生产上已经广泛应用，是作物增产的主要措施之一。随着农田土壤重金属污染研究的深入，一些研究人员发现它们对重金属的稳定效果非常明显（周世伟和徐明岗，2007）。用于修复重金属污染土壤的磷化合物种类多样，既包括水溶性的磷酸二氢钾、磷酸二氢钙及三元过磷酸钙、磷酸氢二铵、磷酸氢二钠、磷酸等，也包括水难溶性的羟基磷灰石、磷矿粉、骨粉等（Hafsteinsdóttir et al.，2014；Huang et al.，2019）。磷酸盐加入污染土壤后，显著降低重金属有效态浓度，促使重金属向残渣态转化，降低重金属的移动性和生物有效性，从而达到修复的目的。研究表明，磷酸盐加入后可以极大地降低有效态铅含量，减少土壤中铅等重金属的可溶态和可提取态含量，且对铅的固定表现出长期的稳定性。大量研究表明磷酸盐加入污染土壤后，其残渣态增加 11%～55%，但是铜和锌的残渣态仅分别增加 13% 和 15%（Cao et al.，2002；Cao et al.，2004；Cao et al.，2009）。

磷酸盐稳定重金属的反应机理十分复杂，目前的研究将其大体分为 4 类（图 2-1）：诱导重金属吸附、表面直接吸附重金属、引起土壤 pH 升高、与重金属生成沉淀或矿物（左继超，2014；Huang et al.，2019）。

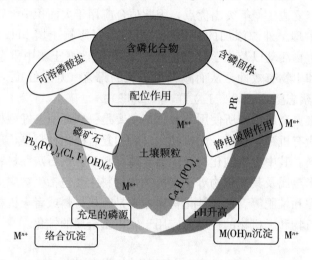

图 2-1　含磷化合物固定土壤重金属的可能机制

1. 磷酸盐诱导重金属吸附

热带、亚热带的可变电荷土壤因为富含氧化铁、氧化铝及高岭石，能够专性吸附磷酸盐，引起土壤表面负电荷增加或者溶液 pH 升高，从而诱导重金属吸附增加。土壤中的磷酸根离子也能与多种金属形成金属磷酸盐沉淀，在较大的土壤 pH 变化范围内，磷酸盐沉淀能够保持较低的溶解度（Brown et al.，2005；李剑睿 等，2014）。有研究表明，添加磷和柠檬酸处理的红壤胶体 Zeta 电位降低，表明其表面负电性增加，对阳离子的静电吸附作用增强（左继超，2014）。针铁矿上吸附的磷酸盐可作桥键，形成磷酸盐-锌表面络合物（Bolland et al.，1977），也可以形成土壤-磷酸盐-镉表面络合物（Ag-benin，1998）。磷与铅在红壤胶体和矿物表面通过协同吸附而产生表面共沉淀，甚至生成磷氯铅矿，是其促进红壤胶体及矿物吸附铅的主要机制（左继超，2014）。

2. 磷酸盐表面直接吸附重金属

对加入的水溶性磷酸盐而言，不存在表面吸附重金属行为，所以该反应机理只发生在难溶性的磷灰石、磷矿石上，通常所占比重甚轻。不同的重金属在其表面吸附的程度有明显差别，如实验证实在磷矿石稳定铅时，生成氟磷铅矿的比例达 78.3%，表面吸附只占 21.7%；而表面吸附的铜、锌则分别高达 74.5%和 95.7%。Xu 等（1994）认为羟基磷灰石对镉、锌的稳定作用以表面络合吸附和共沉淀为主，生成 $\equiv POZn^+$ 和 $\equiv CaOZn^+$ 表面络合物，而镉离子更容易发生共沉淀反应。

3. 磷酸盐添加引起土壤 pH 变化

含磷材料还包括天然磷灰石、磷矿粉、骨粉等难溶磷酸盐矿物，它们是碱性矿物。单独施用磷酸二氢钾处理能提高土壤 pH（王秀丽 等，2015），这可能是由于磷酸氢根竞争土壤中的吸附点位引起的，因为磷酸二氢钾是强碱弱酸盐，添加到土壤后，主要是以 $H_2PO_4^-$ 形态存在，$H_2PO_4^-$ 交换土壤胶体上的 OH^- 从而引起土壤 pH 的增加（王秀丽 等，2015）。刘昭兵等（2012）发现，在 0.1g/kg 和 0.2g/kg 施磷水平下，磷酸二氢钾处理的土壤 pH 与对照相比，分别提高了 0.17 个和 0.32 个单位。

4. 磷酸盐与重金属生成沉淀或矿物

在大多数土壤上，重金属-磷酸盐沉淀或矿物的生成是磷酸盐稳定重金属的主要机理，尤其是重金属含量高的矿区土壤。根据化学平衡移动的原理，在同一个体系中，平衡优先向溶解度小（溶度积小）的产物转化。表 2-1 中，根据磷酸盐和氢氧化物沉淀的溶度积可以发现，阳离子相同的沉淀，磷酸盐计算得到的溶解度大部分小于氢氧化物的溶解度。因此，在有磷酸根存在时，重金属易于形成磷酸盐的沉淀而被固定。在实际的土壤环境中，由于施肥，以及土壤本身含有大量氯离子，使得这些反应能够进行，从而进一步稳定了土壤中的重金属。在重金属污染的农田土壤中添加可溶性磷酸盐 $Ca(H_2PO_4)_2 \cdot H_2O$，土壤中有效态的重金属（如 Cd）很快与 $Ca(H_2PO_4)_2$ 反应，生成难溶态的重金属磷酸盐 $Cd_3(PO_4)_2$。其化学反应如下（M＝Cu、Cd、Pb、Zn、Hg 等）：

$$3M^{2+} + Ca(H_2PO_4)_2 = Ca^{2+} + 2H^+ + M_3(PO_4)_2 \downarrow$$

经对比，可溶性磷酸盐 $Ca(H_2PO_4)_2$ 对重金属的稳定效果比石灰好，且对土壤性质无显著不良影响，并为作物生长提供磷素和钙素。而难溶性含磷物质对重金属的吸附沉淀机制分为两步，以重金属铅为例：一是含磷材料和含铅化合物的溶解；二是磷、铅形成沉淀。第一步往往发生在 pH≤5 的酸性条件下，这有利于难溶性含磷材料和含铅化合物的溶解，并加速磷酸铅沉淀（吴霄霄 等，2019）。因而土壤中高浓度铅和磷酸盐共存时能够生成一些矿物，诸如羟基磷铅矿、氯磷铅矿、氟磷铅矿等（Cao et al.，2002，Cao et al.，2003；Cao et al.，2004；Cao et al.，2009；Miretzky and Fernandez - Cirelli，2008；Yang et al.，2001；陈世宝 等，2006）。磷矿粉施入土壤中 32 个月之后，45%的铅转化为磷氯铅矿，在 32 个月之内仅表现为碳酸铅的增加（Ryan et al.，2004）。磷矿粉对土壤中铅转化的机理，土壤中磷矿粉的溶解和磷氯铅矿形成（即铅在土壤中可能的钝化机理）如下：

表 2 - 1　部分重金属磷酸盐的溶度积

化合物	溶度积	化合物	溶度积
$Cd_3(PO_4)_2$	2.5×10^{-33}	$Zn_3(PO_4)_2$	7.8×10^{-28}
$Cd_5(PO_4)_3Cl$	2.2×10^{-50}	$Zn_5(PO_4)_3Cl$	2.9×10^{-38}
$Cu_3(PO_4)_2$	1.3×10^{-37}	$Pb_3(PO_4)_2$	8.0×10^{-43}
$Cu_5(PO_4)_3Cl$	1.1×10^{-54}	$Pb_5(PO_4)_3Cl$	3.7×10^{-85}
$CrPO_4(4H_2O)$	2.4×10^{-23}	$Ni_3(PO_4)_2$	5.0×10^{-31}
$Hg_3(PO_4)_2$	2.5×10^{-33}	$Zn(OH)_2$	7.1×10^{-18}
$Cd(OH)_2$	2.2×10^{-14}	$Hg(OH)_2$	4.8×10^{-26}
$Cu(OH)_2$	5.0×10^{-20}	$Pb(OH)_2$	1.2×10^{-15}
$Cr(OH)_3$	6.3×10^{-31}	$Ni(OH)_2$	2.0×10^{-15}

（Dean，1985；Viellard and Tardy，1984；Bolan et al.，2003）

$$Ca_5(PO_4)_3X(s) + 6H^+(aq) \Leftrightarrow 5Ca^{2+}(aq) + 3H_2PO_4^-(aq) + X^-(aq)$$

$$5Pb^{2+}(aq) + 3H_2PO_4^-(aq) + X^-(aq) \Leftrightarrow Pb_5(PO_4)_3X(s) + 6H^+(aq)$$

式中，X^- 代表 F^-、OH^-、Cl^-。

二、含钙石灰类

含钙物质也是土壤重金属的无机钝化材料，典型的含钙物质有生石灰、石灰石、熟石灰等（李剑睿 等，2014）。生石灰（CaO）是一种非常有效的钝化剂，它的添加会导致土壤 pH 迅速升高，促使土壤中重金属镉、铅和锌等形成氢氧化物沉淀；同时，由于石灰具有较高的水溶性，它能更有效地渗入土壤孔隙中，比其他钝化剂具有更好的修复效果。

石灰等碱性材料的钝化机理类似（图 2 - 2），主要是进入土壤后，会引起土壤 pH 升高，一方面，土壤表面负电荷增加，从而使土壤对重金属（镉、铅和锌等元素）的亲和性增加（Hale et al.，2012；Lombi et al.，2002）；另一方面，使土壤中重金属形成氢氧化物或碳酸盐沉淀。同时，也有利于提高金属氢氧化物对重金属离子的吸附量（Naidu et al.，1994）。在镉污染的水稻分蘖期施用生石灰不仅可以降低土壤镉有效态含量，减少根系对镉的吸收积累，还可以提高水稻茎秆中的钙含量，进而抑制镉由根系向茎秆的转移（董稳军 等，2013）。

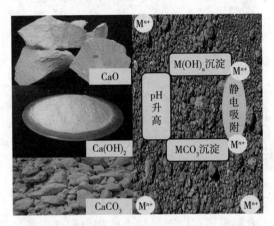

图 2-2　含钙化合物固定土壤重金属的可能机制

三、硅酸盐黏土矿物类

黏土矿物是一种资源丰富的非金属矿产，是黏土岩和土壤的主要矿物组成，是一些含铝、镁等为主的含水硅酸盐矿物。除坡缕石、海泡石具有链状结构外，其余均为层状结构，颗粒极细，一般小于0.01mm，加水后具有不同程度的可塑性。自然界中一般包括皂石、海泡石、蛭石、沸石、高岭石和蒙脱石等常见矿物，且矿物比表面积相对较大，结构层带电荷（李剑睿 等，2014）。由于黏土矿物种类多、作用广，在重金属污染土壤修复中具有明显效果和不可替代的作用（林云青 等，2009）。利用黏土矿物材料治理土壤重金属污染是建立在充分利用自然资源的基础上，具有环境友好、不带来二次污染的特点。黏土矿物具有比表面积大、吸附性能好和离子交换能力强的特点。黏土矿物主要通过吸附、共沉淀、配位、离子交换等作用（图 2-3）来减少土壤溶液中的重金属离子浓度和活性，达到钝化修复的目的（李剑睿 等，2014）。

1. 吸附和离子交换作用

黏土矿物对重金属的吸附机理包括物理吸附、化学专性吸附和离子交换吸附（林云青和章钢娅，2009；吕焕哲和张建新，2014；刘云和吴平霄，2006）。物理吸附是因为黏土矿物具备较大的比表面积、较大的表面能，吸附作用引起系统表面自由能的减少。化学吸附则是黏土矿物与重金属等吸附质形成化学键而产生的吸附。较为常见的是黏土矿物与重金属带异号电荷形成的静电引力。

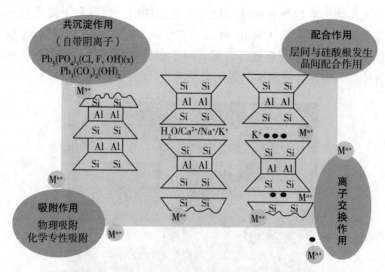

图 2-3　黏土矿物固定土壤重金属的可能机制

土壤溶液中的中性电解质还可以充当黏土矿物与阳离子的"桥梁",或者可以理解为阳离子与配体形成复合物的吸附行为。非选择性吸附就是通常所说的离子交换吸附,属于静电吸附,受黏土矿物永久电荷控制。此处特指黏土矿物的电荷位点吸附异号离子的行为。离子交换是重金属阳离子交换黏土矿物表面被吸附的其他阳离子或者重金属阴离子交换矿物表面的其他阴离子。膨润土(主要成分为蒙脱石)对重金属具有较强的吸附能力,其层状结构中存在易交换的阳离子,也可以通过离子交换作用来固定土壤中的重金属,从而降低其迁移性。黏土表面吸附效应与黏土表面的电荷特性有关。关于黏土的结构和阳离子交换的研究较为深入。人们提出了矿物/水界面上重金属离子吸附的各种机制,包括外圈复合物、内圈复合物、晶格扩散和矿物晶格内的同构取代(同晶替代)。其中,坡缕石和海泡石对 Cd^{2+} 的吸附作用存在特殊的吸附机理:坡缕石表面含有羟基,作为功能基团,能与 Cd^{2+} 结合形成内圈复合物,而脱质子羟基可通过静电结合反应与 Cd^{2+} 形成外圈复合物。

选择性吸附属于化学吸附,受可变电荷表面的电量控制。可变电荷表面是指由金属离子和羟基组成的表面,羟基暴露在其表面上。层状硅酸盐矿物边缘由断键产生的铝醇(AlOH)、铁醇(FeOH)和硅烷醇(SiOH)以及 1:1 型层状硅酸盐矿物的羟基铝属于此类,其吸附量受介质 pH 控制。例如:黏土矿物中高岭石和蒙脱石对重金属的吸附量随 pH 的增大而增大,这是因为当 pH 较低时,H^+ 在溶液中具有浓度和吸附优势,高岭石表面吸附了溶液中大量的 H^+,占据了重金属离子的吸附点位,使高岭石的活性减弱,所以吸附量不高(李艳梅 等,2011)。沸石中也含有 K^+、Ca^{2+}、Mg^{2+} 等碱(土)金属离子,这些阳离子能提高土壤的盐基饱和度，从而提高土壤的 pH（王秀丽 等，2015）。

不同的黏土矿物对重金属的吸附效果不同，高岭石对 Pb、Zn 有较好的吸附效果，蒙脱石对重金属 Cu、Zn 有较强吸附选择性，而伊利石对 Cr、Zn 和 Cd 有较好的吸附力（孙亚萍 等，2017）。这是因为黏土矿物吸附剂对重金属离子的选择与吸附剂结构、官能团、重金属离子的外层电荷分布及重金属离子在水溶液中的水化热、化合价（离子电荷数）和离子（水化华）半径等因素有关。一般情况下，蒙脱石、高岭石和伊利石对常见的重金属阳离子的自由离子的选择性依次为：

蒙脱石：Cr（Ⅲ）＞Cu（Ⅱ）＞Zn（Ⅱ）＞Cd（Ⅱ）＞Pb（Ⅱ）；

高岭石：Cr（Ⅲ）＞Pb（Ⅱ）＞Zn（Ⅱ）＞Cu（Ⅱ）＞Cd（Ⅱ）；

伊利石：Cr（Ⅲ）＞Zn（Ⅱ）＞Cd（Ⅱ）＞Cu（Ⅱ）＞Pb（Ⅱ）。

2. 配合作用

配合（位）作用是黏土矿物降低土壤重金属有效性的另一机制，配合作用也分为表面配合和晶间配合。黏土矿物大多是层状硅酸盐类物质，在红外光谱分析下，可以发现大量硅酸根、铝酸根基团，它们在表面与水形成水合氧化物，呈负电性，有利于表面配合作用产生；硅酸盐矿物的边缘断键的羟基基团则可通过静电与重金属离子直接配合反应。在黏土矿物层之间靠分子引力相结合，重金属离子可进入层间与硅酸根发生晶间配合作用（林云青和章钢娅，2009；娄燕宏 等，2008）；黏土矿物与重金属离子的配合受到矿物层电荷分布、重金属离子水化热、有效离子半径、化合价（离子电荷数）等因素的综合影响。

3. 沉淀作用

黏土矿物通过自身溶解产生的阴离子与重金属阳离子发生沉淀而降低重金属移动性和离子浓度。其机理如下：

$$M^{2+} + 2OH^- \rightarrow M(OH)_2$$

式中，M^{2+} 代表溶解的金属离子，OH^- 为沉淀剂，$M(OH)_2$ 代表不溶性金属氢氧化物。

沉淀作用还包括微沉淀，它与沉淀池的"浅层理论"有关。"浅层理论"基本观点认为，在体积固定的条件下，沉淀池深度越小越有利于悬浮物的沉淀。当黏土矿物具备较多较小的孔道，或者因较大的比表面而具备较多的微空间时，能够产生更多悬浮物的沉淀和聚集，也有利于重金属的沉淀和固定。沉淀发生在重金属-黏土矿物微环境中 pH 9～11 的碱性范围内。对部分重金属阳离子而言，中性环境也可能发生这种沉淀。微环境中有机物也会发生碱性水解，并参与重金属-有机物-黏土矿物体系的系列反应，使微沉淀过程更加复杂。例如：孙约兵等（2012）研究表明，海泡石能显著提高 Cd 污染红壤 pH，土壤有效 Cd 含量随海泡石施用量增加而降低，土壤 Cd 质量分数为 1.25mg/kg、海泡石投加量大于 1％时，菠菜可食部 Cd 质量分数（鲜质量）低于 0.2mg/kg；而在 Cd 含量为 2.5mg/kg 和 5mg/kg 污染土壤中，海泡石投加量为 5％时，菠菜可食部 Cd 质量分数可满足食品卫生标准。利用蛭石修复污染土壤的研究表明，与对照相比，土壤 pH 由 4.17 提高到 5.99，土壤交换态、碳酸盐结合态 Cu、Ni、Pb、Zn 明显下降，试验作物莴苣、菠菜体内重金属浓度降幅达 60％以上（Malandrino et al.，2011）。田间试验研究表明施加适量的海泡石和高岭石对 Pb、Cd 污染的水稻田土壤具有一定的改良效果，水稻的生长发育得到明显改善，产量获得了一定的提高，土壤和糙米中两种重金属的含量明显降低（屠乃美和邹永霞，2000）。

四、金属及其氧化物类材料

氢氧化物、水合氧化物和羟基氧化物是土壤中含量较低的天然组分之一，它们主要以晶体态、胶膜态等形式存在，粒径小、溶解度低，在土壤化学过程中起着重要作用。金属氧化物通过表面吸附、共沉淀途径完成对土壤重金属的钝化固定。土壤中有机、无机配位体（胡敏酸、富里酸、磷酸盐）及与重金属的复合反应影响着其在氧化物表面的吸附。当有机配体与重金属形成难溶复合物时，促进了氧化物对重金属的吸附；当形成可溶复合物时，抑制了重金属在氧化物上的吸附（Violante et al.，2003）。As（Ⅲ）随土壤 pH 升高在氧化物上吸附增加，而 As（Ⅴ）则随 pH 降低在氧化物上的吸附增加，但含铁物质的施用会降低土壤磷的有效性，因此通常将含铁物质和肥料配合使用（Masue et al.，2007；Hartley et al.，2004；Kumpiene et al.，2008）。锰氧化物表面积较大、ZPC 较低，在土壤中通常带负电荷，对金属阳离子有较强的吸附能力。富含铁、铝、锰的物质进入土壤后，所形成氧化物表面的—OH、—OH_2^+ 与土壤中的砷酸根发生基团交换反应，使 As 被吸附固定在氧化物表面，研究者通过 X 射线吸收结构光谱证明它们形成了双齿双核结构的复合物（Luo et al.，2006）。锰氧化物的添加可明显降低土壤中溶解态铅的浓度，磷的存在促进了锰氧化物对金属的吸附固定。氧化物的施用总体上可以增加土壤生物活性。人们在利用零价铁和棕闪粗面岩修复污染土壤的试验中发现（Ascher et al.，2009），除酸性磷酸单酯酶活性下降外，碱性磷酸单酯酶、磷酸二酯酶、蛋白酶活性都有提高。

五、其他工业副产物

赤泥也称红泥，是提炼氧化铝后的铝土矿排出的工业固体废物，具有孔隙度高、比表面积大、吸附性好等特点。赤泥的矿物组成则主要是一水软铝石（AlOOH）、高岭石［$Al_2Si_2O_5(OH)$］、石英（SiO_2）、锐钛矿（TiO_2）、水铝石［$AlO(OH)$］、赤铁矿（Fe_2O_3）、方解石（$CaCO_3$）、针铁矿［$FeO(OH)$］、白云母［$KAl_2(AlSi_3O_{10})(F，OH)_2$］、铝酸三钙（$Ca_3Al_2O_6$）等（Liu et al.，2011；杨俊兴 等，2013）。

赤泥能够降低土壤中重金属的移动性和有效性，可能的机制是：

（1）升高土壤 pH　赤泥因含有大量可致碱性的 K、Na、Ca、Mg、Si、Fe、Al 等成分（杨俊兴 等，2013），其 pH 可达到 11～13，这可以升高土壤 pH 而降低土壤中镉的活性和迁移性。赤泥的施用促使土壤重金属由可交换态向氧化物态转变，因其对土壤 pH 的提升作用，对作物生长、土壤微生物也有积极影响（Ascher et al.，2009）。

（2）吸附重金属　赤泥具有比较稳定的化学成分、高比表面积和孔隙度，能增加土壤胶体对重金属的吸附，且赤泥中铁铝氧化物也对重金属有化学吸附作用，降低其有效性（杨俊兴 等，2013）。

（3）赤泥中的大量 Ca 离子进入土壤，与 Cd 在水稻根表竞争吸附位点。

另外，粉煤灰和煤气化渣颗粒呈多孔型蜂窝状结构、比表面积大、呈碱性，具有较高的吸附重金属能力（Yao et al.，2015），可施入污染土壤中固定重金属（Belviso et al.，2010）。实验表明，经粉煤灰改良后，土壤中 Hg、Cd 和 Pb 有效态含量平均降低 24.4％～31.8％，钝化作用明显（李念 等，2015）。自然沸石或改性沸石均可用于稳定土壤中重金属污染物（Misaelides 2011），其作用机理是通过增加碱度而促进表面对重金属的吸附，或重金属离子与沸石内阳离子进行交换。

第二节　有机钝化材料

一、有机物料

有机物料不仅提供植物养分、改良土壤，同时也是有效的土壤重金属吸附、络合剂，被广泛应用于土壤重金属污染修复中。有机物料如有机肥、作物秸秆、畜禽粪肥和堆肥、污泥和腐殖酸等，具有丰富的活性功能基团，能够与重金属发生各种形式的结合，通过提升土壤 pH、增加土壤阳离子交换量、形成难溶性金属—有机络合物等方式来影响重金属在土壤中的形态转化、移动性和生物有效性，从而成为土壤重金属的钝化剂（Brown et al.，2003；O'Dell et al.，2007；Shahid et al.，2016）。

当有机物质添加到土壤后，其改变土壤重金属迁移性的机理主要表现为以下几个方面：

（1）有机阴离子 有机物质发生腐解而产生有机阴离子，在土壤中这些阴离子会与铝铁氢氧化物中的 OH^- 发生配位交换反应，使 OH^- 增加、pH 升高，重金属碳酸盐结合态和铁锰氧化物结合态趋于稳定，即土壤溶液中重金属游离态减少，迁移能力下降。

（2）pH 变化 酸碱度的改变影响了氧化还原电位，使重金属的各种沉淀形式发生改变，间接影响土壤中重金属离子浓度及其迁移性（吴耀国 等，2006）。其中，pH 和 Eh 的改变间接影响了土壤颗粒的表面特性，继而影响土壤对重金属的吸附作用（吴耀国 等，2006）。

（3）有机物被微生物降解形成稳定的腐殖质 腐殖质是结构复杂的高分子芳香多聚物，其结构单元上有一个或多个活性基团，例如胺基、羧基、酚羟基、甲氧基、羰基等，不同官能团可与金属离子生成金属—有机络合物，利用 X 射线精细结构光谱证明镉在土壤中与有机物表面羧基形成了稳定的络合物（Karlsson et al.，2007）。螯合基团也可提供两个或两个以上与金属离子生成螯合物的电子配位体，因此络合物和螯合物的溶解度决定了重金属的迁移性，若溶解度大，迁移性增强，反之则减弱（宁皎莹 等，2016）。有研究表明，腐殖质与金属形成的络合物溶解性受腐殖质中的胡敏酸、富里酸与重金属的比例影响，通常富里酸与重金属之比大于 2 时有利于形成水溶性的络合物，小于 2 时易形成难溶性络合物，而胡敏酸与金属形成的络合物通常是难溶的（吴耀国 等，2006）。

二、生物炭

研究表明，随腐殖酸投入比的加大，可溶态 Cd 含量明显下降，有机态 Cd 明显上升，氧化态和有机态 Cd 相似，腐殖酸对可溶态 Cd 分配比率最高，达 19%～73%，分别是有机态、氧化态 Cd 的 4.2～5.5 倍和 1.6～3.8 倍（王晶 等，2002）。而且，不同腐殖酸组分对土壤重金属的钝化效果不一，灰色胡敏酸＞棕色胡敏酸＞富里酸，即相对分子质量越大、芳构化程度越高的腐殖酸组分，对重金属的钝化越强（余贵芬 等，2006）。

生物炭是生物有机材料（生物质）在缺氧或绝氧环境中，经高温热裂解后炭化生成的一类高度芳香化物质。生物炭已广泛应用于土壤重金属修复研究中。生物炭含有丰富的氮、磷、钾、钙、镁及微量元素，施入农田后，可以修复重金属污染土壤，而且生物炭中含有的易挥发物质和表面官能团可使土壤有机质增加（王海波 等，2016），进而提高土壤肥力和作物产量。生物炭通常具有大的比表面积、高孔隙度、呈碱性、可以吸附溶解性有机质等特点（李江遐 等，2015），因此，生物炭的施用能够显著影响土壤中重金属的形态和迁移行为。生物炭施入重金属污染的土壤后，可以通过直接作用如吸附、沉淀、络合、离子交换等一系列反应和（或）间接作用如改变土壤 pH、增加土壤有机质含量、改变土壤氧化还原状况及微生物群落组成等多种机制的协同作用（图 2-4）来促使重金属向稳定化形态转化，以降低污染物的可迁移性和生物可利用性，从而可以原位修复污染土壤（He et al.，2019；高瑞丽 等，2017；刘晶晶 等，2015）。

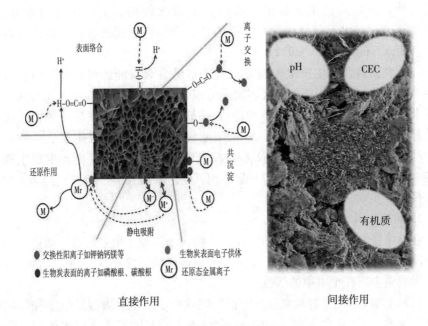

图 2-4　生物炭固定重金属的可能机制

1. 直接作用

生物炭一旦加入土壤，会同土壤中重金属直接接触并相互作用。生物炭同重金属的直接作用机制一般包括静电吸附、离子交换、阳离子 π 键、表面络合和沉淀反应等（Inyang et al.，2016）。

（1）静电吸附　生物炭具有较大的比表面积和孔隙度，且生物炭的等电点较低，表面带有大量负荷，能够对正价的重金属离子产生静电吸附；而且负电荷越多，对重金属的静电吸附能力越强（王海波 等，2016；Ahmad et al.，2016；Liu et al.，2020）。不同原材料和制备温度下形成的生物炭的表面负电荷不同，对重金属产生的静电吸附能力也千差万别。静电吸附除了受生物炭表面负电荷多少的影响外，还受到土壤中重金属浓度的影响（Dai et al.，2015）。

（2）离子交换　生物炭中一般富含大量碱（土）金属离子（K^+、Ca^{2+}、Na^+、Mg^{2+}），其可以通过同重金属发生离子交换而实现对重金属离子的固定（Gao et al.，2019；Wu et al.，2021）。生物炭表面的酸性官能团如羟基（—

OH)、羧基（—COOH）等，碱性官能团如氨基（—NH$_2$）等也可以与电解质中的阳离子或者阴离子发生离子交换。高锰酸钾改性生物炭对 Pb 的去除机制主要是离子交换（Gao et al.，2019）。Zhang 等（2015）的研究结果表明：镉废水中镉的去除量几乎等于水葫芦生物炭释放的阳离子量（K$^+$、Ca^{2+}、Na$^+$、Mg^{2+}）之和。生物炭表面的这些特定配位体官能团能够与重金属离子形成金属络合物，从而降低重金属的迁移性及其毒害作用。土培实验结果显示，Pb^{2+} 主要通过与水稻秸秆生物炭表面的含氧官能团形成络合物，被固定在生物炭表面（Jiang et al.，2012）。

（3）表面络合　生物炭表面分布着丰富的含氧官能团（羟基、羧基等），这些特定配位体官能团能与重金属离子形成金属络合物，从而降低重金属的迁移性及其毒害作用（He et al.，2019）。徐楠楠等（2014）发现，他们采用玉米秸秆制成生物炭，研究其对 Cd^{2+} 的吸附性能，通过对比吸附前后生物炭的傅里叶红外光谱（FTIR）图以及 X 射线光电子能谱（XPS）图，发现生物炭固定 Cd^{2+} 主要是通过其表面的羟基（—OH）、羰基（—C＝O）与 Cd^{2+} 发生络合反应来实现。

2. 间接作用

在土壤修复中，除了直接作用外，生物炭添加到土壤中还可以通过改变土壤性质（pH、DOC、CEC 和有机质）来间接影响重金属—土壤的相互作用，从而影响重金属在土壤中的活性。

（1）土壤 pH　生物炭含有一定量的碱性物质，与土壤酸发生中和作用能提高土壤的 pH（袁金华 等，2010）；会促进表面基团与重金属离子的结合生成金属氢氧化物、金属磷酸盐等多种难溶解物，从而稳定土壤重金属（高瑞丽 等，2016）。在可变电荷土壤中，pH 的增加会增加土壤表面的负电荷，从而增加阳离子交换作用（Hodgson et al.，1964）。生物炭也可通过与 Cr（Ⅲ）形成 Cr(OH)$_3$ 沉淀来有效固定 Cr（Ⅲ）（Chen et al.，2015）。

（2）土壤阳离子交换量　生物质中富含营养元素（K、Ca、Na、Mg 等），一般具有很高的 CEC，施用生物炭可以显著提高耕层（0～15cm）土壤阳离子交换量（Fellet et al.，2011；Laird et al.，2010；Kalinke et al.，2017）。土壤 CEC 的增加可以为重金属的固定提供大量的离子交换位点，从而降低重金属的活性。研究发现，土壤 CEC 在施加生物炭后与空白相比增加了 20％～24.5％（Fellet al.，2011；Laird et al.，2010）；生物炭表面大量的阳离子交换位点是土壤中重金属活性降低的原因之一（Bashir et al.，2018；Harvey et al.，2011；Li et al.，2016）。

（3）土壤有机质含量　施用生物炭可显著增加土壤有机碳的积累，提高土壤有机碳的氧化稳定性，降低土壤水溶性有机碳含量（章明奎 等，2012；

Kim et al.，2014）。有机质中含有多种官能团，而这些官能团对重金属具有较强的富集和配位能力，对重金属在土壤中的迁移和固定起着极其重要的作用。同时，生物炭中有机质解离产生的小分子结合在土壤表面，能增强土壤胶体对重金属的吸附（王海波 等，2016）。Weng 等（2002）创建了一个多表面模型，该模型显示重金属的固溶分配和结合与土壤有机质的含量直接相关。含碳量丰富的生物炭施入土壤后可以显著增加土壤的有机质含量，促进重金属向更加稳定的形态转化（Chen et al.，2018；Dong et al.，2014）。

总体来说，生物炭钝化土壤重金属的机制是复杂的、综合的，但是效果是正向的，作用是积极的。目前由于技术的限制，我们对其机制的分析也只能到定性的程度，但是定量分析各个机制的作用，可以为明确生物炭在土壤重金属固定中的贡献及确定重金属的长期稳定性提供科学依据。因此，我们需要在定量分析固定机制上做出更多努力。

第三节　有机-无机复合材料及其他钝化材料

不同重金属离子存在着独特的移动性能，所以在实际农田土壤重金属污染钝化修复中，一般难以找到单一的钝化修复剂用来降低大部分复合污染重金属离子的有效性。无机-有机复合修复的方式不仅可以有效降低土壤重金属生物有效态含量，同时有机物料可以丰富土壤有机质，提高土壤肥力。

一、有机-无机复合材料

新型有机-无机多孔杂化材料施用于土壤重金属污染土壤，可显著降低土壤 TCLP 提取态 Pb、Cd 含量，减少供试油菜体内的重金属 Pb、Cd 累积量（王林 等，2011）。有机-无机复合钝化剂对土壤 Cd 和 Pb 的钝化效果优于有机、无机单一钝化剂（茹淑华 等，2017）。石灰和有机肥复合施用使土壤中交换态 Cd 含量降低 54.7%，远高于单独施用石灰的处理（Kumarpandi et al.，2017）。2%石灰＋2%天然腐熟牛粪组合施用，Cu、Pb、Zn、Cd 稳定效率达 95%以上（吴烈善 等，2015）。用腐殖酸与膨润土（或过磷酸钙）处理 Pb 污染土壤，发现分别投加 20%腐殖酸与 20%膨润土、10%腐殖酸与 6%过磷酸钙，固定 40d 后土壤中有效态铅含量均大幅降低（Gil - Díaz et al.，2016）。活性炭＋磷矿粉、菌渣＋磷矿粉处理铅污染土壤的效果较好，Pb 平均钝化效果分别为 79.59%和 74.23%（茹淑华 等，2017）。施用钙镁磷肥、石灰、海泡石和腐殖酸的试验研究中，修复剂均可有效地降低土壤重金属 Cd 的有效态含量，降幅达 26%～97%，稻米 Cd 降低率可达 6%～49%，其中，海泡石与腐殖酸复合效果最为显著（朱奇宏 等，2013）。

二、其他材料

用于土壤重金属污染治理的纳米结构矿物多为铝硅酸盐化合物与含磷矿石。其内部含有丰富的孔结构，一方面可利用多孔吸附固定重金属；另一方面材料中活泼阳离子与重金属离子通过离子交换也可固定部分重金属。

纳米铁或含铁纳米材料在土壤重金属治理过程中也发挥着重要的作用。零价 Fe 在土壤中转化成氧化物的过程较慢，但生成氧化物的量较多，修复效果长期稳定，也不会引起土壤酸化。有研究者利用零价纳米铁降低污染土壤中 Cd、Cr 和 Zn 的有效性，发现其能明显提高重金属的稳定性，对 Cr 的修复效果和稳定性很好（Gil-Díaz et al.，2016）；铁纳米材料可显著降低土壤淋洗液中 Cr 含量（Xu and Zhao，2007）。纳米零价铁粉施于砷污染土壤中，能使砷由水溶态和吸附态向非晶质铁铝氧化物结合态和晶质铁铝氧化物态转化，其中水溶态和吸附态砷可减少 70% 和 18%，而非晶质铁铝氧化物结合态和晶质铁铝氧化物态砷最大增幅分别为 42% 和 51%，并显著降低三七中的砷含量（Yan et al.，2013）。

纳米磷材料的性质有别于普通含磷矿物，用纳米 $Ca_3(PO_4)_2$ 处理射击场的重金属 Pb、Cu、Zn 污染后，土壤中可提取态重金属大幅度降低，部分 Cu 和 Pb 结合在纳米磷酸钙表面（Arenas-Lago et al.，2016）；而用负载纳米羟基磷灰石的生物炭原位修复 Pb 污染土壤，Pb 的固定率达到 74.8%，残渣态增加到 66.6%，土壤中生物有效态 Pb 显著减少（Yang et al.，2016）。磷酸铁纳米材料在土壤铜污染修复中可以显著降低土壤中水溶态、可交换态和碳酸盐结合态 Cu 含量，促使 Cu 向残渣态转化（Liu and Zhao，2007）。

利用具有氧化还原作用的钝化剂可以改变重金属的价态，进而降低重金属的生态毒性。纳米零价铁去除 Cr（Ⅵ）的机制主要是将 Cr（Ⅵ）还原为毒性较小的 Cr（Ⅲ），然后在纳米零价铁表面形成 Cr（Ⅲ）沉淀（Franco et al.，2009）。科研人员合成了凹凸棒土（AT）负载的纳米级零价铁复合材料（AT-nZVI），并将其用于 Cr（Ⅵ）的脱除。该复合材料不是 AT 和 nZVI 的简单混合，而是协同作用。高浓度时吸附是主要作用机制，而低浓度时还原是主要机制。AT-nZVI 复合材料与 Cr（Ⅵ）反应后容易形成 $FeCr_2O_4$ 结晶，与 nZVI 相比更稳定，并大大降低二次污染的风险（Zhou et al.，2022）。

新型材料对重金属的修复机制主要包括：

（1）螯合吸附作用 杂化材料中含有的巯基在修复过程中与重金属发生反应形成双齿配体，使酸可提取态含量降低、残渣态含量上升（王林 等，2011）。

（2）络合吸附作用 钛硅分子筛比表面积较大，且含有碱性较强的羟基官能团，能在其表面与 Cd、Cu 和 Pb 离子以"双齿吸附"或"单齿吸附"形式形成重金属吸附态（徐应明 等，2006）。

随着我国农田土壤重金属污染面积的增加，寻找切实可行的处置方法刻不容缓。从国内外的研究与实践来看，土壤重金属的化学钝化措施可以较好地固定重金属，降低重金属的活性和环境风险，但是该技术在实际应用中尚有一些亟待深入研究的问题。钝化剂的性质是决定钝化重金属机理的主要因素。当前，不同材料钝化重金属机制已有研究，但复合材料的开发及其作用机制需要进一步研究，为进一步实践奠定理论基础。

钝化产品的大田试验效果普遍为降低重金属有效性含量，但在研发时定制降低重金属含量多少或降低到哪个范围为合格却没有统一的规定，这对重金属钝化材料的研发造成了一定阻碍。利用重金属的溶解性选用不同的钝化剂和措施可以有效地降低重金属的生物活性，更多地将重金属离子转化为活性更低的难溶矿物，以达到更强的钝化效果。重金属污染评价可以很清楚地了解土壤重金属污染程度，对修复后土壤进行持续监测，可以了解钝化材料在土壤中钝化修复的稳定性与时效性，对钝化修复效果进行评估以及制定相关农田修复标准，可以判断农田与种植作物整个系统的钝化修复效果。因此，加强这些方面的研究对农田重金属污染钝化技术体系的发展具有重要意义。

参 考 文 献

陈世宝，朱永官，马义兵，2006. 磷对降低土壤中铅的生物有效性的 X 衍射及电镜分析 [J]. 环境科学学报，26：924-929.

董稳军，徐培智，张仁陟，等，2013. 土壤改良剂对冷浸田土壤特性和水稻群体质量的影响 [J]. 中国生态农业学报，21：810-816.

高瑞丽，唐茂，付庆灵，等，2017. 生物炭、蒙脱石及其混合添加对复合污染土壤中重金属形态的影响 [J]. 环境科学，38：361-367.

李剑睿，徐应明，林大松，等，2014. 农田重金属污染原位钝化修复研究进展 [J]. 生态环境学报，23：721-728.

蔡志坚，2010. γ-聚谷氨酸活化磷矿粉对 Pb 污染土壤铅形态及小白菜生长的影响 [D]. 武汉：华中农业大学.

吕焕哲，张建新，2014. 黏土矿物原位修复 Cd 污染土壤的研究进展 [J]. 中国农学通报，30：24-27.

李艳梅，任晓莉，杜云云，等，2011. 黏土矿物吸附重金属的研究 [J]. 天津农业科学，17：34-37.

刘云，吴平霄，2006. 黏土矿物与重金属界面反应的研究进展 [J]. 环境污染治理技术与设备，7：17-21.

刘昭兵，纪雄辉，彭华，等，2012. 磷肥对土壤中镉的植物有效性影响及其机理 [J]. 应用生态学报，23：1585-1590.

刘永红，姜冠杰，蔡志坚，等，2009. 低分子量有机酸对三种中低品位磷矿粉的活化
　　[C]//土壤资源持续利用和生态环境安全论文集：480-488.

刘晶晶，杨兴，陆扣萍，等，2015. 生物质炭对土壤重金属形态转化及其有效性的影响
　　[J]. 环境科学学报，35：3679-3687.

娄燕宏，诸葛玉平，顾继光，等，2008. 黏土矿物修复土壤重金属污染的研究进展 [J].
　　山东农业科学，68-72.

林云青，章钢娅，2009. 黏土矿物修复重金属污染土壤的研究进展 [J]. 中国农学通报，
　　25：422-427.

李念，李荣华，冯静，等，2015. 粉煤灰改良重金属污染农田的修复效果植物甄别 [J]. 农
　　业工程学报，31：213-219.

李江遐，吴林春，张军，2015. 生物炭修复土壤重金属污染的研究进展 [J]. 生态环境学
　　报，24：2075-2081.

宁皎莹，周根娣，周春儿，等，2016. 农田土壤重金属污染钝化修复技术研究进展 [J]. 杭
　　州师范大学学报（自然科学版），15：156-162.

徐楠楠，林大松，徐应明，等，2014. 玉米秸秆生物炭对 Cd^{2+} 的吸附特性及影响因素 [J].
　　农业环境科学学报，33：958-964.

孙亚萍，王永显，阮桂丽，等，2017. 土壤重金属污染修复钝化剂的研究进展 [J]. 农业
　　开发与装备：55-56.

孙约兵，徐应明，史新，等，2012. 海泡石对镉污染红壤的钝化修复效应研究 [J]. 环境
　　科学学报，32：1465-1472.

吴烈善，曾东梅，莫小荣，等，2015. 不同钝化剂对重金属污染土壤稳定化效应的研究
　　[J]. 环境科学，36：309-313.

吴霄霄，曹榕彬，米长虹，等，2019. 重金属污染农田原位钝化修复材料研究进展 [J].
　　农业资源与环境学报，36：253-263.

茹淑华，耿暖，徐万强，等，2017. 有机-无机复合钝化剂对污染土壤中 Cd 和 Pb 有效性的
　　影响 [J]. 河北农业科学，21：85-90.

屠乃美，邹永霞，2000. 不同改良剂对铅镉污染稻田的改良效应研究 [J]. 农业环境保护，
　　19：324-326.

王晶，张旭东，李彬，等，2002. 腐殖酸对土壤中 Cd 形态的影响及利用研究 [J]. 土壤通
　　报，33：185-187.

王林，徐应明，梁学峰，等，2011. 新型杂化材料钝化修复镉铅复合污染土壤的效应与机
　　制研究 [J]. 环境科学，32：581-588.

王立群，罗磊，马义兵，等，2009. 重金属污染土壤原位钝化修复研究进展 [J]. 应用生态
　　学报，20：1214-1222.

王秀丽，梁成华，马子惠，等，2015. 施用磷酸盐和沸石对土壤镉形态转化的影响 [J].
　　环境科学，36：1437-1444.

王海波，尚艺婕，史静，2016. 生物质炭对土壤镉形态转化的影响 [J]. 环境科学与技术，

39：22－26.

吴耀国，惠林，2006. 溶解性有机物对土壤中重金属迁移性影响的化学机制［C］//中国化学会第八届水处理化学大会暨学术研讨会论文集：82－87.

余贵芬，蒋新，赵振华，等，2006. 腐殖酸存在下镉和铅对土壤脱氢酶活性的影响［J］. 环境化学，25（2）168－170.

徐应明，林大松，吕建波，等，2006. 化学调控作用对 Cd、Pb、Cu 复合污染菜地土壤中重金属形态和植物有效性的影响［J］. 农业环境科学学报，25：326－330.

袁金华，徐仁扣，2010. 稻壳制备的生物质炭对红壤和黄棕壤酸度的改良效果［J］. 生态与农村环境学报，26：472－476.

邢金峰，仓龙，任静华，2019. 重金属污染农田土壤化学钝化修复的稳定性研究进展［J］. 土壤（Soils），51：224－234.

许学慧，姜冠杰，胡红青，等，2011. 草酸活化磷矿粉对矿区污染土壤中 Cd 的钝化效果［J］. 农业环境科学学报，30：2005－2011.

杨俊兴，陈世宝，郭庆军，2013. 赤泥在重金属污染治理中的应用研究进展［J］. 生态学杂志，32：1937－1944.

周世伟，徐明岗，2007. 磷酸盐修复重金属污染土壤的研究进展［J］. 生态学报，27：3043－3050.

朱奇宏，黄道友，刘国胜，等，2010. 改良剂对镉污染酸性水稻土的修复效应与机理研究［J］. 中国生态农业学报，18：847－851.

章明奎，Walelign D B，唐红娟，2012. 生物质炭对土壤有机质活性的影响［J］. 水土保持学报，26：127－137.

Ahmad M，Ok Y S，Kim B Y，et al.，2016. Impact of soybean stover－and pine needle－derived biochars on Pb and As mobility，microbial community，and carbon stability in a contaminated agricultural soil［J］. Journal of Environmental Management，166：131－139.

Arenas L D，Rodríguez S A，Lago V M，et al.，2016. Using $Ca_3(PO_4)_2$ nanoparticles to reduce metal mobility in shooting range soils［J］. Science of the total Environment，571：1136－1146.

Ascher J，Ceccherini M T，Landi L，et al.，2009. Composition，biomass and activity of microflora，and leaf yields and foliar elemental concentrations of lettuce，after in situ stabilization of an arsenic－contaminated soil［J］. Applied Soil Ecology，41：351－359.

Agbenin J O，1998. Phosphate－induced zinc retention in a tropical semi－arid soil［J］. European Journal of Soil Science，49：693－700.

Belviso C，Cavalcante F，Ragone P，et al.，2010. Immobilization of Ni by synthesizing zeolite at low temperatures in a polluted soil［J］. Chemosphere，78：1172－1176.

Bashir S，Shaaban M，Mehmood S，et al.，2018. Efficiency of C3 and C4 Plant Derived－Biochar for Cd Mobility，Nutrient Cycling and Microbial Biomass in Contaminated Soil［J］. Bulletin of Environmental Contamination Toxicology，100：834－838.

Bolland M D A，Posner A M，Quirk J P，1977. Zinc adsorption by goethite in the absence and presence of phosphate [J]. Soil Research, 15: 279 – 286.

Brown S, Chaney R L, Hallfrisch J G, et al., 2003. Effect of biosolids processing on lead bioavailability in an urban soil [J]. Journal of Environmental Quality, 32: 100 – 108.

Cao X D, Ma L Q, Chen M, et al., 2002. Impacts of phosphate amendments on lead biogeochemistry at a contaminated site [J]. Environmental Science and Technology, 36: 5296 – 5304.

Cao X D, Ma L Q, Rhue D R, et al., 2004. Mechanisms of lead, copper and zinc retention by phosphate rock [J]. Environmental Pollution, 131: 435 – 444.

Cao X D, Wahbi A, Ma L, et al., 2009. Immobilization of Zn, Cu, and Pb in contaminated soils using phosphate rock and phosphoric acid [J]. Journal of Hazardous Materials, 164: 555 – 564.

Chen T, Zhou Z Y, Xu S, et al., 2015. Adsorption behavior comparison of trivalent and hexavalent chromium on biochar derived from municipal sludge [J]. Bioresource Technology, 190: 388 – 394.

Dai, Z, Meng J, Shi Q, et al., 2015. Effects of manure – and lignocellulose – derived biochars on adsorption and desorption of zinc by acidic types of soil with different properties [J]. European Journal of Soil Science, 67: 40 – 50.

Franco D V, Silva L M, Jardim W F, 2009. Reduction of hexavalent chromium in soil and ground water using zero – valent iron under batch and semi – batch conditions [J]. Water Air and Soil Pollution, 197: 49 – 60.

Gil – Díaz M, Gonzalez A, Alonso J, et al., 2016. Evaluation of the stability of a nanoremediation strategy using barley plants [J]. Journal of Environmental Management, 165: 150 – 158.

Hafsteinsdóttir E G, Fryirs K A, Stark S C, et al., 2014. Remediation of metal – contaminated soil in polar environments: Phosphatefixation at Casey Station, East Antarctica [J]. Applied Geochemistry, 51: 33 – 43.

Harvey O R, Herbert B E, Rhue R D, et al., 2011. Metal interactions at the biochar – water interface: energetics and structure – sorption relationships elucidated by flow adsorption microcalorimetry [J]. Environmental Science and Technology, 45: 5550 – 5556.

Hartley W, Edwards R, Lepp N W, 2004. Arsenic and heavy metal mobility in iron oxide – amended contaminated soils as evaluated by short – and long – term leaching tests [J]. Environmental Pollution, 131: 495 – 504.

Hale B, Evans L, Lambert R, 2012. Effects of cement or lime on Cd, Co, Cu, Ni, Pb, Sb and Zn mobility in field – contaminated and aged soils [J]. Journal of Hazardous Materials, 199: 119 – 127.

He L, Zhong H, Liu G, et al., 2019. Remediation of heavy metal contaminated soils by biochar: Mechanisms, potential risks and applications in China [J]. Environmental Pollution, 252: 846 – 855.

Inyang M I, Gao B, Yao Y, et al. , 2016. A review of biochar as a low‐cost adsorbent for aqueous heavy metal removal [J]. Critical Reviews in Environmental Science and Technology, 46: 406‐433.

Jiang T Y, Jiang J, Xu R K, et al. , 2012. Adsorption of Pb（Ⅱ）on variable charge soils amended with rice‐straw derived biochar [J]. Chemosphere, 89: 249‐256.

Karlsson T, Elgh Dalgren K, Björn E, et al. , 2007. Complexation of cadmium to sulfur and oxygen functional groups in an organic soil [J]. Geochimicaet Cosmochimica Acta, 71: 604‐614.

Kalinke C, Oliveira P R, Oliveira G A, et al. , 2017. Activated biochar: Preparation, characterization and electroanalytical application in an alternative strategy of nickel determination [J]. Analytica Chimica Acta, 983: 103‐111.

Kim M S, Min H G, Koo N, et al. , 2014. The effectiveness of spent coffee grounds and its biochar on the amelioration of heavy metals‐contaminated water and soil using chemical and biological assessments [J]. Journal of Environmental Management, 146: 124‐130.

Kumpiene J, Lagerkvist A, Maurice C, 2008. Stabilization of As, Cr, Cu, Pb and Zn in soil using amendments‐a review [J]. Waste management, 28: 215‐225.

Kumarpandit T, Kumarnaik S, Patra P K, et al. , 2017. Influence of organic manure and lime on cadmium mobility in soil and uptake by spinach（*Spinaciao leracea* L.）[J]. Communication in Soil Science and Plant Analysis, 48: 357‐369.

Laird D A, Fleming P, Wang B Q, et al. , 2010. Biochar impact on nutrient leaching from a Midwestern agricultural soil [J]. Geoderma, 158: 436‐442.

Liu Y, Wang L, Wang X, et al. , 2020. Oxidative ageing of biochar and hydrochar alleviating competitive sorption of Cd（Ⅱ）and Cu（Ⅱ）[J]. Science of The Total Environment, 725: 1‐10.

Liu R, Zhao D, 2007. In situ immobilization of Cu（Ⅱ）in soils using a new class of iron phosphate nanoparticles [J]. Chemosphere, 68: 1867‐1876.

Liu Y, Naidu R, Ming H, 2011. Red mud as an amendment for pollutants in solid and liquid phases [J]. Geoderma, 163: 1‐12.

Li Z, Qi X, Fan X, et al. , 2016. Amending the seedling bed of eggplant with biochar can further immobilize Cd in contaminated soils [J]. Science of The Total Environment, 572: 626‐633.

Luo L, Zhang S, Shan X Q, et al. , 2006. Arsenate sorption on two Chinese red soils evaluated with macroscopic measurements and extended X‐ray absorption fine‐structure spectroscopy [J]. Environmental Toxicology and Chemistry: An International Journal, 25: 3118‐3124.

Lombi E, Zhao F J, Zhang G, et al. , 2002. In situ fixation of metals in soils using bauxite residue: chemical assessment [J]. Environmental Pollution, 118: 435‐443.

Malandrino M, Abollino O, Buoso S, et al. , 2011. Accumulation of heavy metals from contaminated soil to plants and evaluation of soil remediation by vermiculite [J]. Chemosphere, 82: 169 - 178.

Masue Y, Loeppert R H, Kramer T A, 2007. Arsenate and arsenite adsorption and desorption behavior on coprecipitated aluminum: iron hydroxides [J]. Environmental Science and Technology, 41: 837 - 842.

Miretzky P, Fernandez Cirelli A, 2008. Phosphates for Pb immobilization in soils: a review [J]. Environment Chemistry Letter, 6: 121 - 133.

Misaelides P, 2011. Application of natural zeolites in environmental remediation: A short review [J]. Microporous and Mesoporous Materials, 144: 15 - 18.

Naidu R, Bolan N S, Kookana R S, et al., 1994. Ionic - strength and pH effects on the sorption of cadmium and the surface charge of soils [J]. European Journal of Soil Science, 45: 419 - 429.

O'Dell R, Silk W, Green P, et al., 2007. Compost amendment of Cu - Zn mine spoil reduces toxic bioavailable heavy metal concentrations and promotes establishment and biomass production of Bromuscarinatus (Hook and Arn.) [J]. Environmental Pollution, 148: 115 - 124.

Ryan J A, Scheckel K G, Berti W R, et al., 2004. Reducing children's risk to soil pb: summary of a field experiment [J]. Environment Science and Technology, 2004: 18A - 24A.

Shahid M, Sabir M, Arif A M, et al., 2014. Effect of organic amendments on phytoavailability of nickel and growth of berseem (Trifoliumalexandrinum) under nickel contaminated soil conditions [J]. Chemical Speciation Bioavailability, 26: 37 - 42.

Violante A, Ricciardella M, Pigna M, 2003. Adsorption of heavy metals on mixed Fe - Al oxides in the absence or presence of organic ligands [J]. Water, Air, and Soil Pollution, 145: 289 - 306.

Weng L, Temminghoff EJ, Lofts S, et al., 2002. Complexation with dissolved organic matter and solubility control of heavy metals in a sandy soil [J]. Environmental Science and Technology, 36: 4804 - 4810.

Xu Y, Zhao D, 2007. Reductive immobilization of chromate in water and soil using stabilized iron nanoparticles [J]. Water Research, 41: 2101 - 2108.

Xu Y, Schwartz F W, Traina S J, 1994. Sorption of Zn^{2+} and Cd^{2+} on hydroxyapatite surfaces [J]. Environmental Science and Technology, 28: 1472 - 80.

Yan X L, Lin L Y, Liao X Y, et al., 2013. Arsenic stabilization by zero - valent iron, bauxite residue, and zeolite at a contaminated site planting *Panax notoginseng* [J]. Chemosphere, 93: 661 - 667.

Yang J, Mosby D E, Casteel S W, et al., 2001. Lead immobilization using phosphoric acid in a smelter - contaminated urban soil [J]. Environment Science and Technology, 35: 3553 - 3559.

Yao Z T, Ji X S, Sarker P K, et al., 2015. A comprehensive review on the applications of coal fly ash [J]. Earth - Science Reviews, 141: 105 - 121.

Yang Z，Fang Z，Tsang P E，et al.，2016. In situ remediation and phytotoxicity assessment of lead‐contaminated soil by biochar‐supported nHAP [J]. Journal of Environmental Management，182：247‐251.

Zhang F，Wang X，Yin D，et al.，2015. Efficiency and mechanisms of Cd removal from aqueous solution by biochar derived from water hyacinth (*Eichornia crassipes*) [J]. Journal of Environmental Management，153：68‐73.

Zhou L，Chi T Y，Zhou Y Y，et al.，2022. Efficient removal of hexavalent chromium through adsorption‐reduction‐adsorption pathway by iron‐clay biochar composite prepared from Populus nigra [J]. Separation and Purification Technology，285：120386.

第三章

含磷物质对土壤重金属钝化修复实践

重金属污染土壤的原位钝化修复材料有多种，主要包括以沸石、硅藻土、粉煤灰等为代表的含硅材料，以生石灰、熟石灰、石灰石为主的含钙材料，包含钙镁磷肥、磷矿粉、骨粉、过磷酸钙以及纳米磷灰石等的含磷材料，各种各样有机肥、秸秆、腐殖酸等有机材料，包含皂石、海泡石、膨润土、高岭石等的黏土矿物材料，以赤泥、炉渣、针铁矿等为主要成分的金属氧化物材料，各类生物质得到的包括生物炭、污泥炭、秸秆炭等有机物材料（吴霄霄 等，2019），以及其他新型材料、复合材料这些材料都可以用于开展土壤原位钝化重金属的研究与实践。

其中，含磷物质是重金属污染土壤原位稳定/钝化修复材料中比较常见和重要的一种，由于其来源广泛、原料易得、成本低廉、环境风险小等特点，因而在理论研究和实际应用中颇受关注。然而，土壤中的重金属经含磷材料原位钝化修复处理后，大量的磷和被钝化的重金属仍然留在土壤环境中，在外界环境因素的扰动下，它们依然可能释放到环境中，存在重金属和磷的二次污染的风险。因此，如何有效地利用含磷材料进行原位稳定/钝化，以及修复后相关物质的环境行为也引起了广泛的关注。基于此，本章主要介绍含磷物质的种类及其来源，含磷物质修复重金属污染土壤的应用及其可能的作用机制，以及含磷物质修复重金属污染土壤的应用范围和修复过程中值得关注的问题。

第一节　含磷材料的种类、来源及其应用

一、磷及磷材料

根据自然界中元素的自然丰度排序，磷含量位列第 7，其稳定的形态是磷酸盐。磷元素本身的物理化学特性决定了它在自然界中存在的形式，进而决定其在地球化学循环中"流通"和"转化"的形式。磷是一种典型的非金属元素，原子序数为 15，其核外电子排布为 $1s^2 2s^2 2p^6 3s^2 3p^3$，在形成化合物时容易得到电子，可与 O、F、Cl 等元素形成共价化合物，因而磷呈现-3、0、$+3$、$+4$、$+5$ 等几种价态的化合物，在自然界中磷通常以$+5$ 价的稳定形式存在。

因此，磷酸盐是自然条件下最主要的磷化物。此外，由于磷原子具有 sp^3 型杂化轨道，所以它可以形成磷酸根离子（PO_4^{3-}）。在已发现的多种磷的同位素中，只有 ^{31}P 最为稳定，其他同位素都具有放射性（Paytan 和 McLaughlin，2007）。自然环境中磷主要以正磷酸根的形式存在于各种有机物和无机物中。磷存在于不同的地质作用过程中。磷灰石是火成岩中最常见的副矿物，火成岩中95%以上的磷都存在于磷灰石中（Smil，2000）。在表生作用过程中，物理风化作用可使岩石破碎形成细小的颗粒态磷灰石；而化学风化作用则可以使磷从大量难溶的磷灰石矿物中释放出来，产生可溶性的无机磷，并存在于土壤孔隙水中、被土壤胶体吸附等。

自然界中的磷主要以无机物（正磷酸盐、焦磷酸盐、聚磷酸盐和含磷酸盐矿物，以及少量的磷单质）和有机化合物（磷酸单酯、磷酸二酯、膦酸酯、ATP 和 DNA 等）的形式存在。磷酸盐是自然界中最主要的磷的化合物，所以自然环境中的磷主要以无机磷酸盐矿物以及有机磷及其衍生物的形式存在于岩石和土壤中（Paytan et al.，2007）。在磷的有机化合物中，ATP 是最重要的磷酸盐有机化合物，它是所有已知生命的普遍能量存在形式。植酸是自然界肌醇磷酸类最普遍存在的有机磷形式，由植物在陆地生态系统中合成。在土壤环境中，植酸性质稳定，不易被生物分解利用，且易与土壤络合（结合），从而积累成为土壤中有机磷的主要赋存形式之一（周强 等，2021）。其中，磷酸单酯、磷酸二酯及膦酸酯等含磷的有机化合物也普遍存在于陆地土壤和海洋环境中（Paytan et al.，2007）。

磷灰石是地壳中最常见的天然无机含磷矿物，可在火成岩、变质岩、沉积岩和生物环境中形成（周强 等，2021）。沉积岩中磷的主要赋存形态为碳酸盐氟磷灰石（CFA）：$Ca_5(PO_4, CO_3, OH)_3(OH, F)$ 中。火成岩中的磷主要赋存形式为氟磷灰石 $Ca_5(PO_4)_3F$（Filippelli，2008；Manning，2008），它是与铁镁矿物相关联的微小的自形晶体（周强 等，2021）。除最常见的磷灰石之外，自然界还有300多种含有磷酸盐的矿物，但其含量较少，约占地壳中总磷的5%。由于磷可以取代硅酸盐矿物结构中的硅，且不同类型硅酸盐矿物中的硅含量相差很大。因此，不同类型硅酸盐矿物中磷的含量也不相同，例如花岗岩中的长石普遍含有磷元素（Manning，2008）。长石是大陆地壳岩石的主要矿物种类（占40%～50%），根据简单的计算，可估测出长石中的 P_2O_5 占地壳 P_2O_5 含量的50%～90%（Manning，2008）。除磷灰石外，自然界中比较常见的含磷酸盐矿物还有很多种（表3-1），其中蓝铁矿是自然界中除自生磷灰石外最普遍的沉积型自生磷矿物相（Egger et al.，2015）。其中，富含重金属的磷酸盐矿物，如独居石、磷钇矿和磷稀土矿等，广泛地以微晶形式分布于火成岩和沉积岩中（Oelkers and Eugenia，2008），它们含有稀土金属钍、钇等元素。

表3-1 自然界中主要的含磷酸盐矿物

矿物名称	化学式
氟磷灰石（Fluorapatite）	$Ca_5(PO_4)_3F$
氯磷灰石（Chlorapatite）	$Ca_5(PO_4)_3Cl$
羟基磷灰石（Hydroxylapatite）	$Ca_5(PO_4)_3OH$
碳酸盐氟磷灰石（CFA）	$Ca_5(PO_4, CO_3, OH)_3F$
钙铀云母（Autunite）	$Ca(UO_2)_2(PO_4)_2 \cdot 10\sim12H_2O$
独居石（Monazite）	$(REE, U, Th)PO_4$
磷稀土矿（Rhabdophane）	$(REE)PO_4 \cdot H_2O$
红磷铁矿（Strengite）	$FePO_4 \cdot 2H_2O$
磷氯铅矿（Pyromorphite）	$Pb_5(PO_4)_3Cl$
绿松石（Turquoise）	$CuAl_6(PO_4)_8(OH)_4 \cdot 4H_2O$
磷铝石（Variscite）	$AlPO_4 \cdot 2H_2O$
蓝铁矿（Vivianite）	$Fe_3(PO_4)_2 \cdot 8H_2O$
银星石（Wavellite）	$Al_3(PO_4)_2(OH)_3 \cdot 5H_2O$
磷钇矿（Xenotime）	$(Y, REE)PO_4$

（Oelkers 和 Eugenia，2008）

二、世界磷矿资源与中国磷矿资源

磷矿是地球上不可再生的非金属矿产资源之一，磷是生物细胞质的重要组成元素，也是植物生长必不可少的大量营养元素之一。因此，磷矿对于地球生命存在具有极其重要的意义，同时也是保证粮食生产安全不可替代的矿产资源。因而，人类社会的发展离不开磷矿资源。

磷矿作为不可再生资源，它在地球上以磷灰石、鸟粪石和动物化石等天然磷酸盐矿石形态存在。磷在地球表面的分布十分集中且极不均衡，从全球范围看，主要分布在非洲、北美洲、南美洲、亚洲及中东的60多个国家和地区。其中，磷矿资源储量的80%集中在摩洛哥及西撒哈拉、南非、美国、中国、约旦和俄罗斯等国家和地区（USGS，2019）。目前，我国每年的磷矿石产量都在6 000万t以上，远高于美国、摩洛哥和西撒哈拉等国家和地区的产量。截至2018年，世界磷灰石储量（经济可开采部分）约700亿t，储量基础（已查明资源的部分）约3 000亿t（USGS，2019），世界主要国家和地区磷灰石储量和产量列于表3-2。全球磷矿约80%为沉积型磷块岩，约17%为变质型和岩浆型磷灰石，其余为鸟粪磷块岩及其他类型的磷矿石（李海延，2006）。

表 3-2　世界部分国家和地区磷灰石储量和预计产量

国家或地区	储量[①]/×10^6 t	预计产量[②]/×10^6 t	国家或地区	储量/×10^6 t	预计产量/×10^6 t
美国	1 000	27.0	摩洛哥	50 000	33.0
阿尔及利亚	2 200	1.3	俄罗斯	600	13.0
澳大利亚	1 100	3.0	沙特阿拉伯	1 400	5.2
巴西	1 700	5.4	南非	1 500	2.1
中国	3 200	140.0	叙利亚	1 800	0.1
埃及	1 300	4.6	突尼斯	100	3.3
约旦	1 000	8.8	芬兰	1 000	1.0
秘鲁	400	3.1	其他国家或地区	1 383	9.75

注：①储量，另称经济储量，美国地质调查局（USGS）定义经济储量为开采成本低于 35 美元/t 的磷矿；②预计产量指 2018 年预计产量。以上数据来源：Mineral Commodity Summaries，2019。

　　我国磷矿资源储量丰富，储量居全球第二，产量居世界第一（USGS，2019）。虽然我国磷矿资源储量大，但高品位磷矿储量不高，而且人均资源量并不高。我国已经探明的磷矿资源主要分布在全国的 27 个省份，其中湖北、湖南、四川、贵州、云南等是磷矿富集区。这 5 个省份的磷矿已查明资源储量（矿石量）约 135 亿 t，占全国总量的 76.7%；按矿区矿石平均品位计算，这 5 个省份磷矿资源储量（折合 P_2O_5 量）约 28.66 亿 t，占全国的 90.4%（郝晓地 等，2011）。磷矿资源具有不可再生性的特点，如果仍按照目前"采富弃贫"的开采模式进行，在不久的将来我国磷矿石资源将枯竭。中国以 4.7% 的磷矿资源供应全球一半以上的市场，储采比下降过快，开发强度过大，按照目前的磷矿石耗竭速度，到 2050 年前后，中国的磷矿将会成为短缺资源，直接威胁国家的粮食生产安全（崔荣国 等，2019）。

三、磷的广泛应用

　　自 1669 年磷元素被发现以来，它被广泛地应用于国防、航空、航天、化工、食品等行业，但主要还是应用于磷肥工业。全球磷矿石消费量 71% 用于生产磷酸，而 90% 的磷酸用于加工磷肥（马鸿文 等，2017）。从世界范围来看，有超过 66% 的磷矿石用于生产浓缩的固体磷肥磷酸二铵（DAP）、磷酸一铵（MAP）和重过磷酸钙（TSP）等，还有 6% 用于生产动物饲料，9% 用于食品工业，另外的 19% 用于其他工业生产，如洗涤剂和金属表面处理（崔荣国 等，2019）。根据相关行业消耗估算：2017 年中国磷矿有 75.6% 用于制造磷肥，11.1% 用于生产黄磷，12.2% 用于制作动物饲料，出口占 0.6%，其他占0.5%（崔荣国 等，2019）。与全球磷矿石消费结构相比，中国用于制造磷肥的磷矿石占比远高于全球平均值，用于工业生产的比例较低。

据美国地质勘探局（USGS）的统计资料显示，以磷矿石为原料，约占世界磷矿资源生产总量的90%（USGS，2009）的磷矿资源用于工农业领域磷肥的生产。总体来讲，磷酸盐岩矿是全球农业生产中磷肥的最主要的原料，其衍生物磷酸盐饲料、洗涤剂及其他磷化工材料的生产均源自磷酸盐岩矿，而其他含磷材料也是磷酸盐岩矿的衍生物，它们共同组成了含磷材料大家族。

作为一种廉价、易得的重金属修复材料，含磷物质对污染土壤中重金属的修复研究成为当前土壤重金属污染修复的热点之一。在实际应用中，各种类型的含磷材料都有不少研究，其应用对象涉及农田和场地中重金属污染的治理。

含磷材料对重金属的稳定/钝化修复是当前土壤重金属污染修复研究的热点问题之一，在实际应用与理论研究中，常见的含磷材料主要包括磷酸、可溶性磷酸盐、磷酸钙（包括人工合成的材料）、磷矿石（主要是自然形成的磷灰石，也包括人工合成的磷灰石）、骨粉、磷肥等（Miretzky 和 Fernandez - Cirelli，2008；Jurate et al.，2008；Park et al.，2011；梁媛 等，2012；刘永红 等，2013；Hafsteinsdóttir et al.，2014），以及活化/改性磷矿粉、溶磷菌-磷矿粉、磷矿粉-堆肥等复合含磷材料（Park et al.，2011；姜冠杰 等，2012；许学慧 等，2013；Huang et al.，2016；Huang et al.，2019），当然也包含一些含磷纳米材料，如羟基磷灰石等（Yang et al.，2016；Li et al.，2020）。与其他重金属修复材料相比，含磷材料具有廉价易得、来源广泛、操作便捷、修复效果好、二次污染风险低等优点（Raicevic et al.，2005；Guo et al.，2006）。文献调研结果表明，这些含磷材料在污染物治理，尤其是在重金属污染土壤的原位钝化、联合修复技术等领域得到广泛研究，具有较好的实用性和经济价值。

第二节　含磷物质修复重金属污染土壤的应用

含磷材料常作为一种低成本原位修复材料，被广泛地应用于土壤重金属的修复中，其对 Pb、Cd、Cu、Zn 的固定作用非常明显（Bolan et al.，2003；Cao et al.，2003；Wang et al.，2008；Jiang et al.，2012；刘永红 等，2013；左继超 等，2014；汤帆 等，2015；Zeng et al.，2017），而且对土壤 As 也有一定的修复效果（Lessl 和 Ma，2013）。它们能显著促进污染土壤中 Pb、Cu 等由非残渣态（可交换态、碳酸盐态、铁锰氧化态和有机态的总和）向残渣态转移（Jiang et al.，2012；刘永红 等，2013；左继超 等，2014；汤帆 等，2015）。Cao 等（2009）进行场地实验表明，可溶性磷酸盐和难溶性含磷材料混合进行 Pb 污染土壤修复效果最好。Thawornchaisit（2009）研究表明，用磷灰石（PR）、磷酸二铵（DAP）和重过磷酸盐（Pinto et al.，2011）等含磷物质处理 Cd 污染的土壤 60d 后，可滤取的 Cd 浓度明显降低，且稳定效果为：TSP＞DAP＞PR。当前，用于钝化修复重金属污染土壤的主要含磷材料（天然矿物和人工合成材料）有：磷酸、羟基磷灰石、磷矿石、磷酸二氢钙、磷酸氢钙、磷酸钙、过磷酸盐、重过磷酸钙、钙镁磷肥、氟磷灰石及含磷污泥等。

一、可溶性含磷物质修复重金属污染土壤的应用

磷酸是一种中强酸，也被应用于修复重金属污染土壤，但是磷酸直接施用会对土壤环境造成严重的不良影响。因此，磷酸作为重金属修复材料通常是与其他矿物材料混合使用。磷酸用于修复重金属污染土壤的原理是利用磷酸活化矿物（包括磷矿粉等），产生磷酸根和其他矿物质，为固定重金属污染土壤提供大量游离态的磷源。Cao 等（2002）和 Melamed 等（2003）将磷酸处理磷矿粉和 $Ca(H_2PO_4)_2$ 后的混合物用于处理 Pb 污染的土壤，研究结果表明，该混合物可以使土壤中部分酸溶态 Pb 转化为残渣态和其他生物有效性较差的形态，同时降低了污染土壤中 Pb 的淋溶毒性，其数值低于美国环保局（EPA）所制定的标准。Cao 等（2002）进一步检测了经混合处理后 Pb 在土壤中的形态，结果发现 Pb 在土壤中形成了非常稳定的磷氯铅矿 $[Pb_5(PO_4)_3Cl]$ 等矿物，明显降低了 Pb 从圣僧草（*Stenotaphrum secundatum*）根向茎的迁移，而且降低了土壤中 Pb 的淋溶风险。

可溶性磷酸盐如磷酸铵、磷酸二氢钾、磷酸氢二钾、磷酸氢钙等可溶性磷肥，它们可以提供足量的磷酸根参与重金属的钝化作用（表 3-3）。Zwonitzer 等（2003）添加磷矿粉（PR）或者 KH_2PO_4 修复 Pb、Cd、Zn 污染的土壤，结果显示 KH_2PO_4 的施用对 Pb 的固定作用比 PR 强，而且 KH_2PO_4 更有利于降低 Pb 在环境中的生物有效性；由于 KH_2PO_4 呈弱酸性，KH_2PO_4 处理土壤会导致污染土壤中 Cd、Zn 的生物有效性提高。Yuan 等（2016）的修复试验也得到了相同的结果，他们用 KH_2PO_4 和 K_2HPO_4 处理多种重金属 Cd、Zn、Pb 污染的土壤，可以明显降低土壤中活性 Pb、Cd、Zn 的含量，使 Pb 和 Cd 的迁移能力降低，但是对 Zn 的移动性影响不显著。这表明，采用可溶性磷酸盐处理重金属污染的土壤，需根据土壤中重金属的种类来选择钝化剂，不同的重金属元素的修复效果存在一定的差异。Chen 等（2003）用含磷材料 $Ca(H_2PO_4)_2$ 修复 Pb 污染的城市土壤，处理 220d 后，土壤中非残渣态 Pb 大幅度地转化为残渣态 Pb，而且 Pb 的淋溶毒性大大降低；进一步试验表明当 $Ca(H_2PO_4)_2$ 和磷矿粉混合使用时，钝化效果更好，检测表明 Pb 通过溶解碳酸盐结合态转化为磷氯铅矿类型的难溶沉淀物，可见实际环境中的其他因素也会影响重金属形态的转化。

表 3 - 3　可溶性含磷土壤重金属固化稳定剂

固化稳定剂	重金属	固化稳定效果	文献
磷酸/磷灰石	Pb	以磷酸盐的沉淀形式固定	Cao et al.，2002；Melamed et al.，2003
磷酸二氢铵、磷酸氢二铵、磷酸二氢钾、磷酸氢二钾	Pb、Cd、Zn	以磷酸盐的沉淀形式和吸附作用的形式固定	Pearson et al.，2000；Bolan et al.，1999；McGowen et al.，2001
磷酸氢二钾	Ni	以磷酸盐的沉淀形式固定	Pratt et al.，1964
磷酸二氢钙	Pb、Cd、Zn	以磷酸盐的沉淀形式固定	Balon et al.，2003
可溶性磷肥	Pb、Zn、Cd	以沉淀形式被固定	Wang et al.，2008
可溶性磷肥	As	吸附固定	Lessl 和 Ma，2013

　　可溶性磷酸盐的施用，不但有利于重金属在土壤中的钝化，还有利于污染土壤中植物的生长和对重金属的吸收富集。Huang 等（2016）在铜污染的土壤上施用磷肥 NaH_2PO_4、$Ca(H_2PO_4)_2$ 对重金属污染土壤进行处理后种植蓖麻，研究结果发现，使用磷肥后蓖麻植株鲜重和干重均大幅度增加，其中每千克土施用 150mg P 处理的土壤，蓖麻干物质重量分别增加了 23.3% 和 2.65%；而每千克土施用 300mg P 处理的土壤，蓖麻干物质重量分别增加了 40.7% 和 40.7%；采用 600mg P 处理的土壤，蓖麻干物质重量分别增加了 40.5% 和 37.3%（图 3 - 1）。

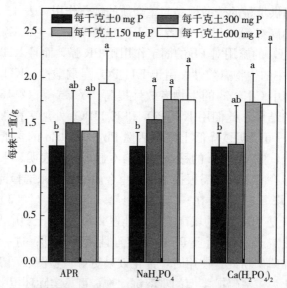

图 3 - 1　施用不同磷肥处理后蓖麻的干重（Huang et al.，2016）

　　磷的施用不但增加了蓖麻植株的干重，同时也促进了重金属铜在蓖麻植株中的积累。在一定的施磷范围内，随着磷肥施用量增加，蓖麻吸收重金属铜的能力增强。进一步分析发现，蓖麻根部富集的重金属 Cu 也随之增加，每千克土施用 150mg P 的 $Ca(H_2PO_4)_2$ 和每千克土施用 300mg P 的 NaH_2PO_4 处理后蓖麻根中的 Cu 含量分别提高了 62.5% 和 68.1%（图 3-2A）。相比较蓖麻的根部而言，使用不同量的可溶性磷肥后，蓖麻的茎秆部分对铜的积累增加不显著（图 3-2B）。

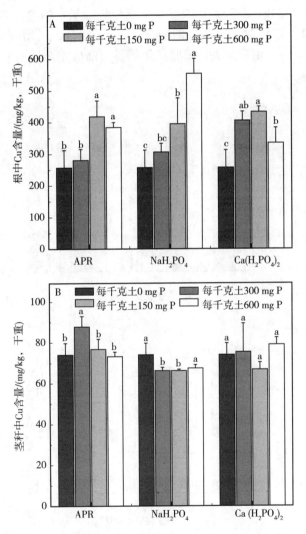

图 3-2　施用不同磷肥处理后蓖麻茎秆和根中重金属含量（Huang et al.，2016）

　　对于重金属污染的土壤，在适宜的条件下选用合适的磷肥处理土壤，既可以减缓重金属的污染，也可以提高作物的产量，并且可改善作物的品质。林笠等（2013）采用盆栽试验研究了重金属 Cd、Pb 复合污染土壤中添加磷肥（KH_2PO_4）对草莓生长及其重金属累积的影响。试验研究结果表明，随着土壤中重金属 Cd、Pb 污染程度的加剧，草莓产量逐步降低。高浓度重金属处理（Ⅴ）的对照比低浓度重金属处理（Ⅰ）的对照产量每钵减少了 34.6g，减幅高达 61.0%。同时，在不同 Cd、Pb 污染的土壤中草莓产量随着磷肥施用量的增加而增加：高磷和低磷处理比对照草莓产量分别平均高出 52.3% 和 32.4%，每钵平均增产 16.4g、9.6g；高浓度重金属处理（Ⅴ）的增产效果最为显著，其高磷与低磷处理比对照每钵分别增产 19.6g 和 15.2g，增幅高达 89.6% 和 69.1%（图 3-3）。由此可见，磷肥施用能显著降低重金属 Cd、Pb 对草莓生长的不利影响。

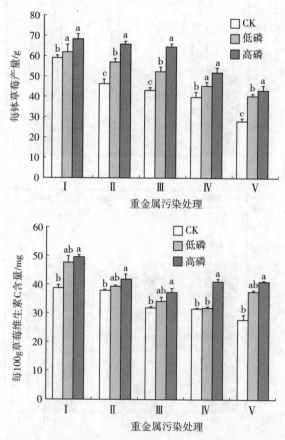

图 3-3 磷肥施用对草莓果实产量和维生素 C 含量的影响（林笠 等，2013）
注：不同小写字母表示同一重金属处理内不同磷处理间差异显著（$P<0.05$）。下同。

由图 3-3 可知，低浓度重金属处理（Ⅰ）对照每 100g 草莓的维生素 C 含量约为 38.8mg，略低于文献报道的 50.0mg。但随着土壤中 Cd、Pb 含量的增加，草莓维生素 C 含量逐渐降低，高浓度重金属处理（Ⅴ）的对照与低浓度重金属处理（Ⅰ）的对照相比，每 100g 草莓维生素 C 含量降低 11.0mg，减幅达 28.5%。这说明 Cd、Pb 污染破坏草莓维生素 C 的合成，从而影响草莓的品质。经磷肥处理后各重金属土壤中草莓维生素 C 含量与其对照相比均有不同程度的增加，其中处理（Ⅴ）经高磷和低磷处理后每 100g 草莓中维生素 C 含量比对照分别增加了 13.2mg 和 9.8mg，表明磷肥能减少重金属对草莓中维生素 C 含量降低的影响，有效地缓解了重金属对草莓的生物毒性。

进一步研究表明（表 3-4），草莓根和茎叶中 Cd、Pb 的累积量随土壤中重金属含量的增加而增加（林笠 等，2013）。施用磷肥后，重金属 Cd、Pb 在草莓根部的累积量的顺序如下：对照处理＞低磷处理＞高磷处理，且高磷处理与其对照相比，差异达显著性水平，说明磷肥的施用能够降低 Cd、Pb 在根部的累积。但是，Cd、Pb 在茎叶的累积与其在根部累积情况不同：对照处理＞高磷处理＞低磷处理，且低磷处理与对照差异显著。随着土壤中 Cd、Pb 含量的增加，草莓果实中重金属的含量也逐渐增加，且 Pb 的增加幅度较大。但施用磷肥后，草莓中 Cd、Pb 含量均有不同程度的降低，顺序如下：对照处理＞低磷处理＞高磷处理，且高磷处理后 Cd、Pb 含量的降低均达到显著性水平，说明施用磷肥能降低 Cd、Pb 在草莓果实中的累积。在磷肥的 Cd 修复方面，各重金属污染的土壤经高磷处理后比对照处理降低 0.1～0.2mg/kg，降幅为 19.5%～46.4%。在磷肥的 Pb 修复方面，各重金属污染的土壤经高磷处理后与对照相比降低 0.3～2.3mg/kg，降幅达 8.8%～28.5%。对比国家相关标准，草莓中的 Pb、Cd 的含量仍然超标，还未达到食用的标准。

表 3-4　植株各部位重金属 Cd、Pb 的含量

处理		Cd/(mg/kg)			Pb/(mg/kg)		
		根	茎叶	果	根	茎叶	果
处理Ⅰ	CK	4.3±0.3a	2.2±0.1a	0.3±0.0a	4.1±0.1a	3.9±0.0a	1.4±0.0b
	低磷	3.7±0.1ab	1.7±0.0b	0.2±0.0ab	3.8±0.1b	2.9±0.0b	1.2±0.0a
	高磷	3.1±0.1b	1.9±0.1ab	0.1±0.0b	3.3±0.2b	3.1±0.2ab	1.1±0.1a
处理Ⅱ	CK	10.7±0.5a	3.9±0.1a	0.5±0.0a	17.7±0.3ab	6.6±0.2a	3.2±0.1a
	低磷	9.7±0.3ab	3.1±0.0b	0.3±0.0b	17.7±0.3ab	5.6±0.3b	2.7±0.0ab
	高磷	7.7±0.1b	3.6±0.4ab	0.3±0.1b	16.7±0.2b	6.2±0.0ab	2.4±0.0b

（续）

处理		Cd/(mg/kg)			Pb/(mg/kg)		
		根	茎叶	果	根	茎叶	果
处理Ⅲ	CK	13.7±0.4a	4.0±0.1a	0.5±0.0a	71.1±0.1a	15.7±0.1a	5.8±0.0a
	低磷	11.7±0.5ab	3.4±0.1b	0.3±0.0b	64.3±2.3ab	13.3±0.2b	5.5±0.0ab
	高磷	10.7±0.3b	3.6±0.1ab	0.3±0.1b	46.6±3.1b	14.7±0.1ab	5.3±0.2b
处理Ⅳ	CK	20.4±0.4a	6.2±0.2a	0.7±0.0a	26.6±1.2a	14.7±0.1a	3.9±0.1a
	低磷	19.1±0.2ab	5.1±0.2b	0.6±0.0a	24.1±3.8ab	6.0±0.1b	2.9±0.2ab
	高磷	16.6±0.0b	5.8±0.2ab	0.5±0.0b	18.1±1.2b	6.0±0.1b	2.8±0.3b
处理Ⅴ	CK	20.0±0.5a	6.0±0.2a	0.8±0.0a	74.5±1.4a	17.5±0.1a	4.2±0.6a
	低磷	19.1±0.0ab	4.9±0.3b	0.7±0.0a	60.1±0.4ab	15.0±0.5b	7.2±0.0ab
	高磷	17.2±0.25b	5.4±0.1ab	0.6±0.0b	43.8±2.3b	15.4±0.6ab	6.0±0.3b

注：同列中相同处理组不同小写字母表示差异显著（$P<0.05$）。下同。

综上可见，使用可溶性磷材料处理重金属污染的土壤，土壤中不同重金属的生物有效性的变化存在差异。其原因是多方面的：不同重金属与磷形成难溶磷酸盐的溶解性有差别；同一金属在土壤环境中会形成包括含磷物质在内的不同盐类，其溶解性也不相同；土壤酸碱性影响重金属的溶解性和迁移性；共存阴离子和植物的存在也会影响重金属形态转化与迁移。

除了上述磷酸盐之外，可溶性磷肥也可用于修复重金属污染的土壤。相对于水溶性磷酸盐而言，磷肥中有效磷含量稍低，但高于磷灰石类含磷矿物中的有效磷。Rizwan 等（2016）用普通过磷酸钙（SSP）修复 Pb、Cu 污染的土壤后，Pb 和 Cu 大幅度转化为残渣态，修复效果很好。而施尧等（2011）选用重过磷酸钙磷肥（TSP）和磷灰石矿尾料（PR）钝化修复 Pb、Cu 和 Zn 复合污染土壤，4 周后所有 3 种磷处理（PR、TSP 和 PR＋TSP）均有效地降低了毒性提取态的 Pb 和 Cu，但是含磷材料对土壤中 Zn 的稳定化影响较小；磷处理抑制了 Pb 和 Cu 在土壤剖面的径向迁移，但对 Zn 的影响较小。Valipour 等（2016）采用重过磷酸钙（TSP）修复重金属污染土壤中的 Pb、Cd、Cu 和 Ni，处理后土壤中 Pb 和 Cd 向残渣态转化，提高了 Pb 和 Cd 的修复效果，但对 Ni 的效果不佳。由此可见，含磷材料修复重金属污染土壤的效果不完全一样，除与重金属本身的性质有关外，还与磷的用量和形态有关。

二、可溶性含磷物质修复重金属污染土壤的可能机制

磷酸作为可溶性修复材料常与其他矿物材料混合使用，其原理是利用磷酸活化矿物产生可溶性磷酸根和其他矿物质，为固定污染土壤中的重金属提供有

效磷源。另一类可溶性磷酸盐包括磷酸二氢铵（$NH_4H_2PO_4$，MAP）和磷酸二氢钾（KH_2PO_4），以及速效磷肥普通过磷酸钙［$Ca(H_2PO_4)_2 \cdot H_2O$，SSP］和重过磷酸钙［$Ca(H_2PO_4)_2 \cdot H_2O - H_3PO_4$，TSP］等物质（Bolan et al.，2003；林笠 等，2013；Su et al.，2015；Huang et al.，2016），这些可溶性磷酸盐材料可以直接提供足够的磷酸根参与重金属的钝化作用。

另外，可溶性磷酸盐磷酸氢二铵［$(NH_4)_2HPO_4$，DAP］和磷酸氢二钾（K_2HPO_4）呈碱性，一方面它们可以提高土壤的 pH，使土壤中的重金属形成氢氧化物沉淀；另一方面磷酸根还可以与重金属生成磷酸盐的沉淀物。但是由于不同类型金属氢氧化物和金属磷酸盐的溶解度不同，使得可溶性磷对不同金属生物有效性的影响存在显著差异。

表 3-5 是几种常见的重金属磷酸盐和氢氧化物的溶度积，当参与反应的体系中含有氯离子时，它们会形成更加稳定的难溶含氯磷酸盐（Cao et al.，2008）。根据化学平衡移动的原理，在同一个体系中，平衡优先向溶解度小（同种类型的溶度积小）的产物转化。表 3-5 中，根据磷酸盐和氢氧化物沉淀的溶度积可以发现，阳离子相同的沉淀，磷酸盐计算得到的溶解度大部分小于氢氧化物的溶解度。因此，在有磷酸根存在时，重金属易形成磷酸盐的沉淀而被固定。在实际的土壤环境中，由于施肥，以及土壤本身含有大量氯离子，使得这些反应能够进行，从而进一步稳定了土壤中的重金属。在重金属污染农田土壤中添加可溶性磷酸盐 $Ca(H_2PO_4)_2 \cdot 2H_2O$，土壤中有效态的重金属（如Cd）很快与 $Ca(H_2PO_4)_2$ 反应，生成难溶态的重金属磷酸盐 $Cd_3(PO_4)_2$。其化学反应如下（M＝Cu、Cd、Pb、Zn、Hg 等）：

$$3M^{2+} + Ca(H_2PO_4)_2 = Ca^{2+} + 2H^+ + M_3(PO_4)_2 \downarrow$$

表 3-5　部分重金属磷酸盐的溶度积

化合物	溶度积	化合物	溶度积
$Cd_3(PO_4)_2$	2.5×10^{-33}	$Zn_3(PO_4)_2$	7.8×10^{-28}
$Cd_5(PO_4)_3Cl$	2.2×10^{-50}	$Zn_5(PO_4)_3Cl$	2.9×10^{-38}
$Cu_3(PO_4)_2$	1.3×10^{-37}	$Pb_3(PO_4)_2$	8.0×10^{-43}
$Cu_5(PO_4)_3Cl$	1.1×10^{-54}	$Pb_5(PO_4)_3Cl$	3.7×10^{-85}
$CrPO_4(4H_2O)$	2.4×10^{-23}	$PbHPO_4$	3.7×10^{-12}
$Hg_3(PO_4)_2$	2.5×10^{-33}	$PbAl_3(PO_4)_2(OH)_5 \cdot H_2O$	5.0×10^{-100}
$Cd(OH)_2$	2.2×10^{-14}	$Pb_2(UO_2)_4(PO_4)_2(OH)_4$	5.0×10^{-92}
$Cu(OH)_2$	5.0×10^{-20}	$PbFe_3(PO_4)(OH)_6SO_4$	2.5×10^{-113}
$Cr(OH)_3$	6.3×10^{-31}	$PbAl_3(PO_4)(OH)_6SO_4$	7.9×10^{-100}

(续)

化合物	溶度积	化合物	溶度积
$Zn(OH)_2$	7.1×10^{-18}	$Pb_2UO_2(PO_4)_2 \cdot 2H_2O$	1.6×10^{-46}
$Hg(OH)_2$	4.8×10^{-26}	$Pb(UO_2)_4(PO_4)_2(OH)_4 \cdot 8H_2O$	2.5×10^{-93}
$Pb(OH)_2$	1.2×10^{-15}	$Pb(UO_2)_4(PO_4)_2(OH)_4 \cdot 7H_2O$	2.0×10^{-94}
$Ni(OH)_2$	2.0×10^{-15}	$Pb(UO_2)_4(PO_4)_2 \cdot 4H_2O$	4.0×10^{-48}
$Ni_3(PO_4)_2$	5.0×10^{-31}	$Pb_{10}(PO_4)_6Br_2$	7.9×10^{-79}
$Pb_{10}(PO_4)_6F_2$	2.5×10^{-72}	$Pb_2Cu(PO_4)_2(OH)_3 \cdot 3H_2O$	5.0×10^{-52}
$Pb_{10}(PO_4)_6(OH)_2$	1.6×10^{-77}		

(Dean，1985；Viellard 和 Tardy，1984；Bolan et al.，2003；Zeng et al.，2017)

通过上述化学反应，土壤溶液中的重金属离子转化为残渣态而失去迁移性，降低了重金属离子的生物可利用性和毒性，稳定地存在于土壤中。经对比，可溶性磷酸盐 $Ca(H_2PO_4)_2$ 对重金属的稳定效果比石灰好，且对土壤性质无显著不良影响，并为作物生长提供磷素和钙质。因此，采用化学稳定法修复重金属污染土壤时，建议选用水溶性磷酸盐 $Ca(H_2PO_4)_2$ 作为稳定剂。如果混合施用 $Ca(H_2PO_4)_2$ 和石灰，对重金属的稳定作用更加显著（骆永明 等，2016）。加入石灰，可通过提高土壤 pH 增加生成的磷酸铅类化合物的稳定性，同时石灰中的钙也可以消耗部分有效磷，从而达到降低因土壤磷有效性高而导致的环境风险（邢维芹 等，2019）。

三、磷矿石及其衍生物修复重金属污染土壤的应用

1. 难溶磷酸盐矿物的种类及其修复重金属污染土壤的应用和机理

难溶磷酸盐矿物主要包括磷酸钙、羟基磷灰石、天然磷灰石、磷矿粉、骨粉（主要成分是磷酸钙）等（表 3-6），它们所能提供的有效磷远低于磷肥、磷酸盐及磷酸，但是它们仍然具有较好的钝化重金属的效果。研究表明，羟基磷灰石（HAP）和磷灰石可以显著降低土壤中 Pb、Zn 和 Cd 的生物有效性，增强它们在土壤中的地球化学稳定性；羟基磷灰石显著降低植物茎秆吸收 Pb、Zn 和 Cd 的量，降幅分别达到 34.6%～53.3%、31.2%～47.3% 和 39.1%～42.4%（Chen et al.，2007）。Chen 等（2017）进一步通过 SEM/EDS 分析发现，磷的添加使得 Pb、Zn 和 Cd 的可交换态（EX）、有机结合态（OC）、碳酸盐结合态（CB），以及 Fe、Al 氧化物结合态（OX）向残渣态（RES）转化，不同磷材料的效果如下：HAP＞PR＞DAP＞TSP。

表 3-6 难溶性含磷土壤重金属固化稳定剂

固化稳定剂	重金属	固化稳定效果	文献
磷灰石	As	吸附固定	Lessl 和 Ma，2013
	Cu、Pb、Cd、Zn	以磷酸盐的沉淀形式和吸附作用的形式固定	Balon et al.，2003；Cao et al.，2004；刘永红 等，2013；左继超 等，2014；汤帆 等，2015
活化磷灰石	Pb、Cd、Cu	以磷酸盐的沉淀形式和吸附作用的形式固定	Jiang et al.，2012；Huang et al.，2016；姜冠杰 等，2012
羟基磷灰石	Pb、Cd、Zn、Cu	以磷酸盐的沉淀形式固定	刘羽，1998；Balon et al.，2003；Chen et al.，2010；Cui et al.，2016

Mignardi 等（2013）的研究也证实羟基磷灰石（HAP）和天然磷矿粉（PR）可以钝化土壤中重金属 Co 和 Ni，重金属污染的土壤经羟基磷灰石和磷灰石处理后，土壤中水溶性重金属减少了 99%，而且还降低了水体富营养化风险。Mignardi 等（2012）对比了不同磷灰石固定重金属的效果，研究表明，羟基磷灰石（HAP）对 Cd、Cu、Pb 和 Zn 的钝化效果稍强于氟磷灰石（FAP）。Yuan 等（2017）用铁羟基磷灰石（FeHP）处理复合污染土壤中的 Pb、Cd 和 As，结果发现使用 10% 的 FeHP 处理土壤后，$NaHCO_3$ 可提取态 As、DTPA 可提取态 Pb 和 Cd 分别降低 69%、59% 和 44%。

自然界的磷灰石都是混合物，高纯度的羟基磷灰石都是人工合成的，成本高。与羟基磷灰石相比，价廉的磷矿石也具有固定土壤重金属的作用。Fayiga 和 Ma（2006）用磷矿粉处理重金属污染的土壤，以评价磷矿粉（PR）对超积累植物吸收 As 和其他金属的影响，结果发现施用 PR 后能增加植物（*Pteris vittata*）对 As 的吸收，但同时显著降低了蕨类植物体内 Pb、Cd 的量，分别从 13.5mg/kg 到 4.10mg/kg 和从 13.0mg/kg 到 3.45mg/kg。施用 PR 有利于植物富集 As，同时降低了蕨类植物对磷的吸收。Valipour 等（2016）用磷灰石（PR）和硫酸活化的磷灰石处理墨西哥 Mezquital 山谷一处因城市污水灌溉的三种钙质农田土壤，经磷灰石处理后，土壤中可提取态和植物可吸收的重金属量 Pb、Cd、Cu、Ni 和 Zn 均降低，水溶态和可交换态重金属组分与磷灰石的用量和土壤的性质有关。除了常见的重金属，磷矿粉还可用于修复放射性元素铀，Raicevic 等（2006）添加修复剂磷灰石（羟基磷灰石、北卡莱纳磷灰石、利斯拉磷灰石）降低了土壤中 U 的生物有效性，减小了 U 的移动性。

Huang 等（2019）利用磷矿粉（PR）、草酸活化的磷矿粉（APR）处理湖北大冶矿区重金属 Cu 和 Pb 污染的土壤，研究发现，经钝化剂处理 1 年后，土壤中可提取态 Pb 的含量大幅度降低，Cu 的变化不明显，但是残渣态 Pb 和

Cu 含量显著增加。钝化剂用量为 4％时，活化磷矿粉修复后土壤中 CaCl₂ 提取态 Cu 和 Pb 分别减少 56％和 91％，而骨粉处理的土壤中 Cu 和 Pb 的减少幅度分别达到 67％和 64％。由此可见，难溶的含磷矿物也可以作为环境中重金属的钝化固定材料使用，但对不同重金属的钝化效果存在差异。

Huang 等（2016）将污染土壤中重金属形态采用 Tessier 连续提取法进行分类，原始土壤中的 Pb 主要是 Fe－Mn 氧化物结合态和残渣态，含量分别为37.6％和 37.4％。经 4％的草酸活化磷矿粉和磷矿粉处理后，Fe－Mn 氧化物结合态和有机结合态显著降低，而残渣态则由 37.4％分别增至 61.5％和65.8％，其他形态的 Pb 也发生了一些变化（图 3－4）。

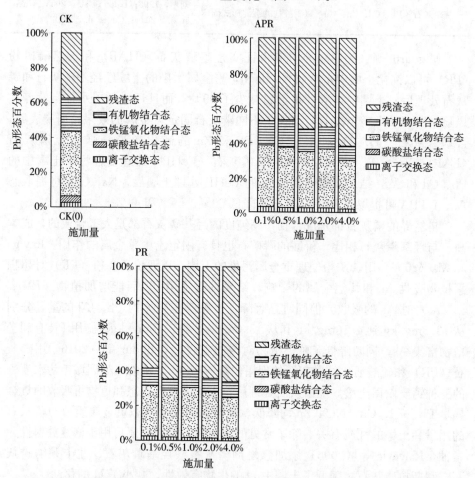

图 3－4　不同磷矿粉和草酸活化磷矿粉处理 Pb 污染的土壤（Huang et al.，2016）

原始土壤中的 Cu 残渣态为 36.4％，经 4％的草酸活化磷矿粉和磷矿粉处理后，残渣态分别增至 57.0％和 66.2％，其他形态的 Cu 也发生了一些变化，但与残渣态有一定差异（图 3 - 5）。

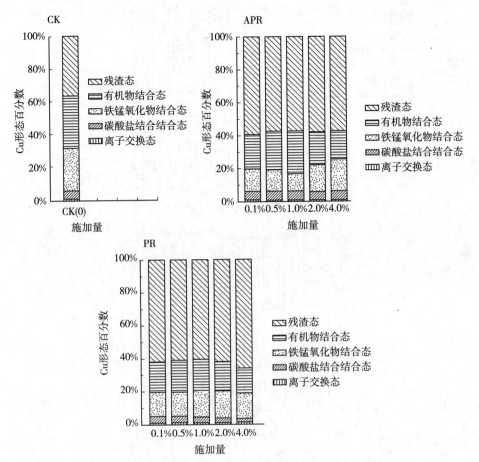

图 3 - 5　不同磷矿粉和草酸活化磷矿粉处理 Cu 污染的土壤（Huang et al.，2016）

原始土壤中的 Cd 可交换态、碳酸盐结合态和 Fe - Mn 氧化物结合态分别为 47.0%、13.25% 和 22.1%，经 4% 的草酸活化磷矿粉和磷矿粉处理后，可交换态 Cd 显著地降低，由 47.0% 分别降低至 10.3% 和 0.4%；残渣态 Cd 则由 5.4% 分别增加至 25.0% 和 61.4%（图 3 - 6）。

由此可见，在开展土壤重金属修复时，同种修复材料对不同重金属的修复效果存在一定的差异，这可能与土壤、重金属和修复材料的性质等因素有关。因此，在开展实地修复的试验中需要根据实际情况选取合适的材料，才能达到预期的效果，切忌"一刀切"，因为没有万能的修复材料。

含磷材料修复的土壤采用固体废物毒性浸出法（TCLP）评价修复效果（Huang et al.，2016），结果表明，经 4% 的草酸活化磷矿粉和磷矿粉处理后

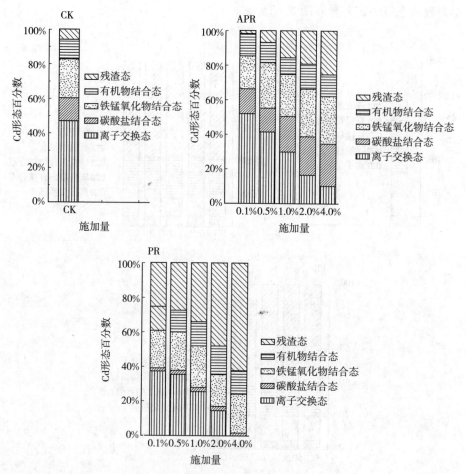

图 3-6 不同磷矿粉和草酸活化磷矿粉处理 Cd 污染的土壤（Huang et al.，2016）

可提取态 Pb 从 4.60mg/L 分别下降到 2.60mg/L 和 1.70mg/L，降幅分别达到 43.5%和 63.0%。经 4%的活化磷矿粉和磷矿粉处理后可提取态 Cu 由 24.83mg/L 下降到 17.91mg/L 和 20.30mg/L，降幅达到 27.9%和 18.2%。经 2%的草酸活化磷矿粉和磷矿粉处理后可提取态 Cd 则由 1.76mg/L 下降到 1.33mg/L 和 1.36mg/L，其降幅约为 24.4%和 22.7%。

Huang 等（2016）在铜污染的土壤上施用草酸活化磷矿粉（每千克土施用 150mg P）处理的土壤，蓖麻植株的干重增加了 19.6%，每千克土施用 600mg P 处理的土壤，蓖麻干物质重量增加量高达 53.7%。当施用量为每千克土施用 150mg P 时，蓖麻地上部铜的积累增加了 18.5%。当施用量为每千克土施用 300mg P 时，蓖麻根部铜的积累增幅达到 68.1%。

当然，难溶含磷材料在重金属钝化效果方面稍逊于可溶性含磷材料，其固定重金属的机理与可溶性含磷材料也有不同之处。磷灰石、磷酸钙等都是难溶的含磷材料，也是有效的重金属钝化材料，但由于其成分复杂，探究它们与重金属之间相互作用机理存在一些困难，因此，借助纯羟基磷灰石探究钝化重金属的机理更加科学、合理。羟基磷灰石是磷灰石的一种，一般为天然形成，随着研究的深入，近年来很多学者将人工合成的羟基磷灰石用于研究土壤重金属污染的治理。目前，关于羟基磷灰石吸附重金属离子的机理主要包括静电吸附、表面络合、溶解-沉淀及重金属离子与晶格离子之间的离子交换（Cao et al.，2002；胡红青 等，2017；吴霄霄 等，2019）。羟基磷灰石钝化修复 Pb 的机制主要有离子交换吸附与溶解-沉淀反应，在酸性土壤中添加含磷材料会生成磷酸铅沉淀，而在碱性土壤则生成含铅的氧化物、氢氧化物以及碳酸铅等化合物。含磷材料钝化 Zn、Cu、Cd 的原理与 Pb 的钝化机制相同，但也有学者认为含磷材料对 Zn 的钝化是以离子交换、表面配位、生成非晶形物质为主，沉淀机制为辅；羟基磷灰石还可通过改变植物体内重金属的赋存形态与分布，从而减轻重金属对植物的毒性。

（1）吸附作用　广义的吸附作用（sorption）包括两种主要机理：重金属离子在矿物-水界面的表面吸附作用和沉淀作用，其中表面吸附作用包括静电吸附、分子或离子吸附与单分子层吸附等（Lower et al.，1998）。由于在实际土壤环境中，磷灰石表面因离子水化作用而带负电荷，很容易与带正电荷的重金属离子发生相互作用。大量研究表明，磷灰石对金属离子有很强的表面吸附能力，是一种良好的环境工程材料（Cao et al.，2002；胡红青 等，2017）。

（2）离子交换作用　除了吸附作用外，离子交换作用也是磷灰石钝化重金属的重要机理之一。研究认为，磷灰石可以将水溶液中的铅离子吸附在其表面，然后，磷灰石中的钙离子与铅离子发生离子交换作用，从而使铅离子被固定下来（Ruby et al.，1994）。如：羟基磷灰石（hydroxyapatite，HAP）去除镉的主要作用机理是离子交换，同时还伴随有表面吸附作用（包括静电吸附、分子或离子吸附、表面络合吸附、单分子层吸附等过程）（黄志良，2008）。土壤中的重金属离子主要通过与磷灰石类矿物颗粒表面的 Ca^{2+} 发生阳离子交换而被吸附在矿物颗粒表面，其反应过程如下：

$$HAP+M^{n+}=M-HAP+n/2Ca^{2+} \quad M=Pb，Cu，Cd、Zn\cdots\cdots$$

以 HAP 去除溶液中的 Cd^{2+} 为例，其除镉的离子交换过程可用下式简要表述：

$$Ca_{10}(PO_4)_6(OH)_2+10Cd^{2+}=Cd_{10}(PO_4)_6(OH)_2+10Ca^{2+}$$

（3）溶解-沉淀作用　随着研究和实践的深入，越来越多的学者认为磷灰石固定重金属（铅）的机制还包括溶解-沉淀作用。它是由磷灰石在环境中溶解所产生的各种阴离子（磷酸根等）与铅离子相互作用，从而产生磷酸铅沉淀

（胥焕岩 等，2003）。这个过程的作用机理主要包括离子吸附、离子交换和溶解-沉淀作用。羟基磷灰石（Hydroxylapatite，HAP）的溶解与羟基磷铅石（Hydroxypyromorphite，HPY）的沉淀可表示为如下反应过程（刘羽 等，1996；刘羽 等，1998）：

$$Ca_{10}(PO_4)_6(OH)_2+14H^+=10Ca^{2+}+6H_2PO_4^-+2H_2O$$
$$10Pb^{2+}+6H_2PO_4^-+2H_2O=Pb_{10}(PO_4)_6(OH)_2+14H^+$$

若溶液中存在其他阴离子 CO_3^{2-}、Cl^-、F^-、NO_3^-、SO_4^{2-} 等，羟基磷灰石也能高效地去除水溶性铅离子，F^- 的存在会形成磷氟铅石，Cl^- 存在时会形成磷氯铅石的沉淀（Xu 和 Schwartz，1994；Jiang et al.，2012）。氟磷灰石 [Fluorapatite，FAP，$Ca_{10}(PO_4)_6F_2$] 的溶解与氟磷铅石 [Fluoropyromophite，FPY，$Pb_{10}(PO_4)_6F_2$] 的沉淀反应如下：

$$Ca_{10}(PO_4)_6F_2+14H^+=10Ca^{2+}+6H_2PO_4^-+2F^-$$
$$10Pb^{2+}+6H_2PO_4^-+2F^-=Pb_{10}(PO_4)_6F_2+14H^+$$

磷固定土壤中铅的主要机制是磷与铅在土壤中生成环境稳定性更高的磷铅矿类化合物 [$Pb_5(PO_4)_3X$，$X=Cl^-$、OH^-、F^- 等]。由于土壤主要阴离子种类不同，可以形成氟磷铅矿（Fluoropyromophite，FPY）、羟基磷铅矿（Hydroxypyromorphite，HPY）及氯磷铅矿（Chloropyromorphite，CPY）等，这3种磷酸铅矿物的稳定性逐渐增加，而氯磷铅矿在 pH 为 3～11 范围内稳定性最高（Zhang 和 Ryan，1999；陈世宝 等，2010；施尧 等，2011；Huang et al.，2016）。

土壤中的磷与铅生成沉淀化合物的理论摩尔比为 P：Pb＝3：5（陈世宝等，2010），因此在采用磷材料修复铅污染土壤时，含磷材料中有效磷的用量至少要满足以上摩尔比。羟基磷灰石类难溶性含磷物质对污染土壤中铅的沉淀机制分为两个过程：即含磷材料和含铅化合物的溶解，使得磷和铅释放出来，随后游离的磷和铅形成磷酸铅的沉淀。而磷和铅的释放需要发生在 pH≤5 的酸性条件下，这有利于难溶性含磷材料和含铅化合物的溶解，并加速磷酸铅沉淀。因此，磷酸盐矿物中磷的有效性成为土壤中重金属尤其是铅钝化修复的关键影响因素。

2. 磷矿石的衍生物修复重金属污染土壤的应用（主要以草酸活化磷矿粉为例）

为了提高磷矿材料中有效磷的含量，溶磷菌-磷矿粉、有机酸活化磷矿粉、动物粪便-磷矿粉堆肥等也被用于处理不同污染程度的土壤。磷矿粉经溶磷菌、有机酸和堆肥（动物粪便）处理后，会释放活化的磷酸根，利于重金属的钝化作用（Park et al.，2011；姜冠杰 等，2012；刘永红 等，2013；许学慧 等，2013；Huang et al.，2016）。活化后的磷矿粉中有效磷的含量高于磷矿粉

（或者其他磷矿物），其钝化效率也高于磷矿粉。

　　大量研究表明，活化磷矿粉可以用于修复 Pb、Cd、Cu 等重金属污染的土壤。姜冠杰等（2012）在 Pb 污染砖红壤中施加磷矿粉（PR）和经草酸活化的磷矿粉（APR）后，作者采用 Tessier 连续提取法分析了外源铅污染的砖红壤经磷矿粉和草酸活化的磷矿粉处理后土壤中铅形态的变化。研究结果表明：随着磷矿粉添加量的增加，与对照（64.1mg/kg）相比较，各处理中交换态铅质量分数比显著下降，磷矿粉处理的交换态铅为 0.1mg/kg，而草酸活化磷矿粉处理的土壤中铅并未检出；磷矿粉 50mg/kg（PR1）处理的土壤中铁锰氧化物结合态铅为 69.5mg/kg，低于对照（74.2mg/kg），降低约 7%，其余均高于对照，APR3（2 000mg/kg）处理后达最大值 117.2mg/kg；PR1 处理的有机物结合态铅质量分数为 20.7mg/kg，其余均高于对照处理（21.8mg/kg），APR3 处理达到最大值 46.5mg/kg，增幅约 113%；PR 处理残渣态铅与对照相比（44.2mg/kg）显著增加至 60.6mg/kg，增幅达到 37%。显然，添加磷矿粉可有效降低砖红壤中交换态铅质量分数，大幅度提高稳定态铅质量分数，且草酸活化磷矿粉的效果更好（图 3-7）。同时，草酸活化后磷矿粉的释磷能力增加，施用磷矿粉和草酸活化磷矿粉后钝化剂所释放的磷对环境构成风险可能性极小。

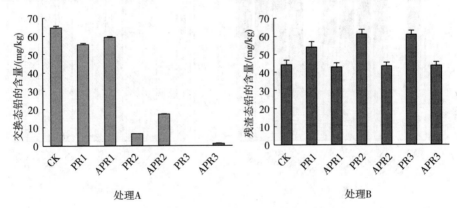

图 3-7　砖红壤施加草酸活化磷矿粉和未活化磷矿粉后交换态铅（处理 A）和
　　　　残渣态铅（处理 B）含量（姜冠杰 等，2012）

　　刘永红等（2013）在实验室内采用磷矿粉和草酸活化磷矿粉处理湖北大冶铜矿开采区铜污染土壤，研究表明，施用磷矿粉和草酸活化磷矿粉后，可以有效地降低土壤中可溶态 Cu 的含量，增加残渣态 Cu 的含量，提高土壤中 Cu 的钝化效果。作者用质量分数（0、0.1%、0.5%、1%、4%、8%）磷矿粉和草酸活化磷矿粉对铜污染土壤进行处理，运用 BCR 法分析了土壤中铜的各种形态及其含量的变化。试验结果表明，2 种含磷材料作用铜污染土壤 10d 后，2 种土壤在磷矿粉 8% 用量下可溶态铜含量降幅分别为 25.8% 和 40.0%，残渣态含量增幅达到 77.1％和 41.3％，有效地降低了土壤中铜的活性。而施用经草酸活化后的磷矿粉，矿区污染土壤中可溶态铜含量有所增加，土壤中残渣态铜含量分别增加了 82.6％和 17.0％，其他形态铜的变化差异不显著。

Huang 等（2019）用活化磷矿粉（APR）和骨粉（BM）处理 Pb、Cu 污染的土壤，通过原位钝化的形式修复污染土壤（图 3-8）。作者将不同比例（0.1％，0.5％，2％和 4％）的供试矿物添加到土壤中，土壤中总 Pb 和总 Cu 含量分别为 158.8mg/kg 和 573.2mg/kg，经过一年的培养之后，结果表明，酸溶态 Pb 降低了，但酸溶态 Cu 变化不明显；对比发现，残渣态 Pb 和 Cu 都增加了。经 4％的钝化剂处理后，土壤中 $CaCl_2$ 可提取态 Cu 和 Pb 下降了，活化磷矿粉和骨粉处理后的 Cu 降幅分别高达 56％和 91％，Pb 降幅分别高达 67％和 64％。研究结果显示在一定钝化剂用量的处理后，它们对土壤中 Pb 和 Cu 的修复固定效果较好（Huang et al.，2019）。

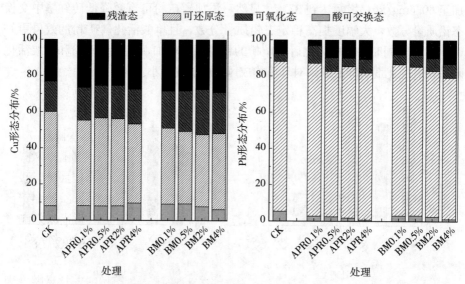

图 3-8　污染土壤经不同用量活化磷矿粉（APR）和骨粉（BM）处理后 Pb 和
Cu 的形态比例（Huang et al.，2019）

许学慧等（2013）考察施加磷矿粉和草酸活化磷矿粉对重金属污染土壤上莴苣生长和品质的影响（图 3-9）。结果表明，盆栽试验中，与对照相比，施加磷矿粉和活化磷矿粉后，莴苣的株高、叶片叶绿素 SPAD 值、叶片和茎的维生素 C 含量都有不同程度的提高，其效果为活化磷矿粉＞磷矿粉＞对照，而叶和茎的硝酸盐含量则降低。同时，施加磷矿粉和活化磷矿粉可以提高土壤有效磷及交换性钙、镁含量，降低交换态重金属含量，进而降低莴苣各部分对重金属元素的吸收，施加活化磷矿粉后莴苣根中 Cd、Cu 的含量比对照最大降幅分别为 55.1％、55.24％，地上部分中 Cd、Cu 的含量比对照最大降幅分别为 59.3％、53.4％，降低重金属含量的效果依次为活化磷矿粉＞磷矿粉＞对照。

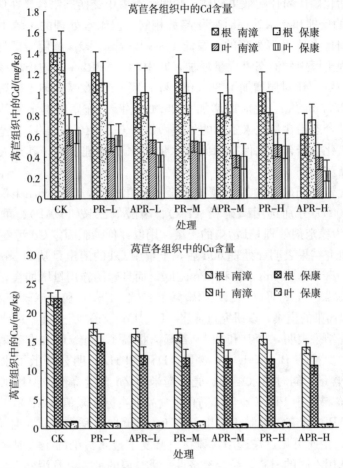

图 3-9　施用磷矿粉和活化磷矿粉后莴苣根部和茎叶中重金属 Cd 和 Cu 的含量（许学慧 等，2013）

　　除了有机酸能活化磷矿粉释放游离磷素外，环境中的溶磷菌、腐熟作物秸秆等也可以溶解磷矿物而释放游离态磷。Park 等（2011）利用溶磷菌处理磷矿粉释放可溶态磷，经溶磷菌处理后的磷矿粉可以较好地固定污染土壤中的 Pb。汤帆等（2015）采用室内培养试验研究了磷矿粉和草酸活化磷矿粉与腐熟水稻秸秆配施及不同水分处理对土壤铅形态变化的影响。研究结果表明，采用磷矿粉和腐熟水稻秸秆处理土壤，可显著减少土壤中交换态铅含量。在保持田间持水量 70％和淹水的对照处理下，土壤交换态铅分别为 124mg/kg 和 108mg/kg，施用磷矿粉和腐熟水稻秸秆处理后可使土壤交换态铅含量降低 4.5～

50.8mg/kg，腐熟水稻秸秆的处理土壤中交换态铅含量比未添加的降低 4.8～13.2mg/kg；高用量磷矿粉处理降低土壤交换态铅的效果比低用量磷矿粉处理的更好，活化磷矿粉作用效果较磷矿粉强。土壤中交换态铅含量在保持田间持水量 70% 的处理和淹水处理时变化趋势相同，但淹水处理的土壤中交换态铅比保持田间持水量 70% 处理的土壤低 4.6～17.4mg/kg。施用磷矿粉和腐熟水稻秸秆处理土壤中残渣态铅含量增加，其中 D-APR2G 处理土壤残渣态铅增加 72.9mg/kg，比对照增加了 39.9mg/kg；W-APR2G 处理土壤残渣态铅含量最高为 75.3mg/kg，比对照增加了 35.4mg/kg。施用腐熟水稻秸秆的处理土壤有机结合态铅含量比未施用的处理增加了 6.6～10.2mg/kg。淹水处理的土壤铁锰氧化物结合态比保持田间持水量 70% 的处理要高，其最大差值高达 14.7mg/kg。

为了比较不同磷原料对土壤中重金属钝化效果，Thawornchaisit 和 Polprasert（2009）分别选用磷矿粉（PR）、磷酸氢二铵（DAP）、重过磷酸钙（TSP）作为稳定剂处理 Cd 污染的土壤，用以评价磷肥固定 Cd 污染土壤中 Cd 的效果。研究结果表明，处理 60d 后，土壤中 Cd 的溶出量从 306mg/kg 分别降低到 140mg/kg、34mg/kg 和 12mg/kg，而且磷的施用量增加会相应地提高 Cd 的稳定效果。雷鸣等（2014）用磷酸氢二钠（DSP）和羟基磷灰石（HAP）处理重金属污染的土壤，以研究重金属（Pb、Cd、Zn）从土壤中向水稻的迁移特点。研究结果表明，DSP 和 HAP 都显著提高了土壤 pH 和有效磷含量，降低了土壤中交换态 Pb、Cd、Zn 含量；DSP 和 HAP 明显降低了水稻各器官 Pb、Cd 的含量，同时使水稻根、壳、糙米中 Zn 含量降低，但增加了茎叶中 Zn 的含量，糙米中 Pb、Cd 含量仍高于食品卫生标准限值（GB 2762—2012）；DSP 和 HAP 都能有效控制土壤中 Pb、Cd、Zn 向水稻中迁移，且 HAP 效果比 DSP 好。由此可见，在选用含磷材料修复重金属污染的土壤时，需要根据实际情况选用不同的材料，结合经济性、重金属的种类以及污染土壤上植物的种类来合理调配。而磷矿石的衍生物修复重金属污染土壤的机理是可溶性磷酸或难溶性磷酸盐矿物中的一种或几种机制共同起作用。

3. 混合复配的羟基磷灰石对污染土壤中重金属的钝化应用

当前，在羟基磷灰石钝化修复重金属污染土壤的过程中，往往不是单独使用羟基磷灰石，而是采用羟基磷灰石和其他物质混合复配施用。其中复配的材料既包括无机材料（石灰、沸石、硅肥、石英砂、铁粉等），也有有机材料（生物炭、腐殖酸、有机肥、骨炭、黄原胶、壳聚糖等）；复配的过程既包括简单的混合，也包括负载过程（表 3-7）。大量研究表明，复配后的羟基磷灰石对污染土壤中重金属的钝化作用增强（郭荣荣 等，2015；邹紫今 等，2016；张连科 等，2018；钟振宇 等，2018）。

表3-7　不同材料＋羟基磷灰石复合修复重金属污染土壤

固化稳定剂	重金属	固化稳定效果	文献
腐殖酸类物质＋羟基磷灰石	Pb	有利于重金属铅的固定	钟振宇 等，2018
EDTA＋羟基磷灰石	Pb、Cd、Cu、Zn	降低了 Pb 和 Zn 的淋溶风险，对 Cd 和 Cu 的稳定性减弱	王明新 等，2019
生物炭＋羟基磷灰石	Pb	有利于土壤中 Pb 的固定	Yang et al.，2016；张连科 等，2018
纳米零价铁＋羟基磷灰石	U（Ⅵ）	有利于水溶态 U 的转化和残渣态的增加，具有较好的固定效果	李智东，2019
赤铁矿＋羟基磷灰石	Cu、Cd	土壤中交换态 Cu 和 Cd 分别降低	Cui et al.，2019
沸石＋羟基磷灰石	Pb、Cd	土壤中 Pb 和 Cd 的提取态含量都降低；水稻糙米中 Pb 和 Cd 的含量都降低	邹紫今 等，2016
石灰石、沸石＋羟基磷灰石	Cu、Pb、Cd、Zn	混合改良剂显著降低了土壤中 Pb、Cd 的有效态含量	郭荣荣 等，2015
凹凸棒石＋羟基磷灰石	Pb、Cd	Pb、Cd 的有效性随复合材料用量的增加而降低	徐丽莎，2016
消石灰、硅酸钠＋羟基磷灰石	Pb、Cd	钝化剂用量增加有利于 Pb、Cd 的固定	王浩朴，2017

采用无机材料与羟基磷灰石复配后，显著降低土壤中生物可利用态重金属含量，促进不同形态重金属向残渣态的转化。郭荣荣等（2015）对三类不同性质的改良剂（石灰石、羟基磷灰石、沸石），通过土壤培育试验来筛选出对酸性多金属污染土壤中重金属固定效果较好的混合改良剂配比（4g/kg 沸石＋2g/kg 石灰石＋6g/kg 羟基磷灰石），研究结果表明，组配的混合无机改良剂可以显著提高大宝山矿区周边酸性多金属污染土壤的 pH，降低土壤中 Cd、Pb、Zn、Cu 的生物有效性，显著降低了土壤中 Pb、Cd 的有效态含量，但红油麦菜地上部的 Cd 含量均显著超过食品卫生标准，Pb 含量超过或接近食品卫生标准。因此，石灰石、沸石和羟基磷灰石混合无机改良剂在改善红油麦菜的生长和提高产量上有很大效果，但不能保障红油麦菜在大宝山周边的酸性多金属污染土壤上的安全生产。邹紫今等（2016）在湘南两矿区附近污染稻田中施用不同添加量（0kg/m²、0.45kg/m²、0.9kg/m²、1.8kg/m²）的组配改良剂羟基磷灰石＋沸石进行水稻种植的田间试验，表明稻田土壤中 DTPA、TCLP 和 $MgCl_2$ 提取态 Cd 和 Pb 均有显著降低，羟基磷灰石＋沸石组配对Pb、Cd 污染的土壤具有较好的修复效果。

Cui 等（2019）采用羟基磷灰石修复的 Cu、Cd 污染的红壤性水稻土中加入 1%～5%的赤铁矿，淹水 42d 后考察其对土壤中 Cu 和 Cd 的影响，结果表明：相比于单独施用羟基磷灰石，羟基磷灰石和赤铁矿复合添加能够有效降低土壤毛管水中 Pb、Cu 和 Cd 的含量，并能够增加土壤 pH 降低 $CaCl_2$ 提取态 Cu 和 Cd 的量，羟基磷灰石和 5%赤铁矿复配时效果最明显，与对照相比土壤中交换态 Cu 和 Cd 分别降低 53.7% 和 65.6%，但土壤中未检测到蓝铁矿和金属磷酸盐沉淀物，同时赤铁矿的加入增加了土壤中游离态和晶质铁的含量。

有机物质与羟基磷灰石复配后，能增强其吸附固定铅的效果。Yang 等（2016）利用生物炭支撑的纳米羟基磷灰石（nHAP@BC）修复铅污染土壤，研究表明 8% nHAP 和 nHAP@BC 材料修复铅污染土壤 28d 后，土壤中铅的固定率分别为 71.9% 和 56.8%，nHAP@BC 的单位铅固定量是 nHAP 的 5.6倍。经过 nHAP@BC 的修复，土壤中残渣态铅增加了 61.4%，有效地减小了土壤中铅的生物可利用性，同时减少了植物体内铅累积量的 31.4%。

在生物炭和纳米羟基磷灰石复合体系中，研究者往往采用水体系探究两者复合后去除重金属的机理。采用羟基磷灰石和生物炭复合物（nHAP@ biochar）去除水溶液中铜和抗生素泰乐菌素（TYL）/新诺明（SMX）的研究表明，TYL 显著增强了 Cu^{2+} 的吸附量，而 Cu^{2+} 显著增加了 SMX 的吸附量。FTIR 和 XPS 结果表明，通过氢键结合是 nHAP@biochar 吸附 TYL 的主要方式，弱的 π-π 键和氢键结合是去除 SMX 的结合方式。反应过程中形成了TYL/SMX-Cu 复合物，但更倾向于形成 nHAP@ biochar-TYL-Cu 和nHAP@biochar-Cu-SMX，而不是 nHAP@biochar-Cu-TYL 和 nHAP@biochar-SMX-Cu（Li et al.，2020）。

羟基磷灰石和稻草生物炭纳米复合材料（HAP-BC）去除 Pb^{2+}、Cu^{2+} 和 Zn^{2+} 的结果表明，HAP-BC 对三种重金属元素的吸附动力学过程均符合拟二级动力学模型；无论重金属元素单独还是两两复合存在，HAP-BC 对铅的吸附过程均符合 Langmuir 模型，对 Cu^{2+} 和 Zn^{2+} 的吸附过程符合 Freundlich 模型。HAP-BC 对三种重金属离子的吸附量均高于单独使用稻草生物炭的量，尤其是对铅的吸附更为明显（Wang et al.，2018）。水体系中纳米羟基磷灰石（nano-HAP）负载于玉米秸秆生物炭对铅的去除机理表明：与 BC 相比，nHAP/BC 复合材料具备更好的吸附效果，25℃时理论最大吸附量为 383.7mg/g。nHAP/BC 对 Pb^{2+} 的吸附机制主要包括 nano-HAP 的溶解-沉淀作用以及生物炭表面—OH 和—COOH 等含氧官能团的络合作用（张连科 等，2018）。生物炭负载纳米羟基磷灰石后，纳米羟基磷灰石的引入可有效地提升原生生物炭对 Pb 的吸附容量和吸附选择性，而生物炭的存在又可有效分散纳米羟基磷灰石颗粒，提高羟基磷灰石对重金属 Pb 吸附量（Yang et al.，2016；郭佳丽 等，2016）。

在修复重金属污染土壤时，与单一施用磷酸盐类物质相比，采用腐殖酸和磷酸盐复配的效果更好，尤其是与难溶性的羟基磷灰石复配施用效果最显著（钟振宇 等，2018；高跃 等，2008；孙桂芳 等，2011）。以 Pb 为例：①两者复配可以促进 Pb 由活性较高的弱酸提取态和可还原态向活性低的残渣态转化，降低 Pb 的活性；②两者复配中的腐殖酸可以促进难溶性磷酸盐的溶解，有效磷含量增加，与 Pb 生成稳定的复合物，减少 Pb 的迁移性。采用不同浓度的富里酸和纳米羟基磷灰石悬液洗脱 Cd 污染土壤，相比于纳米羟基磷灰石单独存在，土壤 Cd 的洗脱率增加了 4.34 倍（由 0.64％增至 2.78％），随着富里酸浓度由 20mg/L 增加到 500mg/L，Cd 的洗脱率由 2.78％增至 8.46％。富里酸的存在增强了纳米羟基磷灰石的移动性和土壤中 Cd 吸附于羟基磷灰石上的能力，在 500ml/L 富里酸存在时，Cd 在羟基磷灰石上的吸附量是供试壤质土的两个数量级。富里酸的存在有效增加了羟基磷灰石去除土壤中 Cd 的能力（Li et al.，2018）。也有研究表明，以铅污染土壤为研究对象，外源添加磷（KH_2PO_4）和柠檬酸，磷能降低土壤铅的生物有效性，而柠檬酸作用则相反（左继超 等，2014）。

混合复配的羟基磷灰石对污染土壤中重金属钝化时，其钝化机理的探究相对比较复杂，既要考虑羟基磷灰石对重金属的固定机理，也需要考察复配物质对重金属的结合固定机理，以及两者混合后共同的影响，不同的复配物质，其机理不尽相同。

4. 改性羟基磷灰石对污染土壤中重金属钝化应用

尽管羟基磷灰石（HAP）具有良好的重金属离子吸附和交换性能，但未经处理的 HAP 存在吸附容量较小、吸附速率较慢等缺点，制约了其应用。采用掺杂、表面改性、扩孔等方法对其表面进行处理，改变 HAP 表面结构可以提高其对重金属离子的吸附性能（张春晗 等，2016）。其中，掺杂改性是在 HAP 中掺杂其他离子或官能团形成固溶体，使 HAP 性能发生改变，从而提高 HAP 的表面离子交换能力与吸附能力。掺杂的金属离子有铁、银、铝、镧等。采用铁掺杂的方式获得 HAP 纳米颗粒，其尺寸大小为 80～100nm，介孔厚度为 12nm，比表面积为 80.19m^2/g，孔隙体积为 0.43cm^3/g。铁掺杂改性后羟基磷灰石对去除废水中重金属离子具有巨大潜力和优势，尤其对 Cd^{2+} 的去除表现出高效性和选择性（Guo et al.，2019）。

表面改性是用表面活性剂、高分子共聚接枝等方法对 HAP 进行表面改性，使其表面活化，增强吸附性。表面活性剂使纳米颗粒表面状态发生改变，因其包含的极性与非极性在内的溶解性基团会吸附在 HAP 粒子的表面，使纳米粒子在介质中稳定分散。如采用 $C_6H_4(SO_3Na)_2$（BDS）对羟基磷灰石改性，改性后的羟基磷灰石拥有大量可以吸附 Cd^{2+} 的酸性—SO_3 基团，其对水溶液中 Cd^{2+} 的最大去除量为 457mg/g，吸附过程符合拟二级动力学模型，改性后的羟基磷灰石对

Cd^{2+} 的吸附可能为络合和溶解/沉淀机制（Oulguidoum et al.，2019）。

选取阴离子型表面活性剂十二烷基苯磺酸钠（SDBS）对 nHAP 进行改性，SDBS 改性后 nHAP 聚集体粒径和 D_h 值均显著减小，并为 nHAP 引入了新的官能团 SO_3^{2-}；未改性 nHAP（B‐HAP）和 SDBS 改性 nHAP（S‐HAP）对 Cd^{2+} 的吸附动力学过程更符合拟二级动力学模型，其中 S‐HAP 的 k_2 值是 B‐HAP 的 1.85 倍；等温吸附过程更符合 Freundlich 模型，比较 K_F 值可知，S‐HAP 对 Cd^{2+} 的吸附能力显著高于 B‐HAP。SDBS 改性增强 nHAP 吸附能力的可能机制主要包括：抑制聚集，增大比表面积；引入的新官能团为 Cd^{2+} 的吸附提供了更多的位点（尹英杰 等，2019）。

也有学者采用唑来膦酸钠对 HAP 进行改性，改性后的 HAP 对水溶液中 Pb 和 Cu 表现优异的吸附性能，其吸附机理与 Oulguidoum 等（2019）的研究结果相似（Fang et al.，2020）。

扩孔改性，主要是经过高温烧胀或烧结混合有发泡剂和黏结剂的待处理材料而达到改性目的，经过处理的原材料可以从致密变为疏松，比表面积增大，提高了热稳定性，微孔通道更加顺畅，改善了化学活性，便于再生重复利用。余盛等（2015）以自制 HAP 粉末为原料，以间苯二酚‐甲醛（RF）树脂微球混合莰烯为致孔剂来制备具有多孔连通性结构的 HAP 微球，使 HAP 微球较好地满足多孔的要求。

尽管改性的方式不同，但改性后的 HAP 晶体结构发生畸变，结晶度变低，孔隙发育，为吸附重金属离子提供了良好场所。但改性的羟基磷灰石多用于水体重金属污染修复。

5. 含磷材料‐植物联合修复的应用

在筛选重金属污染土壤改良剂时，单纯的土壤培育试验和基于试验操作性概念上的土壤重金属有效性是远远不够的，必须结合盆栽或大田试验中植物的生长情况和可食部分的重金属含量，才能确保筛选的改良剂能够进行田间推广。因此，检验含磷物质对重金属污染土壤的修复效果往往通过种植植物来验证。联合修复中钝化剂的作用主要体现在：一方面减少重金属的生物可利用性，降低植物对重金属的吸收利用，以羟基磷灰石为例，羟基磷灰石不但可以固定土壤中的重金属离子，其中的磷酸根还可与金属形成磷酸盐沉淀存在于根系表面细胞壁或液泡内，通过改变重金属离子在细胞内的赋存形态与分布，以降低重金属离子在植物体内木质部的长距离运输，减少植物地上部对重金属的累积，从而减轻重金属对植物体的毒性（李瑞，2017）；另一方面通过降低或促进土壤中重金属的活性但重金属依然不对植物造成毒害，又不影响植物对重金属的吸收，一般多用于植物提取修复（林笠 等，2013；许学慧 等，2013；崔红标 等，2013；金玉 等，2014；金玉，2015；周静和崔红标，2014）。

　　由于重金属不同于有机污染物质，能够被降解，如将重金属从土壤中分离出来，只能采用物理化学技术或植物修复技术，但当电动修复和化学淋洗等技术由于成本高很难适用于污染地区时，只能依靠植物修复技术达到分离重金属、降低土壤中重金属总量的目的。然而，植物每年吸收的重金属量有限，要达到显著降低重金属总量的目标往往需要几年、几十年，甚至上百年的时间。如崔红标等（2010）通过磷灰石、石灰和木炭的改良促进了黑麦草的生长，但是黑麦草每年吸收的 Cu 总量分别仅有 1 093mg、2 216mg 和 1 734mg（小区6m^2），要将土壤总 Cu 含量由 670mg/kg 降低到 50mg/kg 至少要 300 年以上。因此，在我国目前的经济和技术条件下，采用稳定化技术，尤其是采用含磷物质降低重金属活性的技术已经十分成熟。崔红标等（2013）在 Pb 污染的土壤中施加羟基磷灰石处理后种植黑麦草，结果显示，植物-化学联合修复后土壤中脲酶、脱氢酶和过氧化氢酶的活性增加，Pb 对黑麦草的毒害作用减小，纳米羟基磷灰石的使用提了了 Pb 污染土壤的 pH，有效地将生物有效性高的 Pb 形态转化为难以被生物吸收利用的形态，从而降低土壤中 Pb 的生物活性，达到有效钝化土壤 Pb 的作用。经磷酸盐修复后，土壤中生物可利用态重金属含量减少，植物吸收的重金属含量下降，重金属对植物的毒害减轻。可见，在当前技术和经济现状下，针对大面积的污染土壤，通过施加磷酸盐类物质达到显著降低重金属有效态含量、降低重金属活性的方法在重金属污染土壤修复方面具有较大的应用潜力。

　　但也有研究表明，施加含磷物质增加了重金属的活性，姚诗源等（2018）研究表明氮、磷肥施用能有效提高蓖麻叶片 SPAD 值和植株生物量，增加 Cu 在蓖麻体内的积累，施用磷肥对蓖麻吸收积累 Cu 的促进效果高于施用氮肥。但在实际应用中需要确定具体的施肥比例，进一步明确促进蓖麻吸收积累 Cu 的机制。也有研究表明采用植物提取方式修复重金属污染土壤，施用磷酸盐并不影响植物对重金属元素的吸收。磷酸盐结合修复植物（巨菌草、海洲香薷、伴矿景天）修复重金属污染区，不仅可降低土壤 Cu、Cd 活性，植株地上部分的生长还可吸收更多的总 Cu、Cd，以减少土壤 Cu、Cd 的积累。但单独施用羟基磷灰石对土壤化学特性的扰动导致土壤微生物群落结构失衡，使得真菌生物量显著提升，而巨菌草与羟基磷灰石的联合修复方式更有利于土壤微生物特别是细菌群落多样性的形成和微生态体系的恢复（孙婷婷 等，2016）。因此，选择并推广合适的环境友好型植物与含磷物质联合修复，可有效改善重金属污染地区土壤微生态环境，达到修复重金属污染土壤的目的。

　　当土壤中生物有效态重金属含量较高，植物不能正常生长时，采用羟基磷灰石类碱性修复材料，可有效提升土壤 pH，降低生物有效性重金属的含量，利于植物生长；但如果需要清除土壤中重金属，而重金属的存在不至于影响植物的正常生长时，磷酸盐的钝化可能会造成植物对重金属吸收量的减少，不利于修复植物发挥提取作用。同时磷是植物必需营养元素，是否存在重金属与植物竞争磷的情况也需要考虑。

6. 含磷材料修复重金属污染的场地

固化稳定化技术经过几十年发展，取得一些进步，常用固化剂主要为硅酸盐水泥（郝汉舟 等，2011）。有文献表明，水泥较难满足我国高浓度复合重金属污染场地环境安全、工程特性及生物有效性等多指标修复要求，同时，在我国不同地区复杂多变的气候环境条件下，水泥固化稳定重金属污染土壤的长期稳定性较差（魏明俐，2017）。另外，作为消耗型产品，水泥的大量使用不符合我国经济发展目标，对土壤结构的破坏也值得深入考虑。

磷矿粉因重金属固定效果显著、性价比高而备受关注。研究表明，磷矿粉经酸化后可有效增加可溶磷含量，可溶磷含量越高，固定效果越好，修复周期越短（许学慧 等，2011；李亚娟 等，2012）；同时，磷酸盐如磷酸二氢钾（KH_2PO_4）与氧化镁（MgO）反应生成磷酸镁系列产物，较水泥水化产物具有填充能力强、致密度高、耐酸碱性能好、强度高等优点（魏明俐，2017）。

魏明俐（2017）采用新型磷酸盐固化剂（命名 KMP），即磷酸二氢钾（K）、氧化镁（M）与酸化磷矿粉（OP）三者的复合物，钝化修复重金属 Zn、Pb 污染的场地（图 3 - 10）。研究结果表明：KMP 与重金属 Zn、Pb 发生相互作用，产生了含 Zn、Pb 的磷酸盐，经检测，其中 $Zn_3(PO_4)_2 \cdot 4H_2O$、$CaZn_2(PO_4)_2 \cdot 2H_2O$ 和 $Pb_5(PO_4)_3F$ 是 KMP 固定 Zn、Pb 污染物的主要形式，而磷酸镁系列产物如 $Mg_3(PO_4)_2$、$Mg_3(PO_4)_2 \cdot 8H_2O$ 和 $MgHPO_4 \cdot 7H_2O$ 等为提供固化土体强度的主要来源。KMP 固化污染土壤的酸缓冲能力较强，Zn 和

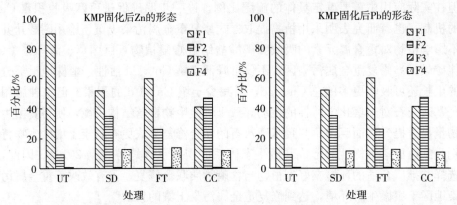

图 3 - 10　KMP 固化污染土壤中 Zn、Pb 化学赋存形态变化（魏明俐，2017）

注：UT 为未处理（CK），SD 为标准养护 28d，FT 为 28d 标准养护后经历冻融循环，CC 为 28d 标准养护后经历碳化。F1、F2、F3、F4 分别表示可交换态、可还原态、可氧化态和残渣态。

Pb 在浸出液 pH 为 8～10.5 和 4～10.5 之间时，复杂环境下 KMP 固化 Zn、Pb 污染土壤的长期稳定性，KMP 固化污染土壤的抗冻融和碳化能力更强，KMP 固化 Zn、Pb 污染土壤的服役寿命约为 50 年。

近年来，随着环境分子科学的快速发展，纳米材料在污染环境修复研究领域受到越来越多的重视（Karin et al.，2013；邢金峰 等，2016；胡田田 等，2012；王彩 等，2014）。关于纳米含磷材料修复重金属污染土壤的相关研究在后面的章节进行阐述。

含磷物质修复的污染土壤中的重金属元素中，与 Cd^{2+}、Pb^{2+}、Cu^{2+}、Ni^{2+}、Hg^{2+} 等重金属离子不同，Cr 和 As 是变价态的重金属（类重金属），不同价态的 Cr 和 As 其毒性不同。Cr（Ⅵ）和 As（Ⅲ）具有更强的生物毒性，环境危害更严重，而 Cr（Ⅲ）和 As（Ⅴ）环境毒性相对较低。Cd^{2+}、Pb^{2+}、Cu^{2+}、Ni^{2+}、Hg^{2+} 等阳离子可以与磷酸根作用产生难溶物质而被固定下来，或者被含磷固体物质吸附在其表面而被固定。然而 Cr（Ⅵ）和 As（Ⅲ）均是以阴离子 CrO_4^{2-}、AsO_3^{3-} 的形式存在，它们不会与磷酸根或者含磷矿物形成沉淀，因此含磷材料无法对土壤环境中的 Cr（Ⅵ）和 As（Ⅲ）进行稳定化固定修复。但是，当环境条件合适时，Cr（Ⅵ）和 As（Ⅲ）会与其他重金属离子形成难溶物而固定（Kumpiene et al.，2008）。然而这种固定也是暂时的，当环境 pH，尤其是当外界氧化还原条件（Eh 值）改变时，被固定的 Cr（Ⅵ）和 As（Ⅲ）也会被氧化或者还原而溶出，并产生二次污染。而且在碱性范围内，升高 pH，Cr（Ⅵ）的氧化能力降低，会导致 Cr（Ⅲ）向 Cr（Ⅵ）转化，As（Ⅴ）的氧化能力降低，As（Ⅴ）有向 As（Ⅲ）转化的风险，增加了它们[Cr（Ⅵ）、As（Ⅲ）]的移动性和毒性（Kumpiene et al.，2008）。

Cr（Ⅲ）和 Cr（Ⅵ），以及 As（Ⅴ）和 As（Ⅲ）在碱性条件下的氧化还原如下：

$$CrO_4^{2-} + 4H_2O + 3e = Cr(OH)_3 + 5OH^- \qquad \varphi = -0.13V$$

$$AsO_4^{3-} + 2H_2O + 2e = AsO_2^- + 4OH^- \qquad \varphi = -0.71V$$

由 $\varphi[CrO_4^{2-}/Cr(OH)_3]$、$\varphi(AsO_4^{3-}/AsO_2^-)$ 的数值可见，它们的电极电势均为负值，AsO_4^{3-} 更容易被还原为 AsO_2^-。

第三节　含磷物质修复重金属污染土壤的挑战与展望

采用含磷物质修复重金属污染的土壤具有成本低、见效快等优点，但是，任何一种修复技术都有其不足之处。利用含磷物质修复重金属污染农田和场地土壤也需要综合考虑一些实际应用问题和可能存在的风险。

一、农田原位修复试验中需要关注的问题

1. 重金属的二次污染

重金属污染土壤的原位修复技术，已逐步发展成为当今环境科学和土壤学等相关领域中的研究热点之一，受到政府部门、学术界和企业界的重视。然而，污染土壤的原位修复技术在总体上仍以应用基础研究为主，其核心问题首先是潜在的二次污染可能性。含磷物质的原位修复通过改变重金属的形态，以难溶物的形式降低了重金属的生物有效性和生态风险，使得其环境危害暂时减弱，但是存在于土壤中的残留物在外界的扰动下（氧化还原作用、微生物活动、酸碱作用等）会重新释放到环境中，导致重金属的活化溶出，因而产生了重金属二次污染的潜在风险。另外，在原位修复的农田中种植作物时，难溶重金属磷酸盐也可能会被活化、释放。

活化的重金属一方面会被水淋溶到环境中，导致二次污染；另一方面，会被植物和其他微生物吸收，进入作物体内，导致作物品质下降、减产，而作物富集的重金属也可能通过食物链进入人体，对人体健康产生毒副作用。

土壤中的重金属经磷酸盐固定后，其在土壤中稳定存在的时间尚没有清晰的定论，土壤性质、重金属元素以及耕作模式的不同，都会影响重金属磷酸盐的稳定存在，一旦重金属元素释放进入环境，存在二次污染的风险。因此，在原位修复过程中要定期监控体系中重金属形态和含量的变化。

2. 磷释放的环境风险

原位修复过程中添加的可溶性磷酸盐类物质和含磷矿物通常会多于需要被钝化的重金属，土壤中多余的可溶态磷一部分被土壤吸附固定，另一部分则会在径流水的作用下发生淋溶，进入水环境，导致农田周围的水体出现富营养化，进而污染附近流域的湖泊和河流。另外，磷在土壤中也存在向地下淋溶的风险，导致地下水磷含量超标。

在采用磷酸盐修复铅污染土壤的过程中，尽管能够使铅沉淀的最佳磷铅摩尔比为 3∶5（陈世宝 等，2010），但修复实践中为保证磷铅沉淀的形成会过量施用，可能会造成磷淋失，从而增加潜在水体富营养化风险；尽管酸雨淋溶造成酸性条件有利于含磷材料的溶解，但同时也会降低土壤中阳离子与磷素的结合能力和牢固程度，加速磷素的淋失和重金属的解吸。模拟酸雨作用下纳米羟基磷灰石处理较磷酸二氢钾处理对 Pb 和 Cd 具有更好的稳定化效果和更低的磷释放风险，具有更好的应用潜力。但经纳米羟基磷灰石处理稳定的 Cu 和 Cd 在酸雨淋溶下易再次被活化，虽然羟基磷灰石能够有效提高土壤对酸雨的缓冲能力，降低土壤 Cd 的淋失，但增加了表层土壤 Cd 的生物可给性及人体健康风险，需要引起特别关注（范玉超 等，2018；祝振球 等，2017；马凯强 等，

2016；崔红标 等，2016）。我国的酸雨区与重金属污染形势严峻的江西、湖南重叠，酸性的增强会导致土壤中 Cd 发生解吸，加速 Cd 的淋溶。因此，在酸雨区施用含磷改良剂时，既要考察酸雨对土壤重金属稳定化效果的影响，还要考虑酸雨对稳定重金属磷素的影响，防止造成地表水体富营养化和重金属再次释放。

可溶性磷酸盐或磷酸等酸性含磷材料对土壤 pH 的影响不能忽略。当酸性磷酸盐进入土壤后，土壤 pH 受到土壤的缓冲能力、磷酸盐化合物的性质和磷的吸附程度的影响，如果 pH 降低则会增加重金属的溶解性和移动性，从而提高其生物有效性和毒性（Cao et al.，2009），所以使用磷酸盐材料修复重金属污染土壤时，务必选择合适的种类和用量，以降低磷淋失和营养失衡等潜在风险、减轻土壤性质恶化（如潜在的土壤酸化等）。

3. 磷资源耗竭的潜在危机

我国磷矿资源丰富，储量位居全球第二（USGS，2019），但我国磷资源的特点突出：富矿储量较少，地理位置不利于开采和运输。我国已经探明磷矿资源分布在 27 个省份，其中鄂、湘、川、贵、滇是磷矿富集区，这 5 个省份的磷矿已查明资源储量（矿石储量）135 亿 t，占全国总量的 76.7%（郝晓地等，2011）。我国主要磷矿产区的地理条件和交通运输条件不佳，使得磷矿的开采十分复杂，导致磷矿的使用成本大大增加。而且，由于磷化工原料需求广泛且需求量大，使得磷矿资源的开采加剧，作为不可再生资源，磷资源耗竭危机日趋紧迫。因此，科学、合理地开采和使用磷矿资源才能有效地缓解磷危机。

磷元素对生命的重要性是无可代替的，在自然体系下，地球上的所有磷素一起汇入河流、地下水和河口等淡水水体，最终进入海洋环境，磷元素会稳定固存在洋底沉积物中，且在人类现有的技术下无法利用。因此，磷矿资源可能在 50～100 年内就会枯竭（Cordell et al.，2009）。已有研究提出以下缓解磷矿资源危机的措施（周强 等，2021）：①培育贫磷营养耐受的植物品种；②筛选和培育可从土壤中释放磷酸盐及可进行"元素分类"的高效微生物；③探索可持续循环利用磷的途径，例如通过改进农业技术提高粮食生产系统的磷效率及推广回收肥料、污泥和餐厨垃圾中的磷的技术；④在全球范围内寻找更多可供开采的磷矿等方案。

4. 场地修复中需要考虑的问题

污染场地修复需要考虑诸多因素，首先，应保证修复效果能满足基本要求；其次，要保证修复工艺的成熟性、稳定性、可行性；最后，在满足上述要求的情况下，要尽量选择施工成本较低廉的方案进行施工。

污染场地处理方法分为三类，即自然衰减处理、隔离和修复。已有工程经验和技术对比表明，污染体（土壤、沉积物和污泥等）经固化/稳定化技术处置，环境和工程指标同时满足二次开发和再利用要求，且具修复成本低、效率高、施工技术成熟等优势，特别适用于重金属污染场地，应用比例达 80%（USEPA，2007）。重金属污染场地修复中使用的材料主要包括硅酸盐水泥、粉煤灰、膨润土等衍生物，含磷稳定剂（例如羟磷灰石、磷矿石），粒化高炉矿渣粉——氧化镁（GGBS+MgO）等（刘松玉，2018）。

由于城市化进程中的旧城改造和新城建设，我国有 50 多万块"棕地"迫切需要解决污染修复问题（陈梦舫，2014）。根据相关的专业定义，我国对污染场地的分类中涉及重金属污染的有两类，即重金属污染场地和电子废弃物污染场地（以重金属和持久性有机污染物为主要污染物）。这两类污染土壤与农田土壤有着显著的差异（陈瑶，2016）：重金属污染场地源自钢铁冶炼企业、尾矿，以及化工行业固体废弃物的堆存场地，是多种重金属复合污染的土壤；电子废弃物污染场地是电子垃圾场拆卸过程中遗留的重金属和持久性有机污染物的复合污染土壤，这两类场地土壤中重金属种类多，废弃物堆积时间久，使得铅、镉、铜、锌、镍、铬、砷等同时都含有；场地中各类重金属含量高，往往超过相关土地标准几十倍到数千倍之巨，且空间分布不均衡；电子产品废弃物拆卸场地中还含有大量持久性有机污染物，形成了有机-无机复合污染，使得其环境毒性大大增强，增加了修复的难度。因此，在进行场地修复时，需要注意污染物的进一步下渗而导致地下水的污染，防止修复过程中会出现修复失效、过度修复或者修复风险较大等问题。

不同修复治理技术的适用性也有所不同，物理修复技术效率高，成本也较高，适用于规模较小、工期较紧的修复治理工程；生物修复措施成本低、次生污染小，但因为修复治理深度和修复周期的局限性，目前很少用于工业污染土壤修复治理，适用于短期内不涉及开发建设的污染场地（许丽萍，2015）。因此，必须根据场地的特点选取相应的处理措施，保证修复有效性的同时，降低处理运行成本。

5. 环境因素对农田和场地修复效果的影响

农田和场地修复的效果与环境因素有着重要的关系。农田污染的环境因素有土壤本身的性质（黏粒含量、有机质含量、阳离子交换量）、土壤酸度、土壤背景值、污染物本身的性质和形态、钝化剂的特点等。因此，农田的修复效果受农田地域特点、降水量、空气湿度和温度的影响。同时，污染农田在修复过程中一般不会停止耕作（休耕），连续的农业生产会加剧环境因素对修复效果的负面影响。

重金属污染场地的修复是将污染土壤与地表隔绝开来，使得地面操作对修复的扰动减小，但是对于含有机物和重金属的复合污染场地而言，当场地处理中的雨水向下渗透时，导致污染土体的湿度和酸碱度改变，会对有机物的转化产生一定的影响；而温度的变化也会对有机物的降解产生直接的影响。

二、展望

随着我国工农业的发展和城市的扩张，遭受重金属污染的农田面积和污染场地也有大幅增加的趋势，寻找切实可行的处置方法刻不容缓。从国内外的研究与实践来看，土壤中重金属的化学钝化措施可以较好地固定重金属，降低重金属的活性和环境风险，但是该技术在实际应用中尚有一些亟待深入研究的问题值得探讨。

1. 钝化与其他技术联用

钝化技术是使土壤中重金属的形态暂时改变，重金属并未从土壤中彻底根除。当外界条件改变时，暂时固定的重金属还可能会重新释放出来，导致环境污染。土壤重金属污染微生物修复技术就是利用微生物产生的硫化物等来固定土壤中重金属（Rajkumar et al.，2012），该技术具有持久性作用。此外，利用作物轮作-磷修复措施（农艺措施）（沈丽波 等，2010）也可以较好地修复农田重金属污染，在治理重金属污染的同时，进行农业生产。因此，可以利用化学钝化技术与微生物（或者植物/作物）联合修复技术处理重金属污染土壤，对污染的耕地进行边治理边生产。

2. 方案优选及钝化剂改性

自然环境中污染的土壤绝大部分是多种重金属共存的复合污染体系，同时由于地域、气候等外界环境因素对钝化剂的要求不完全相同，因此，必须结合每种重金属的性质来选择不同的钝化剂和不同的修复措施。钝化剂的改性可以根据不同的重金属特性增强其钝化功能，形成多功能钝化材料以使之具有广谱性。

土壤重金属的污染往往是复合污染，在采用磷酸盐修复复合重金属污染时，元素之间的影响不能忽略。如在铅、砷复合污染土壤中，施用含磷材料后，砷和磷会产生拮抗作用，促进砷在土壤中的迁移。在铅、锌、铜多种复合重金属污染土壤中，添加含磷材料后，锌、铜和铅之间会产生对磷的竞争问题，降低磷氯铅矿的形成。土壤中可溶性钙会和铅竞争磷酸盐类物质而影响磷氯铅矿的形成，而这些问题还不清晰。在使用含磷材料原位钝化修复铅污染土壤时，要根据土壤中各个重金属的组成添加不同类型的含磷材料及用量，以达到较好的修复效果。

3. 新型高效环保钝化剂研发

文献报道的不同钝化剂包括人工合成的材料和天然材料，它们在钝化重金属时具有较好的效果，但是有些天然材料中含有多种重金属以及具有放射性的物质（Gupta et al.，2014），它们在进行土壤修复时遗留在土壤环境中也会对环境造成一定的副作用，当它们累积到一定量的时候，这些材料的环境负效应就不能不考虑。因此在选用不同材料修复重金属污染的土壤时，首先要考虑的就是材料本身应该是环境友好型，同时要提高其修复效率。由于原料矿石本身的杂质以及生产工艺流程的污染，磷肥中常常含有各种污染物质，如重金属元素以及放射性物质等。因此，相对于氮肥和钾肥，由磷矿石原料带入磷肥中的重金属元素含量较高。这些有毒有害物质随农田施肥进入土壤环境，一方面对作物生长产生危害，另一方面由于这些有毒有害物质在土壤-植物系统的积累、迁移和转化，进入食物链，对人体健康造成危害。因此在采用含磷物质修复重金属污染农田时，一定要考虑其重金属含量。但研究表明，我国含磷肥料中镉、砷含量相对较低，镉和砷含量的超标率仅为 0.6% 和 1.9%，对土壤累积的环境污染风险较小（余垚 等，2018）。因此，羟基磷灰石和磷矿粉可以有效降低土壤中重金属的有效性，同时减小了土壤酸化和潜在的水体富营养化风险。

4. 纳米磷灰石修复重金属污染土壤存在的问题

尽管纳米羟基磷灰石应用在重金属钝化中已经取得了很好的修复效果，但纳米修复技术主要以实验室阶段为主，没有形成产业化，实际应用相对较少，应用过程中的外界影响因素也需要进一步研究。纳米材料在土壤环境中的风险还缺乏深入研究，包括对土壤物理、化学性质变化的影响尚不清楚，如对土壤的通透性、保水保肥性及对土壤微生物的影响等，尽管目前已有试验研究表明土壤中的纳米颗粒对菌落形成、土壤微生物新陈代谢有影响，但具体的影响机制尚不明确。

中国科学院合肥研究院的固体物理研究所环境与能源纳米材料中心的研究表明纳米羟基磷灰石（20nm±5nm）进入水稻根部后可以作为阻挡层捕获铅离子，并将铅离子转化为根细胞中的铅沉积物，一方面减少铅离子对根部正常生长的干扰，另一方面减少铅离子向地上部分的迁移，进而降低铅离子的生物毒害（Ye et al.，2018）。但纳米羟基磷灰石进入植物后，纳米颗粒可否进入食物链浓缩富集还有待进一步研究。

羟基磷灰石纳米材料造价相对于普通的磷矿粉等原料，成本高，由于用于水体重金属污染治理的纳米材料可回收再生后重新利用，因此更多地用于水体重金属污染治理，但其颗粒细小，在水中易团聚降低吸附性能，经常负载在其他材料上使用。

5. 钝化机理与产物稳定性

污染土壤修复所用钝化剂的性质是决定材料钝化重金属机理的主要因素，文献中所选用材料钝化重金属的机理不完全相同，主要包含以下几个方面：提高土壤环境的pH、形成难溶的沉淀物、发生化学吸附、离子交换、发生表面沉淀和络合作用等。随着研究的深入，宜对不同材料钝化修复不同的重金属机制开展深入研究，为进一步开展修复实践奠定理论基础。在实际应用中，有的钝化剂可能具有几种作用机制，而且土壤的性质（Cui et al.，2016）、微生物及外界条件（Dermatas et al.，2008）的作用也不容忽视。目前对羟基磷灰石的研究大多集中于对土壤或水体中重金属离子的短期固定效果（14～120d）（陈杰华 等，2009；崔红标 等，2011；钱翌 等，2011；Zhang et al.，2010），对重金属钝化作用的长期稳定性研究不足。Cui 等（2014）通过 4 年不同修复材料的田间钝化试验，发现磷灰石比石灰和木炭对固定铜和镉有更好的长期稳定性。邢金峰等（2016）为评估纳米羟基磷灰石（Nano-hydroxyapatite，NAP）钝化修复重金属污染土壤的稳定性，采用一次性添加不同用量（0.5%、1%、2%，W/W）的 NAP 进行水稻盆栽试验，随着时间的延长，土壤 pH 在第一年和第三年相较于 CK 处理的提高幅度差异较小，表现出较好的稳定性；NAP 对有效态重金属的影响因重金属种类不同有所差异，对有效态 Pb 的固定能力有所增强，而对有效态 Cd、Cu、Zn 的固定能力则明显减弱。上述研究表明钝化剂对不同重金属钝化的长效性是不一样的，且钝化剂在不同年份对同一重金属的表现也不同。在形成重金属的难溶物中，氢氧化物和碳酸盐的溶解度要大于磷酸盐沉淀物和硫化物的溶解度，所以，利用重金属的溶解性特点选用不同的钝化剂和措施可以有效降低重金属的生物活性，更多地将重金属离子转化为活性更低的难溶矿物，以达到强化钝化效果。

6. 环境因素对修复效果的影响

对不同温度条件下铅与磷酸盐产物形成的研究表明，在 2℃和 22℃长达 185d 的实验中磷酸盐产物都类似，在－30℃下 2.5h 的冻融周期下，磷酸盐态铅产物都很稳定，并能有效降低可溶态铅含量。但不同温度条件下形成沉淀的速率不同，在 2℃时，磷酸盐态铅的形成速率比 22℃时更慢，其形成时间分别为 10～30d 和 3～10d，在 22℃时，分解时间减少近 2/3（White et al.，2012）。因此，在使用含磷材料钝化土壤中铅时可将低温条件下含磷材料在土壤中的稳定性及反应速率造成的影响考虑在内。

受重金属污染的农田土壤和污染场地（棕地）再开发是我国经济、社会发展过程中面临的重大环境挑战之一，构建科学有效的生态文明制度体系，完善污染场地环境管理框架体系，尤其是基于风险可持续性修复框架体系，不仅为解决包括重金属污染在内的重大资源环境问题奠定良好的制度基础，而且也会促进环境修复产业的健康发展（中国科学院可持续发展战略研究组，2014）。

三、结语

根据 2014 年发布的《全国土壤污染状况调查公报》，全国土壤污染中重金属污染最为严重。重金属污染土壤的修复工作早已引起社会各界的广泛关注，并在农田土壤和污染场地修复中得到广泛应用。重金属污染修复技术及其机理的研究众多，但实际工程应用的成功案例却屈指可数。不可否认，随着固化、稳定化土壤修复技术日趋成熟，关于重金属原位化学钝化、生物及联合修复等技术的研发终究会为我国生态文明建设提供技术保障。

参 考 文 献

陈梦舫，2014. 我国工业污染场地土壤与地下水重金属修复技术综述 [J]. 中国科学院院刊，3：327-335.

陈世宝，李娜，王萌，等，2010. 利用磷进行铅污染土壤原位修复中需考虑的几个问题 [J]. 中国生态农业学报，18：203-209.

陈瑶，2016. 我国生态修复的现状分析 [J]. 生态经济，10：183-192.

崔荣国，张艳飞，郭娟，等，2019. 资源全球配置下的中国磷矿发展策略 [J]. 中国工程科学，21：128-132.

崔红标，马凯强，范玉超，等，2016. 模拟酸雨对羟基磷灰石稳定化土壤镉的分布、可浸出性及生物可给性的影响 [J]. 农业环境科学学报，35：1286-1293.

崔红标，周静，杜志敏，等，2010. 磷灰石等改良剂对重金属铜镉污染土壤的田间修复研究 [J]. 土壤，42：611-617.

崔红标，梁家妮，周静，等，2013. 磷灰石和石灰联合巨菌草对重金属污染土染土壤的改良修复 [J]. 农业环境科学学报，32：1334-1340.

范玉超，夏睿智，刘薇，等，2018. 模拟酸雨对磷基材料稳定化土壤 Cu、Cd、Pb 和 P 活性的影响 [J]. 生态与农村环境学报，34：441-447.

高跃，韩晓凯，李艳辉，等，2008. 腐殖酸对土壤铅赋存形态的影响 [J]. 生态环境学报，17：1053-1057.

郭佳丽，韩颖超，徐磊，等，2016. 纳米羟基磷灰石复合材料作为污水处理吸附剂的研究进展 [J]. 硅酸盐通报，35：2466-2475.

郭荣荣，黄凡，易晓娟，等，2015. 混合无机改良剂对酸性多重金属污染土壤的改良效应 [J]. 农业环境科学学报，34：686-694.

郝汉舟，陈同斌，靳孟贵，等，2011. 重金属污染土壤稳定/固化修复技术研究进展 [J]. 应用生态学报，22：816-824.

郝晓地，王崇臣，金文标，2011. 磷危机概观与磷回收技术 [M]. 北京：高等教育出版社.

胡红青，黄益宗，黄巧云，等，2017. 农田土壤重金属污染化学钝化修复研究进展 [J]. 植物营养与肥料学报，23：1676-1685.

胡田田，仓龙，王玉军，等，2012. 铅和铜离子在纳米羟基磷灰石上的竞争吸附动力学研究 [J]. 环境科学，33：2875-2881.

黄志良，2008. 磷灰石矿物材料 [M]. 北京：化学工业出版社.

姜冠杰，胡红青，张峻清，等，2012. 草酸活化磷矿粉对砖红壤中外源铅的钝化效果 [J].

农业工程学报，28：205-213.

金玉，梁淑轩，刘微，等，2014. 纳米炭黑对镉胁迫下黑麦草种子萌发和幼苗生长的影响 [J]. 科学技术与工程，14：12-16.

金玉.2015. 纳米羟基磷灰石与黑麦草联合修复铅污染土壤的研究 [D]. 保定：河北大学.

雷鸣，曾敏，胡立琼，等，2014. 不同含磷物质对重金属污染土壤—水稻系统中重金属迁移的影响 [J]. 环境科学学报，34：1527-1533.

李瑞，赵中秋，张鹏飞，等，2017. 磷矿粉修复重金属污染土壤的研究进展 [J]. 环境污染与防治，39：426-431.

李海延，2006. 我国磷矿资源的合理开发利用 [J]. 中国石油和化工，8：20-23.

李智东，2019.nZVI/nHAP复合材料固定铀尾矿库区土壤中铀（Ⅵ）的机理研究 [D]. 衡阳：南华大学.

梁媛，王晓春，曹心德，2012. 基于磷酸盐、碳酸盐和硅酸盐材料化学钝化修复重金属污染土壤的研究进展 [J]. 环境化学，31：16-25.

林笠，周婷，汤帆，等，2013. 镉铅污染灰潮土中添加磷对草莓生长及重金属累积的影响 [J]. 农业环境科学学报，32：503-507.

刘松玉，2018. 污染场地测试评价与处理技术 [J]. 岩土工程学报，40：1-37.

刘永红，冯磊，胡红青，等，2013. 磷矿粉和活化磷矿粉修复Cu污染土壤 [J]. 农业工程学报，29：186-186.

刘羽，钟康年，胡文云，1996. 海口磷灰石的矿物学及铅离子吸附特性研究 [J]. 武汉化工学院学报，18：31-33.

刘羽，钟康年，胡文云，1998. 用水热法羟基磷灰石去除水溶液中铅离子的研究 [J]. 武汉化工学院学报，20：39-42.

马凯强，崔红标，范玉超，等，2016. 模拟酸雨对羟基磷灰石稳定化污染土壤磷/镉释放的影响 [J]. 农业环境科学学报，35：67-74.

马鸿文，刘昶江，苏双青，等，2017. 中国磷资源与磷化工可持续发展 [J]. 地学前缘，24：133-141.

沈丽波，吴龙华，谭维娜，等，2010. 伴矿景天—水稻轮作及磷修复剂对水稻锌镉吸收的影响 [J]. 应用生态学报，21：2952-2958.

施尧，曹心德，魏晓欣，等，2011. 含磷材料钝化修复重金属Pb、Cu、Zn复合污染土壤 [J]. 上海交通大学学报（农业科学版），29：62-68.

宋波，曾炜铨，陆素芬，等，2015. 含磷材料在铅污染土壤修复中的应用 [J]. 环境工程学报，9：5649-5658.

孙桂芳，金继运，石元亮，2011. 腐殖酸和改性木质素对土壤磷有效性影响的研究进展 [J]. 土壤通报，42：1003-1009.

孙婷婷，徐磊，周静，等，2016. 羟基磷灰石—植物联合修复对Cu/Cd污染植物根际土壤微生物群落的影响 [J]. 土壤，48：946-953.

汤帆，胡红青，苏小娟，等，2015. 磷矿粉和腐熟水稻秸秆对土壤铅污染的钝化 [J]. 环境科学，36：3602-3607.

王彩，侯朝霞，王美涵，等，2014. 聚丙烯酰胺改性羟基磷灰石的制备及吸附 Cu^{2+} 研究 [J]. 功能材料，45：2059-2062.

王浩朴，2017. 石灰、硅酸钠和羟基磷灰石对烟草吸收镉、铅的影响 [D]. 福州：福建农林大学.

王明新，王彩彩，张金永，等，2019. EDTA/纳米羟基磷灰石联合修复重金属污染土壤 [J]. 环境工程学报，13：396-405.

王玉军，陈能场，刘存，等，2015. 土壤重金属污染防治的有效措施：土壤负载容量管控法—献给 2015 "国际土壤年" [J]. 农业环境科学学报，34：613-618.

吴霄霄，曹榕彬，米长虹，等，2019. 重金属污染农田原位钝化修复材料研究进展 [J]. 农业资源与环境学报，36：253-263.

邢金峰，仓龙，葛礼强，等，2016. 纳米羟基磷灰石钝化修复重金属污染土壤的稳定性研究 [J]. 农业环境科学学报，35：1271-1277.

邢维芹，张纯青，周冬，等，2019. 磷酸盐、石灰和膨润土降低冶炼厂污染石灰性土壤重金属活性的研究 [J]. 土壤通报，50：1245-1252.

胥焕岩，徐昕荣，彭明生，等，2003. 一种新型环境矿物材料在废水治理中的应用研究—磷矿石去除水溶液中铅离子和镉离子的对比研究 [J]. 环境污染治理技术与设备，4：27-30.

许丽萍，2015. 污染土壤的快速诊断与土工处置技术 [M]. 上海：上海科学出版社.

徐丽莎，2019. 羟基磷灰石/凹凸棒土复合材料制备及其对重金属污染土壤钝化性能研究 [D]. 成都：成都理工大学.

许学慧，姜冠杰，付庆灵，等，2013. 活化磷矿粉对重金属污染土壤上莴苣生长与品质的影响 [J]. 植物营养与肥料学报，19：361-369.

姚诗源，郭光光，周修佩，等，2018. 氮、磷肥对蓖麻吸收积累矿区土壤铜的影响 [J]. 植物营养与肥料学报，24：1068-1076.

尹英杰，楚龙港，朱司航，等，2019. 表面活性剂改性纳米羟基磷灰石对 Cd^{2+} 吸附研究 [J]. 农业环境科学学报，38：1901-1908.

余盛，张勇，姚菊明，等，2015. 致孔剂对多孔羟基磷灰石微球的孔结构的影响 [J]. 浙江理工大学学报，33：468-474.

余垚，朱丽娜，郭天亮，等，2018. 我国含磷肥料中镉和砷土壤累积风险分析 [J]. 农业环境科学学报，37：326-331.

张春晗，侯朝霞，王少洪，等，2016. 羟基磷灰石改性及其吸附重金属离子研究进展 [J]. 兵器材料科学与工程，39：129-134.

张连科，王洋，王维大，等，2018. 生物炭负载纳米羟基磷灰石复合材料的制备及对铅离子的吸附特性 [J]. 化工进展，37：3492-3501.

中国科学院可持续发展战略研究组，2014. 中国可持续发展战略：创建生态文明的制度体系 [M]. 北京：科学出版社.

钟振宇，赵庆圆，陈灿，等，2018. 腐殖酸和含磷物质对模拟铅污染农田土壤的钝化效应 [J]. 环境化学，37：1327-1336.

周静，崔红标，2014. 规模化治理土壤重金属污染技术工程应用与展望——以江铜贵冶周边区域九牛岗土壤修复示范工程为例 [J]. 中国科学院院刊，29：336-343，272.

周静，崔红标，梁家妮，等，2015. 重金属污染土壤修复技术的选择和面临的问题——以江铜贵冶九牛岗土壤修复示范工程项目为例 [J]. 土壤，2：283-288.

周强，姜允斌，郝记华，等，2021. 磷的生物地球化学循环研究进展 [J]. 高校地质学报，27：183-199.

祝振球，周静，徐磊，等，2017. 模拟酸雨对微米和纳米羟基磷灰石稳定化污染土壤的铜和镉淋溶效应 [J]. 生态与农村环境学报，33：265-269.

邹紫今，周航，吴玉俊，等，2016. 羟基磷灰石＋沸石对稻田土壤中铅镉有效性及糙米中铅镉累积的影响 [J]. 农业环境科学学报，35：45-52.

左继超，高婷婷，苏小娟，等，2014. 外源添加磷和有机酸模拟铅污染土壤钝化效果及产物的稳定性研究 [J]. 环境科学，35：3874-3881.

Arenas-Lago D，Rodríguez-Seijo A，Lago-Vila M，et al.，2016. Using $Ca_3(PO_4)_2$ nanoparticles to reduce metal mobility in shooting range soils [J]. Science of the Total Environment，571：1136-1146.

Bolan N，Naidu R，Syers J K，et al.，1999. Effect of anion sorption on cadmium sorption by soils [J]. Australia Journal of Soil Research，37：445-460.

Bolan N，Adriano D，Naidu R，2003. Role of phosphorus in (im) mobilization and bioavailability of heavy metals in the soil-plant system [J]. Review of Environmental Contamination and Toxicology，177：1-44.

Cao X D，Ma L Q，Rhue D R，et al.，2004. Mechanisms of lead，copper，and zinc retention by phosphate rock [J]. Environmental Pollution，131：435-444.

Cao X D，Ma L Q，Singh S P，et al.，2008. Phosphate-induced lead immobilization from different lead minerals in soils under varying pH conditions [J]. Environmental Pollution，152：184-192.

Cao X D，Ma L Q，Chen M，et al.，2002. Impacts of phosphate amendments on lead biogeochemistry at a contaminated site [J]. Environmental Science and Technology，36：5296-5304.

Cao X D，Wahbi A，Ma L N，et al.，2009. Immobilization of Zn，Cu，and Pb in contaminated soils using phosphate rock and phosphoric acid [J]. Journal of Hazardous Materials，164：555-564.

Chen J H，Wang Y J，Zhou D M，et al.，2010. Adsorption and desorption of Cu (II)，Zn (II)，Pb (II)，and Cd (II) on the soils amended with nanoscale hydroxyapatite [J]. Environmental Progress and Sustainable Energy，29：233-241.

Chen M，Ma L Q，Singh S P，2003. Field demonstration of in situ immobilization of soil Pb using P amendments [J]. Advance in Environmental Research，8：93-102.

Chen S B，Xu M G，Ma Y B，et al.，2007. Evaluation of different phosphate amendments on availability of metals in contaminated soil [J]. Ecotoxicology and Environmental Safety，67：278－285.

Cordell D，Drangert J O，White S，2009. The story of phosphorus：Global food security and food for thought [J]. Global Environmental Change，19：292－305.

Cui H B，Fan Y C，Fang G D，et al.，2016. Leachability，availability and bioaccessibility of Cu and Cd in a contaminated soil treated with apatite，lime and charcoal：A five－year field experiment [J]. Ecotoxicology and Environmental Safety，134：148－155.

Cui H B，Zhang X，Wu Q G，et al.，2019. Hematite enhances the immobilization of copper，cadmium and phosphorus in soil amended with hydroxyapatite under flooded conditions [J]. Science of the Total Environment，708：134590.

Cui H B，Zhou J，Zhao Q G，et al.，2013. Fractions of Cu，Cd and enzyme activities in a contaminated soil as affected by applications of micro－and nanohydroxyapatite [J]. Journal of Soils and Sediments，13：742－752.

Dermatas D，Chrysochoou M，Grubb D G，et al.，2008. Phosphate treatment of firing range soils：lead fixation or phosphorus release？ [J]. Journal of Environmental Quality，37：47－56.

Egger M，Jilbert T，Behrends T，et al.，2015. Vivianite is a major sink for phosphorus in methanogenic coastal surface sediments [J]. Geochimica et Cosmochimica Acta，169：217－235.

Fang X J，Zhu S D，Ma J Z，et al.，2020. The facile synthesis of zoledronate functionalized hydroxyapatite amorphous hybrid nanobiomaterial and its excellent removal performance on Pb^{2+} and Cu^{2+} [J]. 392：1－11.

Fayiga A O，Ma L Q，2006. Using phosphate rock to immobilize metals in soil and increase arsenic uptake by hyperaccumulator Pteris vittata [J]. Science of the Total Environment，359：17－25.

Filippelli G M，2008. The global phosphorus cycle：past，present，and future [J]. Elements，4：89－95.

Guo G L，Zhou Q X，Ma L Q，2006. Availability and assessment of fixing additives for the in situ remediation of heavy metal contaminated soils：A review [J]. Environmental Monitoring and Assessment，116：513－528.

Guo H F，Zhang X L，Kang C X，et al.，2019. Synthesis of magnetic Fe－doped hydroxyapatite nanocages with highly efficient and selective adsorption for Cd^{2+} [J]. Materials Letters，253：144－147.

Gupta D K，Chatterjee S，Datta S，et al.，2014. Role of phosphate fertilizers in heavy metal uptake and detoxification of toxic metals [J]. Chemosphere，108：134－144.

Hafsteinsdóttir E G，Fryirs K A，Stark S C，et al.，2014. Remediation of metal－contaminated soil in polar environments：Phosphate fixation at Casey Station，East Antarctica [J]. Applied Geochemistry，51：33－43.

Huang G Y，Su X J，Rizwan M S，et al.，2016. Chemical immobilization of Pb，Cu，and

Cd by phosphate materials and calcium carbonate in contaminated soils [J]. Environmental Science and Pollution Research, 23: 16845 – 16856.

Huang G Y, Rizwan M S, Ren C, et al., 2018. Influence of phosphorous fertilization on copper phytoextraction and antioxidant defenses in castor bean (Ricinus communis L.) [J]. Environmental Science and Pollution Research, 25: 115 – 123.

Huang G Y, Gao R L, You J W, et al., 2019. Oxalic acid activated phosphate rock and bone meal to immobilize Cu and Pb in mine soils [J]. Ecotoxicology and Environmental Safety, 174: 40 – 407.

Jiang G J, Liu Y H, Huang L, et al., 2012. Mechanism of lead immobilization by oxalic acid activated phosphate rocks [J]. Journal of Environmental Sciences, 24: 919 – 925.

Jurate K, Anders L, Christian M, 2008. Stabilization of As, Cr, Cu, Pb and Zn in soil using amendments – A review [J]. Waste Management, 28: 215 – 225.

Kim S U, Owens V N, Kim Y G, et al., 2015. Effect of phosphate addition on cadmium precipitation and adsorption in contaminated arable soil with a low concentration of cadmium [J]. Bulletin Environmental of Contamination and Toxicology, 95: 675 – 679.

Kumpiene J, Lagerkvist A, Maurice C, 2008. Stabilization of As, Cr, Cu, Pb and Zn in soil using amendments – A review [J]. Waste Management, 28: 215 – 225.

Lessl J T, Ma L Q, 2013. Sparingly – soluble phosphate rock inducedsignificant plant growth and arsenic uptake by Pteris vittata from three contaminated soils [J]. Environmental Science and Technology, 47: 5311 – 5318.

Li Q, Chen X J, Chen X, et al., 2018. Cadmium removal from soil by fulvic acid – aided hydroxyapatite nanofluid [J]. Chemosphere, 215: 227 – 233.

Li Z W, Zhou M M, Lin W D, 2014. The research of nanoparticle and microparticle hydroxyapatite amendment in multiple heavy metals contaminated soil remediation [J]. Journal of Nanomaterials, 2014: 1 – 8.

Li Z, Li M, Wang Z Y, et al., 2020. Coadsorption of Cu (Ⅱ) and tylosin/sulfamethoxazole on biochar stabilized by nano – hydroxyapatite in aqueous environment [J]. Chemical Engineering Journal, 381: 1 – 11.

Lower S T, Maurice P A, Trainas J, et al., 1998. Aqueous Pb soption by hydroxylapatite: Application of atomic force microscopy to dissolution, nucleation, and growth studies [J]. American Mineralogist, 83: 147 – 158.

Manning D A C, 2008. Phosphate minerals, environmental pollution and sustainable agriculture [J]. Elements, 4: 105 – 108.

McGowen S L, Basta N T, Brown G O, 2001. Use of diammonium phosphate to reduce heavy metal solubility and transport in smelter – contaminated soil [J]. Journal of Environmental Quality, 30: 493 – 500.

Melamed R, Cao X D, Chen M, et al., 2003. Field assessment of lead immobilization in a contaminated soil after phosphate application [J]. Science of the Total Environment, 305:

117 - 127.

Mignardi S, Corami A, Ferrini V, 2012. Evaluation of the effectiveness of phosphate treatment for the remediation of mine waste soils contaminated with Cd, Cu, Pb, and Zn [J]. Chemosphere, 86: 354 - 360.

Mignardi S, Corami A, Ferrini V, 2013. Immobilization of Co and Ni in mining - impacted soils using phosphate amendments [J]. Water Air and Soil Pollution, 224: 1447 - 1456.

Miretzky P, Fernandez - Cirelli A, 2008. Phosphates for Pb immobilization in soils: a review [J]. Environmental Chemistry Letter, 6: 121 - 133.

Oelkers E H, Eugenia V J, 2008. Phosphate mineral reactivity and global sustainability [J]. Elements, 4: 83 - 87.

Oliva J, De Pablo J, Cortina J L, et al., 2011. Removal of cadmium, copper, nickel, cobalt and mercury from water IITM: Column experiments [J]. Journal of Hazardous Materials, 194: 312 - 323.

Oulguidoum A, Bouyarmane H, Laghzizil A, et al., 2019. Development of sulfonate - functionalized hydroxyapatite nanoparticles for cadmium removal from aqueous solutions [J]. Colloid and Interface Science Communications, 30: 1 - 8.

Park J H, Bolan N, Megharaj M, et al., 2011. Isolation of phosphate solubilizing bacteria and their potential for lead immobilization in soil [J]. Journal of Hazardous Materials, 185: 829 - 836.

Paytan A, McLaughlin K, 2007. The oceanic phosphorus cycle [J]. Chemical Reviews, 107: 563 - 576.

Pearson M S, Maenpaa K, Pierzynski G M, 2000. Effects of soil amendments on the bioavailability of lead, zinc, and cadmium to earthworms [J]. Journal of Environmental Quality, 29: 1611 - 1617.

Pinto P X, Al - Abed S R, Barth E, et al., 2011. Environmental impact of the use of contaminated sediments as partial replacement of the aggregate used in road construction [J]. Journal of Hazardous Materials, 189: 546 - 555.

Pratt P F, Blair F L, McLean G W, 1964. Reactions of phosphate with soluble and exchangeable nickel [J]. Soil Science Society of American Proceeding, 28: 363 - 365.

Raicevic S, Kaludjerovic - Radoicic T, Zouboulis A I, 2005. In situ stabilization of toxic metals in polluted soils using phosphates: theoretical prediction and experimental verification [J]. Journal of Hazardous Materials, B117: 41 - 53.

Raicevic S, Wright T J V, Veljkovic V, et al., 2006. Theoretical stability assessment of uranyl phosphates and apatites: Selection of amendments for in situ remediation of uranium [J]. Science of the Total Environment, 355: 13 - 24.

Rizwan M S, Imtiaz M, Huang G Y, et al., 2016. Immobilization of Pb and Cu in polluted soil by superphosphate, multi - walled carbon nanotube, rice straw and its derived biochar [J]. Environmental Science and Pollution Research, 23: 15532 - 15543.

Ruby M V, Davis A, Nicolson A, 1994. In situ formation of lead phosphate in soils as a method to immobilize lead [J]. Environmental Science and Technology, 28: 646 – 654.

Thawornchaisit U, Polprasert C, 2009. Evaluation of phosphate fertilizers for the stabilization of cadmium in highly contaminated soils [J]. Journal of Hazardous Materials, 165: 1109 – 1113.

Valipour M, Shahbazi K, Khanmirzaei A, 2016. Chemical Immobilization of Lead, Cadmium, Copper, and Nickel in Contaminated Soils by Phosphate Amendments [J]. Clean – Soil, Air, Water, 44: 572 – 578.

Viellard P, Tardy Y, 1984. Thermochemical properties of phosphates [M]//Phosphate minerals. Berlin: Springer – Verlag: 171 – 198.

Wang B L, Xie Z M, Chen J J, et al., 2008. Effects of field application of phosphate fertilizers on the availability and uptake of lead, zinc and cadmium by cabbage (*Brassica chinensis* L.) in a mining tailing contaminated soil [J]. Journal of Environmental Sciences, 20: 1109 – 1117.

Wang Y Y, Liu Y X, Lu H H, et al., 2018. Competitive adsorption of Pb (Ⅱ), Cu (Ⅱ), and Zn (Ⅱ) ions onto hydroxyapatite – biochar nanocomposite in aqueous solutions [J]. Journal of Solid State Chemistry, 261: 53 – 61.

Xu Y P, Schwartz F W, 1994. Lead immobilization by hydroxyapatite in aqueous solutions [J]. Journal of Contaminant Hydrology, 15: 187 – 206.

Yang Z M, Fang Z Q, Tsang P E, et al., 2016. In situ remediation and phytotoxicity assessment of lead – contaminated soil by biochar – supported nHAP [J]. Journal of Environmental Management, 182: 247 – 251.

Zeng G M, Wan J, Huang D L, et al., 2017. Precipitation, adsorption and rhizosphere effect: The mechanisms for Phosphate – induced Pb immobilization in soils – A review [J]. Journal of Hazardous Materials, 339: 354 – 367.

Zhang P, Ryan J A, 1999. Formation of chloropyromorphite from galena (PbS) in the presence of hydroxyapatite [J]. Environmental Science and Technology, 33: 618 – 624.

第四章

生物炭对土壤重金属钝化
修复与实践

　　我国目前耕地上种植的各类农作物，每年会产生约 8 亿 t 农作物秸秆，另外，畜禽粪便的产量也相当惊人，年产量约 38 亿 t。大量的生物质资源，如果不合理利用，将会带来严重的环境问题，影响农业生态系统的稳定。农业秸秆废弃生物质存在分布零散、季节性过剩、回收成本高且产业化程度低等特点，因此，如何实现对废弃生物质科学、合理、高效的利用仍然是现代化农业发展中面临的一大难题。据统计，我国农业秸秆露天焚烧处理量约 1.6 亿 t，其产生的挥发性有机物、一氧化碳和二氧化碳等排放可以占到全国总排放的 60%，这不仅导致了资源的严重浪费，还产生了显著的空气污染（Ma et al.，2020）。农业农村部推广的秸秆直接还田可以增加土壤有机质，改善土壤结构，快速提高土壤保水保肥性能，但是秸秆还田会导致二氧化碳等温室气体的大量排放，对大气环境不利，而且秸秆所附着的虫卵、病菌和除草剂等可能影响后季作物生长（Ma et al.，2020）。生物炭（biochar）是指生物质在厌氧或低氧条件下通过热解（<700℃）生成的富含碳的、稳定的、高度芳香化的固态物质，也被称为生物炭（Wardle et al.，2008；Chen et al.，2019）。将生物质制备成生物炭材料并应用到土壤修复中，一方面可以减少碳排放，实现碳的封存；另一方面可以缓解土壤重金属污染，实现变废为宝。

　　生物炭主要由芳香烃和单质碳或具有石墨结构的碳组成，还包括 H、O、N、S 以及多种微量元素（陈温福 等，2013）。虽然生物炭的性质受制备条件的影响较大，但总体来说，生物炭具有碱性、比表面积大、容重小、稳定性高、吸附能力强等特性（Inyang et al.，2016），将生物炭添加到土壤中，不仅可以增加土壤肥力，提高农作物产量，还能够高效固定土壤中重金属（如 Pb、Cd、Ni、Hg 等）和有机污染物（如农药、PAHs 等）（武玉 等，2014；Laird et al.，2010；Beesley et al.，2010；Beesley et al.，2011；Park et al.，2011）。同时，生物炭具有很高的化学稳定性，难以被微生物降解，可以起到固定大气碳素、增汇减排、缓解气候变化的作用（Whitman et al.，2011；Meyer et al.，2012）。再者，生物炭来源广泛，制备技术手段成熟，是一种环保且具有成本效益的材料，有利于其在环境修复中的推广应用（Lehmann et al.，2015）。

因此，近年来已有大量研究将农牧业有机废弃物制备成生物炭，对其加以利用，探究其在农业、环境等各个方面上的应用。在 Google 搜索引擎上以 biochar 关键词搜索（截至 2021 年 8 月 20 日）可搜到约 328 万条结果，以"生物炭"为关键词搜索到 1 180 万条结果，这充分说明生物炭已经成为全球科学研究和媒体关注的焦点。另外，通过 Web of Science 数据库对生物炭相关论文进行统计，统计了 2010 年 1 月 1 日至 2020 年 12 月 31 日的所有期刊论文文献，如图 4-1 所示，自 2010 年以来，生物炭相关的论文数量保持较高的年增长率。其中，2020 年生物炭＋重金属（包括 Cu、Zn、Pb、Ni、Cd、Cr、As、Hg）的文献数占生物炭文献数 80%，且十年间生物炭＋重金属＋土壤的文献数占生物炭文献数 50% 以上。由此表明，生物炭在重金属污染土壤修复中的应用已逐渐成为当前环境科学领域的研究热点。

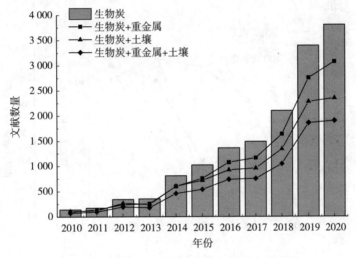

图 4-1　2010—2020 年生物炭相关论文发表量

本章主要针对生物炭特性、生物炭对土壤重金属钝化过程中的影响因素及其实践过程中面临的问题和挑战进行探讨，分析了该领域未来的发展动向，以期为生物炭在土壤重金属污染治理中的应用提供参考。

第一节　生物炭的特性

由于原材料的多样性和制备方法的不一致性，生物炭通常会呈现出不同的性质。生物炭的物理、化学和生物特性直接决定了其同土壤中重金属相互作用的机制。本节着重探讨了生物炭的物理特性、化学特性和养分特性在生物炭钝化土壤重金属过程中的作用。

一、物理性质

生物炭的物理特性较为直观，主要包括孔隙结构、比表面积、机械强度、堆积密度等。生物炭在土壤重金属修复上的应用与其物理性质密切相关。生物炭是一种孔隙发达的材料，具有不规则的外表面和复杂的内表面，随着裂解温度的升高，原材料在受热后会释放出大量热量，使得原料内部的孔道冲开、变得无序，导致生物炭的多孔性提高，表面粗糙程度和孔隙度增加，比表面积随之增大（Hassan et al.，2020）。但是，在某些特殊情况下，高温裂解得到的生物炭会呈现出较低的孔隙度和比表面积，这可能是因为生物炭的多孔结构在高温条件下遭到了破坏或堵塞，从而导致比表面积减小（Hassan et al.，2020）。生物炭丰富的孔隙结构和巨大的比表面积为重金属钝化提供了更多的结合位点（图 4 - 2）。

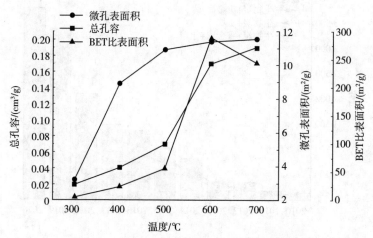

图 4 - 2　不同温度下稻秆生物炭的表面特性
（简敏菲 等，2016）

生物炭添加到土壤中，其多孔性和特殊结构会直接影响土壤的物理特性（容重、孔隙度、质地、水分、热量等），进而影响土壤的养分循环、化学特性和生物学特性，最终改变土壤中重金属的形态和生物有效性。例如，生物炭添加可以通过改善土壤的表面积、孔径分布、粒度分布、密度和堆积度（Downie et al.，2009），来长期促进植物生长，为土壤微生物提供良好的生存及繁衍环境，同时生物炭的孔隙中还能储存土壤微生物生长代谢过程中需要的养分和水分；再者，土壤中添加生物炭还可以通过加深土壤颜色来降低地表反射率，使土壤温度增加，进而对土壤的理化性质和生态群落产生影响（武玉 等，2014）。Steinbeiss 等（2009）采用磷酸脂肪酸法研究发现，当生物炭施入土壤后，土壤中的真菌数量和革兰氏阴性菌的数量均产生了明显的增长，生物炭的存在可以有效促进土壤微生物的侵染能力、数量及活性，这种影响对丛枝菌根（AMF）或泡囊丛枝菌根（VAM）尤为显著。Grossman 等（2010）研究发现，生物炭能够对土壤中微生物群落分布特征产生显著影响。Warnock 等（2007）也在研究中发现，土壤中施入生物炭能够促进作物根部真菌的繁殖能力，同时还能促进土壤中微生物群落的增加。一般来说，生物炭的大孔可改善土壤孔隙结构，促进微生物附着生长，而微孔或介孔则与污染物、矿物元素等物质的吸附迁移有关（Yang et al.，2019）。

二、化学性质

生物炭的化学特性包括灰分、挥发分、固定碳、元素比率、酸碱性和表面化学特性。灰分是生物炭完全燃烧后的残渣，而挥发分和固定碳分别指生物炭中较易降解的活性炭组分和较稳定的惰性碳组分。

生物炭中的灰分在固定重金属过程中起重要作用，其灰分含量主要取决于制备原料，一般畜禽粪便＞草本＞木本。挥发分和固定碳能够直观地反映生物炭在土壤中的碳固持能力。碳、氢、氧是生物炭的主要元素，氢和碳的原子含量比（H/C）及氧和碳的原子含量比（O/C）可用于判定生物炭的芳香化结构与组成，生物炭的 H/C 和 O/C 受原材料类型、制备条件等多种因素的影响（Hassan et al.，2020）。大多数生物炭呈碱性，这也是其被用来改良酸性土壤和修复重金属染污土壤的一个重要原因。一般来说，生物炭灰分含量越高，其pH 也越高，这是由于其碱性主要由无机碳酸盐发挥作用，且随着制备温度的升高，无机碳酸盐的贡献越大（Banik et al.，2018）。

生物炭表面分布着丰富的含氧官能团（如羧基、羟基、氨基等），这些特定配位体官能团可与重金属离子形成金属络合物，从而降低重金属的迁移性及其毒害作用（He et al.，2019）。Jiang 等（2012）使用水稻秸秆制备的生物炭开展土培实验，探究生物炭对土壤中 Pb 的稳定化机理。实验结果显示，土壤中 Pb 主要通过与生物炭表面的含氧官能团形成络合物，被固定在生物炭表面，反应过程为：

$$Me^{2+} + —COOH + H_2O \longrightarrow —COOMe^+ + H_3O^+$$
$$Me^{2+} + —OH + H_2O \longrightarrow —OMe^+ + H_3O^+$$

生物炭表面含氧官能团的含量同样受原材料类型和制备条件的影响（Hassan et al.，2020）。而且生物炭一旦进入土壤中，就会不断被老化，同时也会和土壤中各组分发生相互作用，随着时间的延长，生物炭表面会形成更多的含氧官能团（Duan et al.，2019），因此，探究生物炭的表面化学特性对明确其在土壤环境中的行为尤为重要。

大多数生物炭材料的 pH 呈现碱性（Wang et al.，2021），主要是由于生物炭中的灰分元素（K、Ca 和 Mg 等）主要以氧化物、碳酸盐形式存在，溶于水后呈现碱性；另外，随着热解温度的升高，K^+、Ca^{2+} 等盐基离子，以及 CO_3^{2-} 和 HCO_3^- 等弱酸根离子均发生富集，导致生物炭的 pH 增加。因此，生物炭添加到土壤中后，生物炭中的碱性物质能够很快被释放出来，中和部分土壤酸度，使土壤 pH 升高（Fellet et al.，2011），尤其是在酸性土壤中（袁金华和徐仁扣，2010；Gao 等，2020a）。pH 的变化可以直接影响重金属的生物有效性，如浸出毒性（Harter，1983）和植物的富集（Peijnenburg et al.，1999；Zeng et al.，2011）。

三、养分特性

土壤养分是指土壤提供植物生长所必需的营养元素，包括氮（N）、磷（P）、钾（K）、钙（Ca）、镁（Mg）、硫（S）、铁（Fe）、硼（B）、钼（Mo）、锌（Zn）、锰（Mn）、铜（Cu）和氯（Cl）等多种元素。生物炭中包含有大量的无机元素，热解过程中对养分的浓缩和富集，使得生物炭中的磷、钾等养分元素普遍高于制备原料。有研究表明，生物炭施用量为 10g/kg 时，经 1 年的培养试验后，土壤的有机碳、有效磷、速效钾和盐基饱和度分别比对照增加了 31%、14%、6% 和 17%（黄超 等，2013）。因此，一般生物炭的阳离子交换量（CEC）较高，当其输入土壤后可以增加土壤的阳离子交换量，为重金属的固定提供大量的离子交换位点，从而影响土壤中重金属的活性。

另外，磷可以与重金属形成沉淀，含磷量高的原材料制备出的生物炭对土壤中的重金属具有很强的固定能力。施用含磷量高的生物炭，可能通过形成磷酸盐沉淀物而固定镉、锌和铅（Zheng et al.，2015）。Cao 等（2009）将不同温度下制备的牛粪生物炭与商业的木材衍生活性炭一同进行了批量吸附 Pb 实验，结果表明：尽管生物炭具有较低的表面积，但比活性炭具有更大的 Pb 吸附能力，可吸附的 Pb 是活性炭的 6 倍，主要机制之一是生物炭可通过形成不溶性磷酸铅沉淀而降低铅的迁移率。另外，有研究发现香蕉皮生物炭含 K 量高，将其施用到土壤中可以用于弥补土壤钾缺乏对植物造成的危害（Karim et al.，2017）。因此，我们可以根据不同原材料的特定性质进行针对性应用。

某些生物炭可以增加养分的保留、防止养分的淋失并提高养分的利用效率（Major et al.，2009），但也可能会降低未施肥土壤中养分的利用率。因此，在营养缺乏的条件下，生物炭结合有机改良剂（例如堆肥）一起施用，更适合污染土地的修复和植被恢复（Beesley et al.，2010；Peltz et al.，2010）。具有高阳离子交换能力的生物炭可用于重金属污染土壤的修复，但是它们也可能通过固定污染物的相同机理保留更多的植物养分，从而影响植被的生长。

第二节 生物炭钝化土壤重金属的影响因素

一、生物炭原料对其钝化土壤重金属的影响

生物质材料来源广泛，根据原料不同，生物炭可以分为木炭、竹炭、秸秆炭、稻壳炭、动物粪便炭等，原材料成分（纤维素、半纤维素等）是决定生物炭组成和性质的基础。总的来说，主要表现为以下几方面：

（1）动物源生物炭和植物源生物炭相比，C/N 比较低，灰分含量更高，使得生物炭的电导率和阳离子交换量更高，因而动物源生物炭比植物源生物炭对重金属离子具有更高的吸附能力。Xu 等（2013）研究发现，牛粪生物炭对水体中铜、镉、锌、铅的去除效果均优于稻壳生物炭，这可能是由于牛粪生物炭中含有较高的磷酸盐、碳酸盐和硫酸盐；Cao 和 Harris（2010）研究发现，Pb^{2+} 在牛粪生物炭上吸附后可以形成不溶的 $Pb_5(PO_4)_3(OH)$ 和 $Pb_3(CO_3)_2(OH)_2$，因此动物源生物炭对 Pb 等重金属离子具有更强的吸附能力。

（2）不同植物原料制备的生物炭，对重金属离子的吸附亦存在差异。玉米秸秆生物炭对 Pb^{2+}、Cd^{2+} 等重金属阳离子具有相对较强的吸附能力，可能与玉米秸秆生物炭表面大量碱性官能团解离产生的 OH^- 有关（耿勤 等，2015）。据 Ahmad 等（2016）报道，大豆秸秆生物炭钝化土壤中 Pb 与 Cu 的能力强于松针生物炭，钝化效率分别高达 88％ 和 87％。Bashir 等（2018a）用水稻秸秆、稻壳和玉米秸秆制备的生物炭应用到 Cd 污染土壤中，结果表明，施用 3％ 的水稻秸秆、稻壳和玉米秸秆生物炭后，土壤中 $CaCl_2$ 提取态 Cd 浓度分别降低了 58.6％、39.7％ 和 46.49％，毒性特征浸出试验（TCLP）提取态 Cd 浓度分别降低了 42.9％、32.7％ 和 36.7％，白菜芽中的 Cd 含量分别降低了 25％、21.3％ 和 23.1％，白菜根部中的镉含量降低了 31.3％、23.9％ 和 26.5％，其中，水稻秸秆生物炭的固定效果最强。另外，我们还采用水稻秸秆、稻壳、小麦秸秆及甘蔗渣分别在低氧条件 500℃ 下制备成生物炭，通过室内培养实验来探究四种生物炭对钝化自然污染土壤中重金属的影响，结果表明：四种材料制备的生物炭均可以有效降低土壤中四种重金属（Pb、Cd、Cu 和 Zn）的活性，但不同材料制备的生物炭对土壤可交换态重金属的影响具有显著差异，且对不同重金属的影响不同（图 4-3）；再者，我们还对比了水稻秸秆生物炭和咖啡壳生物炭对土壤中镉钝化的影响（图 4-4），结果表明咖啡壳生物炭对镉的固定能力更强。

总之，不同原料制备的生物炭具有不同的比表面积、孔隙度、有机官能团和无机矿物，这些性质对生物炭修复污染土壤的效果具有重要影响。同时，不同土壤的性质、污染物类型和污染程度均不同，这对不同原材料制备的生物炭

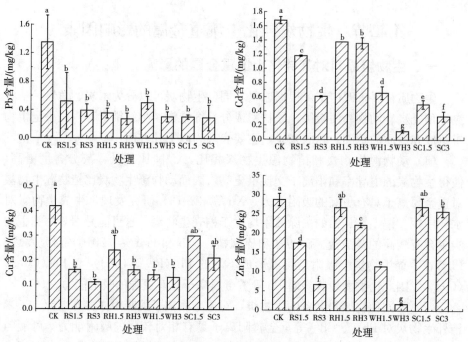

图 4-3　几种生物炭对土壤可交换态重金属含量的影响

(Bashir et al.，2018a)

RS. 水稻秸秆　RH. 稻壳　WH. 小麦秸秆　SC. 甘蔗渣

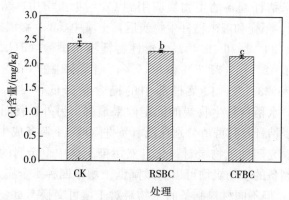

图 4-4　生物炭对土壤中 TCLP 提取态镉含量的影响

RSBC. 水稻秸秆生物炭　CFBC. 咖啡壳生物炭

的固定效果的评估也具有一定挑战性。生产和应用于农业土壤的生物炭类型也需要根据可用的田间储存和土壤环境而确定。目前生物炭还未被大规模生产并大面积用于污染土壤的修复，但是，如果生物炭在实际种植中被用于改良污染土壤，特别是用于某些特定目的，那么供应原料的合理选择尚待研究。

二、炭化温度对生物炭钝化土壤重金属的影响

生物炭的制备历史悠久，木炭作为生物炭的一种，在数千年前已经有烧制的记载。最初的生物炭只是通过临时炉窑和简单堆积制备获得。随着碳化技术的发展，人们慢慢开始使用固定的池窑来制备生物炭。接下来生物炭的制备经历了堆窑、砖窑、移动式金属窑、水泥窑和连续式炭化窑炉等不同炭化设备和工艺（孙红文，2013）。制备条件如制备温度、升温速率、停留时间和气体压力等工艺参数控制着生物炭形成过程中各阶段的反应程度，从而决定生物炭的性质。如表4-1所示，慢速热解下生物炭产率达35%，是最有效的生物炭制备方式，而快速热解的产物为生物油燃料，气化产物为合成气。

表4-1 不同制备工艺下热解产物

制备工艺	热解温度/（℃）	压力	停留时间	热解过程中产物比例/（%）		
				生物油	合成气	生物炭
快速热解	400～600	真空-大气压	秒	75.0	13.0	12.0
慢速热解	350～800	大气压	秒-时	30.0	35.0	35.0
气化	700～1500	高于大气压	秒-分	5.0	85.0	10.0

（Tomczyk et al.，2020）

本节主要讨论慢速热解下炭化温度对生物炭钝化土壤重金属的影响。

在生物质热解过程中，温度的设置和控制是一个非常关键的因素，它对热解产物的分布和性质都有很大的影响。Demirbas（2004）证明了生物炭的热解过程通常包括三个阶段：①预热解；②主要热解；③碳质固体产物的形成。Lee等（2017）发现棕榈油污泥（POS）的热解有三个不同的阶段：在第一阶段，由于水分和轻挥发物的蒸发，最初质量的下降是从环境温度到大约200℃。在此阶段，由于水分蒸发、键断裂以及过氧化物、—COOH和—CO基团的形成，内部结构重新排列。第二阶段的质量下降是发生在200～500℃，这是主要过程，聚合程度更高的有机化合物（例如半纤维素和纤维素）会快速挥发和分解。第三个阶段发生在高于500℃时，木质素和其他有较强化学键的有机物逐渐降解，质量缓慢降低，残留的焦炭最终进一步转化为生物炭。在热解过程中，随着温度的升高，生物质中的木质素、纤维素等组分被不断热解，生物炭芳香化程度增加、极性降低、比表面积增大，微孔结构发育趋于完善。如图4-5所示，随着温度的升高，生物质中的碳逐渐由无定形碳转变为湍层碳和石墨碳。同时，生物炭表面的酸性官能团数量随着制备温度的升高而减少，总碱性官能团则增加，生物炭表面由酸性向碱性变化，相应地，其等电点

升高，灰分含量也随之升高。

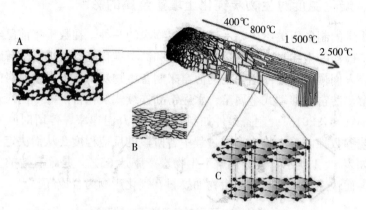

图 4 - 5 热解温度对生物炭的影响（Tomczyk et al.，2020）
A. 无定形碳 B. 湍层碳 C. 石墨碳

Park 等（2019）将松树残留物（松果、松针、松树皮）在不同温度下（300℃、400℃、500℃和600℃）制备成生物炭，用于吸附水体中 Cd，结果发现600℃下生物炭对 Cd 的吸附量最大，生物炭上的交换性阳离子和磷酸盐对 Cd 的吸附有显著影响。Xiao 等（2017）探究了热解温度（300℃、450℃、600℃）对小龙虾壳生物炭吸附重金属离子的影响，结果也发现600℃下制备的小龙虾壳生物炭对 Pb 的吸附量最大。以上结果表明，灰分在生物炭吸附重金属过程中起到重要作用，高温下生物炭对重金属的固定效果较好。但是，不同于水体环境，土壤环境更为复杂，生物炭添加入土壤中固定重金属的机制也不同于水体环境，因此温度对生物炭固定土壤中重金属的影响效果需进一步探究。

Uchimiya 等（2011）将棉籽壳分别在一系列温度（200℃、350℃、500℃、650℃、800℃）下热解制备生物炭，探究不同热解温度下生成的棉籽壳生物炭对酸性污染土壤中重金属的固定效果，结果发现350℃下制备的生物炭对重金属（Pb、Cd、Cu、Ni）的固定能力最强，此实验证明了生物炭添加到土壤后对重金属的固定主要取决于生物炭表面官能团。Cui 等（2016）发现，生物炭处理土壤中 Cd 和 Pb 组分的变化主要是由于生物炭中丰富的官能团和复杂的结构。Ahmad 等（2014）的研究表明生物炭的表面官能团特性对土壤中重金属的固定效果起决定性作用。O'Connor 等（2018）的相关性分析指出，生物炭表面积与土壤中 Cd 生物有效性之间存在负相关关系，表明官能团对重金属的固定起着更重要的作用。较高制备温度会导致生物炭具有较高的碱性矿物含量（Shen et al.，2017b），从而通过石灰效应更大程度地固定重金属。因此，生物炭在固定重金属方面的性能被认为是官能团和碱性矿物两种效应的结合。

我们将水稻秸秆分别在不同温度下（300℃、500℃、700℃）制备成生物炭，并探究其对自然污染土壤中重金属的影响，结果表明，300℃下制备的水稻秸秆生物炭对土壤中 Pb 和 Cd 的固定能力更强（图 4-6），可能是由于低温下生物炭表面的酸性官能团较多。

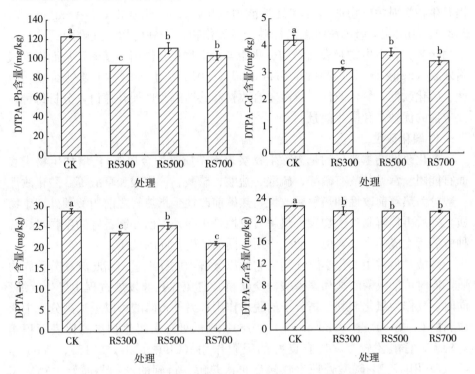

图 4-6　不同热解温度制备的水稻秸秆（RS）生物炭对污染土壤中重金属有效态含量的影响

总之，热解温度作为主要影响因素之一，会影响生物炭组分、表面结构、官能团等，进而影响其对污染土壤理化性质的调节作用。因此，在考虑生物炭特性、土壤特性和目标功能的同时，应根据具体情况进行生物炭的选择。

三、改性生物炭对土壤重金属的钝化

生物炭在环保领域的应用已经引起了国内外学者的广泛关注，然而因其在高温裂解过程中部分官能团损失、吸附后固液分离难等不足，已有大量学者开始研究将生物炭与其他材料复合或者利用化学方法将其改性，加强其对水体中重金属的吸附能力和对土壤中重金属的固定能力（Duan et al.，2019）。常用的改性方法主要有以下四种：①利用酸、碱、氧化剂等，如 KOH、H_2O_2、

O_3、H_2SO_4/HNO_3 等改性生物炭，能够提高生物炭的比表面积，增加其表面官能团（如羧基），提高对污染物的固定能力（Regmi et al.，2012；Inyang et al.，2016）。②利用生物炭的吸附性能，与其他的磁性吸附剂（如磁性纳米氧化铁、零价铁等）复合，可以赋予生物炭磁性（Zhang et al.，2013；Devi et al.，2014），有利于处理后回收。③生物炭结合纳米材料制备新型复合材料，提升生物炭对污染物的封存和处理能力（Inyang et al.，2014；Yang et al.，2021）。④用化学修饰法将无机材料（锰氧化物、镁氧化物、过磷酸钙等）与生物炭复合，在生物炭表面添加一些能与污染物相互作用的基团，从而提高吸附效果（Song et al.，2014；Zhao et al.，2016）。本节内容主要针对酸化改性、碱化改性、氧化改性、负载复合改性和共热解改性展开探讨，分析每种改性方法的优缺点和应用前景。

1. 酸化改性

酸化改性的主要目的是去除生物炭表面杂质（如金属等），增加生物炭表面官能团。常见的酸有硝酸、硫酸、盐酸、磷酸、柠檬酸和草酸等。酸化改性一般分为热解前改性和热解后改性，热解前改性是指热解之前用酸预处理生物质，随后再热解制备生物炭；热解后改性是用酸处理已经制备好的生物炭。两种方法所生成的生物炭由于酸化作用不同而产生不同的性质。

磷酸是最常用的化学改性剂，它可以分解木质纤维素、脂肪族和芳香族物质，同时可形成磷酸盐和聚磷酸盐交叉桥，避免在孔隙发展过程中发生收缩；同时，其作为氧化剂利于高分子的脱水作用；另外，磷酸可以进入高分子中形成新的 C—O—P 键（Chu et al.，2018）。磷酸处理所得生物炭的比表面积相对较大，官能团较多，具有良好的吸附作用（Chu et al.，2018）。Peng 等（2017）用 47.5%磷酸处理生物炭后再次热解，得到的产物与原始生物炭相比，改性生物炭的表面积更大，含氧官能团的含量更高，能更强烈地吸附 Cu（Ⅱ）和 Cd（Ⅱ）。钟晓晓等（2018）用不同浓度磷酸（10%～40%）浸渍油菜秸秆，设置不同炭化温度（200～600℃），氮气条件下以 10℃/min 的升温速率加热，达到设定温度热解 2h 后冷却至室温，对产物进行表征，结果表明，随着热解温度升高，相同磷酸浓度改性得到的生物炭水分含量逐渐减小，而灰分含量逐渐增加，脂肪性逐渐减弱而芳香性逐渐增强；生物炭随着温度的升高逐渐从"软质碳"过渡到"硬质碳"；随着磷酸浓度的增加，微孔含量逐渐减少，中孔含量增加，比表面积逐渐减小，孔径逐渐增大，所得磷酸改性生物炭为介孔材料。

Chu 等（2018）用 42.5%磷酸分别处理生物质和生物炭，然后再次热解生成改性生物炭，结果表明，磷酸预处理生物质或者直接处理生物炭均可以显著增加生物炭的比表面积，由于酸的催化和交联作用，在热解之前用磷酸处理原始生物质得到样品的微孔最大，比表面积最大；另外，晶型纤维素（CL）在形成微孔方面比无定形木质素（LG）显示出更大的优势（图4-7）。微孔的形成机理为：①H_3PO_4 中的 H^+ 通过催化过程有助于微孔的产生；②有机磷酸酯桥通过磷酸根基的交联保护碳骨架免于微孔塌陷。总体而言，磷酸处理生物炭具有较大的表面积和高丰度的多孔结构，同时表面负载的磷有利于对重金属的固定。但是，磷酸改性生物炭在土壤重金属修复方面的研究还较少。

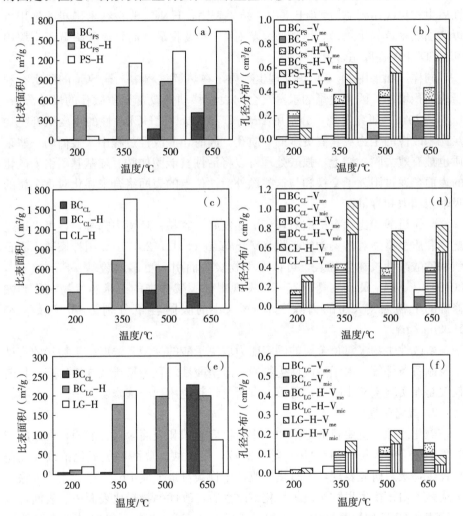

图4-7　松木屑（PS）、纤维素（CL）和木质素（LG）在不同温度下制备的生物炭及其磷酸改性后生物炭的比表面积（a、c、e）和孔径分布（b、d、f）

注：V_{me} 和 V_{mic} 分别是介孔和微孔；PS、CL 和 LG 生成的生物炭分别被标记为 BC_{PS}、BC_{CL} 和 BC_{LG}；H_3PO_4 改性的生物炭后面均带有后缀"-H"，例如：BC_{PS}-H 是磷酸处理松木屑生物炭后再热解，PS-H 是磷酸处理松木屑后热解（Chu et al.，2018）。

其他无机酸，如 HNO_3、H_2SO_4 和 HCl 也已广泛用于生物炭的改性。HNO_3 改性活性炭过程中，由于 HNO_3 侵蚀性可导致微孔壁降解，从而导致总表面积减少（Stavropoulos et al.，2008）。但是，用 HNO_3 改性小麦秸秆生物炭和牛粪生物炭，可以增加生物炭表面的羧基官能团和负电荷，从而增强其对水溶液中 U（Ⅵ）的去除能力（Jin et al.，2018）。Cheng 等（2015）发现与原始纳米黑炭相比，HNO_3 改性纳米黑炭对 Ni 有更大的吸附量，因此将改性后生物炭应用到 Ni 污染土壤中，结果表明，HNO_3 改性纳米黑炭的施用可以增加黑麦草的生物量，增加黑麦草对 Ni 的吸收量，而且显著降低了土壤中 Ni 的 DTPA 提取态含量。

同样，如果用 H_2SO_4 预处理生物质，在热解过程中，H_2SO_4 的脱水有利于表面积增加，因为过量的水蒸气会向表面移动并改善异质微孔的尺寸分布。Li 等（2016）研究发现，分别用 1mol/L 和 6mol/L HCl 改性的小麦秸秆生物炭比未改性的生物炭具有更多的异质孔。同时，酸改性过程中，表面的一些杂质也被有效去除。综上，强酸处理可以将活性官能团如胺、羧基基团引入碳化的表面，通过阳离子交换和与这些额外活性位点的表面络合来强化对重金属的吸附亲和力和容量。

与无机酸相比，有机酸对环境更加友好，容易在环境中降解，且可以通过配体和质子增强对污染物的吸附（Vithanage et al.，2015b）。用柠檬酸、酒石酸和乙酸改性桉树生物炭，可以在生物炭表面引入更多的羧基（Sun et al.，2015）。Leyva - Ramos 等（2005）发现用柠檬酸修饰的玉米芯生物炭比硝酸修饰的生物炭对 Cd 的去除更有效，Cd 的吸附容量分别为 55.2mg/g 和 19.3mg/g。

酸改性生物炭对重金属的固定能力取决于酸的类型、浓度、生物炭的类型以及制备条件等。由于酸改性生物炭一般呈酸性，且不易于大规模生产，目前仅仅是在实验室起步阶段，且很少有研究将其应用到土壤修复当中。

2. 碱化改性

碱化改性的主要目的是增加生物炭比表面积和表面含氧官能团，常用的碱为氢氧化钾和氢氧化钠。Mosa 等（2017）用硫酸、草酸和氢氧化钠改性棉花秸秆生物炭，研究发现，氢氧化钠改性生物炭对重金属 Pb、Cd、Ni 的去除能力最强。山核桃木生物炭被氢氧化钠改性后，改性生物炭比表面积、表面含氧官能团和 CEC 均显著增加，对 Pb^{2+}、Cu^{2+}、Cd^{2+}、Zn^{2+} 和 Ni^{2+} 的去除能力也得到显著提升（Ding et al.，2016）。Bashir 等（2018b）用 2mol/L KOH 改性水稻秸秆生物炭，发现改性后生物炭对 Cd 的最大吸附量（41.9mg/g）是原始生物炭的 3 倍多（表 4 - 2），且改性过程中增加的比表面积、孔隙结构，尤其是表面官能团对吸附过程具有重要贡献。

表 4-2　水稻秸秆生物炭（BC）和 KOH 改性生物炭（ABC）对 Cd 的等温吸附参数

pH	材料	Langmuir		Freundlich		
		R^2	$Q_m/(mg/g)$	K_L	R^2	$Q_m/(mg/g)$
4.5	BC	0.99	8.4	5.65	0.94	0.45
	ABC	0.98	15.5	5.50	0.95	0.45
5.5	BC	0.98	9.7	5.77	0.95	0.47
	ABC	0.97	24.7	5.89	0.95	0.46
6.5	BC	0.98	12.1	5.61	0.93	0.49
	ABC	0.97	41.9	5.74	0.95	0.52

（Mosa et al.，2017）

碱化改性生物炭的性能取决于碱的类型、浓度、生物炭的类型以及制备条件等。对于重金属污染的酸性土壤，碱改性生物炭具有很大的应用潜能。但是关于碱改性生物炭应用于土壤中的研究尚较少。

3. 氧化改性

化学氧化是一种常用的改性方法，其主要可以增加生物炭表面的含氧官能团。常用的氧化剂有 HNO_3、H_2O_2、$KMnO_4$ 等。HNO_3 氧化的椰子纤维生物炭和甘蔗渣生物炭对 Pb 的去除能力（85.2g/kg 和 22.1g/kg）高于原始生物炭（49.5g/kg 和 16.1g/kg）（Wu et al.，2017；El-Banna et al.，2018）；H_2O_2 氧化花生壳炭、牛粪生物炭、污泥生物炭和城市固体废物生物炭对 Pb 的吸附能力分别比原始生物炭提高了 25.9 倍、2.2 倍、1.2 倍和 3.8 倍（Xue et al.，2012；Wang and Liu，2018；Wongrod et al.，2018）；$KMnO_4$ 改性的水稻秸秆生物炭和甘蔗渣生物炭对 Pb 的吸附能力分别为 305g/kg 和 37.5g/kg（Tan et al.，2018；El-Banna et al.，2018），吸附量远高于原始生物炭。

我们用 HNO_3、H_2O_2 和 $KMnO_4$ 氧化油菜秸秆生物炭（BC），并分别记为 BC-HNO_3、BC-H_2O_2 和 BC-Mn，通过批量吸附实验探讨了生物炭的除铅能力和吸附机理，结果表明，与 BC（175mmol/kg）相比，BC-HNO_3 和 BC-H_2O_2 对水体中 Pb 的最大吸附量分别为 526mmol/kg 和 917mmol/kg（图 4-8），其中表面络合的贡献分别占 55.1% 和 39.0%（图 4-9）；BC-Mn 对 Pb 的最大吸附量为 1 343mmol/kg，即使在低 pH（pH=2）和高初始 Pb 浓度（1.0mol/L）下，其去除效率也很高（图 4-8），这是由于 BC-Mn 有巨大的表面积和大量新生成的 MnO_2。

目前，氧化改性生物炭一般应用于水处理。而在自然环境中，生物炭进入土壤后会被缓慢氧化，研究氧化生物炭对重金属的作用可为探究长期环境老化生物炭同土壤中重金属的作用提供一定依据。

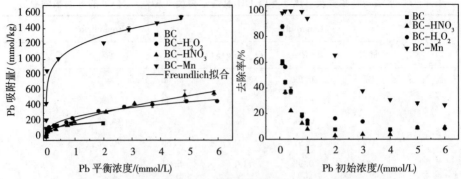

图 4-8　不同生物炭对 Pb 的等温吸附和在不同浓度下对 Pb 的
去除率（Gao et al.，2020b）

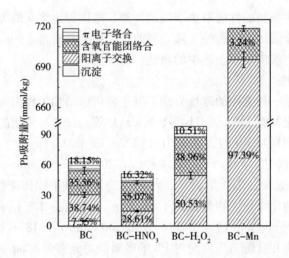

图 4-9　生物炭对 Pb 的吸附机制的相对贡献（Gao et al.，2020b）

4. 负载/复合改性

为增加生物炭固定重金属的能力，大量学者将具有强吸附能力的材料负载到生物炭上或者与生物炭形成复合物，进而再用于重金属的修复。研究表明，同原始生物炭相比，壳聚糖复合生物炭显示出从溶液中去除三种金属（即 Pb^{2+}、Cu^{2+} 和 Cd^{2+}）的增强作用（Zhou et al.，2013）。Zhou 等（2014）利用壳聚糖充当分散剂和黏结剂，合成了零价铁负载生物炭，该复合材料具有出色的去除水溶液中各种污染物（包括重金属、磷酸盐和亚甲基蓝）的能力，同时该复合材料有磁性，更容易被收集。另外，Deng 等（2017）合成了壳聚糖-均苯四甲酸二酐（PMDA）复合生物炭，与原始生物炭相比，新型改性生物炭具有更多的表面官能团；吸附实验表明，溶液的初始 pH 会影响生物炭在单金属和多金属系统中吸附重金属的能力，壳聚糖-PMDA复合生物炭对Cu具有较强的选择性吸附；化学吸附是壳聚糖-PMDA复合生物炭去除重金属的主要机理。Liu等（2019）将稻壳浸渍到$Fe_2(SO_4)_3$溶液中，随后热解合成了纳米零价铁复合稻壳生物炭，该复合材料具有高的热稳定性和抗氧化性，同时可以显著降低Cr（Ⅵ）污染土壤渗滤液中的Cr（Ⅵ）含量。

Zhang和Gao（2013）发现生物炭表面存在AlOOH纳米颗粒可以极大地提高对砷的吸附能力。Song等（2014）和Wang等（2015）发现，负载MnO_x的生物炭对水中铜和砷的吸附能力增强。Agrafioti等（2014）分别将CaO溶液、FeO粉末、$FeCl_3$溶液与稻壳、有机固体废弃物混合，将制备好的复合材料应用于As（Ⅴ）的去除，发现复合材料对As的去除率（50%～95%）高于未经复合的原始生物炭（25%～55%）。同时，也有大量研究合成了磁性生物炭，用于去除水体所含的砷、镉和铅（Mohan et al.，2014；Zhang et al.，2013；Wang et al.，2015）。

各种复合生物炭对于废水处理而言，可以高效去除水体中重金属，很有应用价值，并且有些磁性生物炭还更加利于回收，但是复合材料在土壤修复上的应用尚待探索。另外，因修饰增加了生物炭的生产成本，也可能会限制其实际应用。

5. 共热解改性

共热解生物炭是指外源物质同生物质复合后共热解生成的物质。Zhao等（2016）将过磷酸钙（TSP）和骨粉（BM）分别同木屑和柳枝稷按照1∶4（W/W）的比例混合后放置于500℃、N_2氛围下共热解2h，探究热解产物的碳回收率和对土壤中重金属的固定能力。研究发现，磷酸钙和骨粉的添加将木屑生物炭中的生物质碳保留量分别提高至68.4%和59.2%，与原始生物炭相比增加了27.9%和10.7%；对于柳枝稷生物炭，碳保留量增加至74.7%（TSP）和58.5%（BM），分别增加了35.8%和6.36%。原始生物炭对土壤中Pb、Cu和Cd的固定率分别为6.92%～11.3%、6.32%～6.57%和0.00%～5.04%；过磷酸钙共热解生物炭对Pb、Cu和Cd的固定率分别为27.7%～27.8%、11.3%～12.6%和4.63%～8.74%；骨粉共热解生物炭对Pb、Cu和Cd的固定率分别为40.2%～43.4%、7.94%～12.5%和13.4%～13.7%。总之，同原始生物炭相比，磷肥共热解生物炭的碳回收率和对重金属的固定能力均显著提高（图4-10）。

生物炭和磷酸盐均可以从水中去除铅，但是关于生物炭-磷酸盐复合物去除水体铅的研究很少。Gao等（2019）将油菜秸秆分别与$Ca(H_2PO_4)_2 \cdot H_2O$和KH_2PO_4以5∶1（W∶W）的比例共热解，制备得到生物炭-正磷酸盐复合材料，分别记为WBC-Ca和WBC-K，探讨共热解生物炭对铅的去除能力及机理。结果表明，同原始生物炭相比，共热解生物炭具有更强的Pb去除能

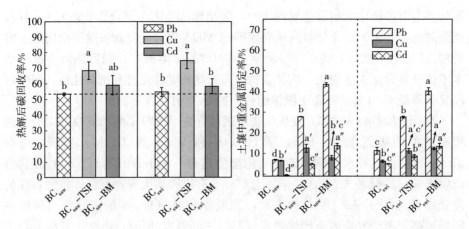

图 4-10　两种磷肥（过磷酸钙，TSP；骨粉，BM）同木屑（Sawdust）和柳枝稷
　　　　（Switchgrass）共热解后对生物炭的碳回收和土壤重金属的固定能力的
　　　　影响（Zhao et al.，2016）

力，原始生物炭、WBC-Ca 和 WBC-K 对 Pb 的最大吸附量分别为 184.1mmol/
kg、566.3mmol/kg 和 1 559mmol/kg（图 4-11）。用 FTIR、XRD、XPS 和
NMR 探究其机理，结果表明，共热解生物炭中的磷在 Pb 去除过程中起重要
作用，且三种生物炭同 Pb 作用后分别形成了 $Pb_5(PO_4)_3Cl$、$Pb_2P_2O_7$ 和 $Pb_{n/2}$
$(PO_3)_n$ 沉淀。磷的形态在共热解过程中发生了转化，WBC-Ca 中的正磷酸盐
主要转化为焦磷酸盐，而 WBC-K 中的正磷酸盐可转化为偏磷酸盐和焦磷酸
盐。另外，Gao 等（2020a）发现，与原始生物炭相比，油菜秸秆和磷酸二氢
钾共热解制备的生物炭对土壤中 Pb、Cd 和 Cu 的固定能力更强；在 Pb、Cd

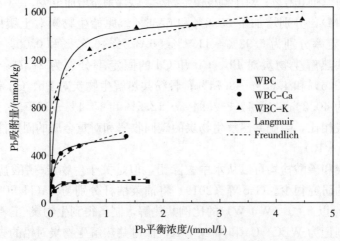

图 4-11　WBC、WBC-Ca 和 WBC-K 对 Pb 的等温吸附结果（Gao et al.，2019）

和 Cu 复合污染的土壤中添加共热解生物炭可以将重金属从不稳定的形态转变为更加稳定的形态，从而使 TCLP 提取重金属的含量降低，重金属的生态风险相应降低；共热解生物碳对土壤中重金属的固定机制包括生物炭上的磷、—OH 和—COOH 与重金属的直接相互作用及生物炭添加导致土壤 pH 和有效磷含量增加的间接作用。

　　但是，由于材料之间的差异，并不是所有的含磷材料均可以有效增强生物炭对重金属的固定能力。Gao 等（2019）将油菜秸秆和磷矿粉分别按照 1∶0、5∶1、2∶1 和 1∶1（W/W）的比例混匀后在 500℃ 限氧条件下热解 2h，研究发现，少量磷矿粉添加对生物炭吸附 Pb 的影响不大，但是大量添加磷矿粉后会显著降低生物炭对 Pb 的去除量（图 4-12）。自然界中存在大量的各种各样的外源矿物质，这些矿物在热解过程中会对生物炭产生一定的影响，但是目前针对这方面的研究并不多，还有更多的未知内容需要我们去探究。

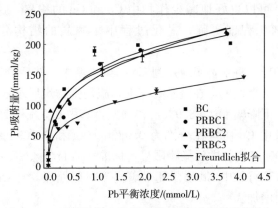

图 4-12　油菜秸秆生物炭及磷矿粉-油菜秸秆共热解
生物炭对水体中 Pb 的等温吸附结果

　　改性方法的适用性和性能取决于污染物的类型（即无机/有机、阴离子/阳离子、亲水/疏水、极性/非极性）、环境条件、修复目标和土地用途。经过改性或复合后的生物炭虽然具有了更优良的性质，但是大多停留在实验室阶段，对于改性生物炭在土壤修复上的推广以及具体应用过程中所需的工程技术支持尚刚起步，同时，大规模应用还需要进行可行性研究和成本-效益分析，以期对生物炭潜力更加深入地挖掘。

四、田间管理对生物炭钝化土壤重金属的影响

　　除生物炭本身性质对土壤中重金属的影响具有重要作用外，田间管理（水分灌排、肥料用量、钝化时间）、季节气候、种植作物等因素均与土壤中重金属的形态和转化密切相关。本节主要分析了田间水分管理、肥料用量、钝化时

间等因素对生物炭钝化土壤重金属的影响。

1. 水分管理

土壤水分可以通过改变土壤 pH、Eh、有机碳和铁氧化物含量等，影响土壤中重金属的形态分布和转化（Honma et al.，2016），因此，生物炭对土壤中重金属的固定效果容易受到水分条件的影响（Islam et al.，2021；Rizwan et al.，2018）。明确水分条件对生物炭钝化土壤重金属的影响可为生物炭应用过程中的田间管理提供重要依据。

Carrijo 等（2019）在水稻不同生长时期进行了干旱处理，研究发现，与连续淹水对照相比，在孕穗期或者抽穗期进行一段时间的干旱处理可以降低水稻中 As 的积累。Cang 等（2020）的研究发现，生物炭添加到 Cd 和 Cu 复合污染的土壤中后，干湿循环和干旱处理均可使土壤有效态 Cd 和 Cu 的含量降低（15.9%~65.0%），但在干湿循环处理下生物炭的施用更加有利于重金属的固定，可以更好地减少作物中 Cd 和 Cu 的积累，这是由于干旱条件下生物炭的老化程度更强，老化过程中生物炭的结构分解会释放出重金属。

王维等（2015）将生物炭应用到 Cd 污染土壤中，然后分别进行淹水和干旱的水分管理，结果发现，在淹水处理下，施用生物炭后水稻籽粒中 Cd 质量比均明显下降，下降幅度达 36.9%~73.4%，其中 0.5% 和 1% 生物炭施用量处理下水稻籽粒中 Cd 质量比分别为 0.086mg/kg 和 0.109mg/kg，已低于国家 GB 2762—2005《食品中污染物限量》标准 0.2mg/kg。但是在干旱处理下，施用生物炭后水稻籽粒中 Cd 质量比显著高于对照处理，且 Cd 质量比随生物炭施用量增加而增加。

我们也针对不同水分管理对生物炭钝化水稻土中铅和镉的影响做了相关研究，首先将生物炭以 1% 添加量与铅镉复合污染土壤混合均匀，培养过程中分别设置了 30% 田间持水量（WHC）、干湿交替和长期淹水 3 个不同水分管理方式，实验室内培养 90d 后采用 TCLP 提取法分析土壤中有效态重金属的含量。结果如图 4-13 所示，同 30% 田间持水量处理下的土壤相比，添加生物炭后，三种水分条件下 TCLP 提取态 Pb、Cd 含量的降低幅度依次为淹水＞干湿交替＞30%WHC，其中淹水条件下 Pb、Cd 含量分别下降了 30.17%、13.83%。

因此，在生物炭钝化重金属过程中，田间水分管理也非常重要，但是目前关于田间水分管理对生物炭钝化土壤重金属的研究还比较少，关于水分管理对生物炭固定重金属影响机理的认识有限，为了增强生物炭对重金属的钝化，我们需要结合农艺措施进行更多的研究，尤其是原位大田试验研究，将生物炭的作用发挥到最大。

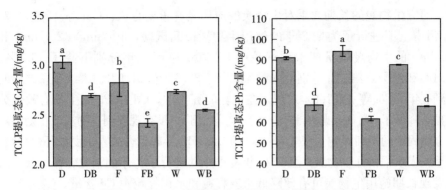

图 4-13　不同处理对 TCLP 提取态重金属含量的影响（汤家庆 等，2021）
注：D 为 30%WHC，DB 为 30%WHC＋生物炭，W 为干湿交替，WB 为干湿交替＋生物炭，F 为淹水，FB 为淹水＋生物炭。

2. 肥料管理

农业生产中，施肥是提高作物产量的必要措施，农民通常会通过施用大剂量化学肥料来实现高产，化肥的过量施用已导致大面积农田土壤发生酸化，使土壤 pH 降低 0.13～2.20 个单位（Miao et al.，2011），从而导致土壤中重金属的生物有效性增加。而生物炭的石灰效应可以缓解由土壤 pH 降低而产生的重金属风险（Jien and Wang，2013）。因此，生物炭和化学肥料的配施有望缓解因单独施用化学肥料带来的土壤酸化，同时，由于生物炭具有吸附性，生物炭和化肥配施还可以降低土壤氮、磷流失，提高肥料利用率，促进作物增产（白玉超等，2020）。Rafael 等（2019）研究了不同原料（玉米皮、芒果树枝干、稻壳）生物炭同氮、磷、钾联合施用对土壤性质的影响，结果表明，生物炭与氮、磷、钾肥料配合施用可以提高土壤的化学活性和酶活性。另外，生物炭同化肥配施对土壤中重金属活性产生影响，如喻成龙等（2019）发现，翻压紫云英条件下化肥配施生物炭基肥可以提高水稻产量，抑制水稻对铜的吸收和转运，降低水稻籽粒中铜含量。

大多数田间单独使用的 N、P_2O_5 和 K_2O 剂量为 101～150kg/hm²，但在某些情况下，施氮量高达 250kg/hm²。随着肥料的增加，可能掩盖生物炭的影响，故生物炭对作物产量产生影响的机会减小。另外，增加肥料用量（单独考虑 N、P_2O_5 和 K_2O 的用量）会对生物炭固定 Cd 产生负面影响（O'Connor et al.，2018）。因此，虽然保持高肥料剂量以维持产量比较符合农民的短期利益，但在重金属污染地区，施用生物炭修复农田土壤重金属污染的情况下，为了使生物炭发挥作用，减少农作物中重金属的积累，一定要注意肥料用量。

3. 钝化时间

土壤钝化修复是一个长期的过程，生物炭钝化土壤重金属的有效性最初可能会随时间推移而提高，但由于老化作用，生物炭的有效性可能又会减弱，因此，研究生物炭的长期效果对生物炭的应用具有重要意义。Cui 等（2011）对 Cd 污染土壤进行了为期 2 年的施用生物炭田间试验，10t/hm²、20t/hm² 和 40t/hm² 的生物炭用量使水稻籽粒中 Cd 富集率第一年分别下降了 16.8%、37.1% 和 45%，第二年分别下降了 42.7%、39.9% 和 61.9%。继续延长试验时间到五年，Cui 等（2016b）发现，在试验的五年中，Cd 和 Pb 的生物有效性分别显著降低了 8%~45% 和 14%~50%，该试验中没有观察到生物炭老化期间对重金属固定的不利影响。张莹等（2020）从 2010 年起稻季施入小麦秸秆生物炭、麦季施入水稻秸秆生物炭，至 2016 年麦季止共进行了 7 年的稻麦轮作试验，研究发现长期施用生物炭可有效降低小麦籽粒和水稻籽粒中 Cd 含量。

自然条件下的各种环境因素会导致生物炭理化性质的变化（Hale et al.，2011；Rechberger et al.，2017）。生物炭的碱性会由于碱性矿物的浸出和缓慢的表面氧化而降低，这可能会影响其固定重金属的能力。例如，Cui 等（2016a）的田间试验结果表明，经过生物炭处理后，土壤 pH 和土壤有机质含量开始增加，但随时间延长会呈现下降趋势；此外，经过生物炭处理的土壤渗滤液中 Cu 和 Cd 的浓度会随时间延长而增加；他们还发现，土壤 pH 与可利用的 Cu 和 Cd 浓度呈显著负相关，随着时间的推移，土壤 pH 的降低可能是重金属生物有效性增加的主要原因。

生物炭本身的自然降解速度非常缓慢，预计在环境中生物炭的 C 半衰期为 102~107 年（Zimmerman，2010）。因此，在大多数土壤修复项目的时间范围内，生物炭被认为是惰性的，具有长时间固定土壤污染物的潜力（Sizmur et al.，2016）。然而，考虑到现有田间研究的衰减期相对较短以及田间老化的潜在影响，生物炭的长期有效性仍然是不确定的。

第三节 生物炭在土壤重金属钝化中的应用与实践

目前关于生物炭修复重金属污染土壤的研究大多在实验室中进行，较少在田间检验，同实验室条件下简化、均匀和精心管理相比，田间试验中温度、降水和农艺管理等复杂现场条件均会影响试验结果，使得生物炭进行田间试验的结果与实验室内结果可能会有很大差异。为了更好地了解生物炭对土壤中重金属的影响，下面将讨论使用生物炭固定重金属的田间试验结果。

在田间试验中，生物炭的施用量通常在 1.5~40t/hm² 之间（大多数情况下超过 10t/hm²）（He et al.，2019）。考虑到生物炭的生产成本问题，田间试验通常使用水稻和小麦等大宗农作物废弃物衍生的生物炭。大多数田间试验分布在中国南部（亚热带季风气候地区），包括江苏、福建、广东和湖南等省（He et al.，2019），因此，针对不同气候类型下生物炭的修复效果需作进一步研究。

田间试验中，生物炭对不同类型重金属作用不同。广东的田间试验表明，当生物炭施用量为 $1.5\sim30t/hm^2$ 时，重金属（Pb、Cu、Cd）的利用率显著降低（Nie et al.，2018）。但是，Khan 等（2014）的试验结果表明，在位于福建的田间试验中，生物炭对 Zn（Ⅱ）的生物利用率没有影响，但显著降低了 Pb（Ⅱ）和 Cd（Ⅱ）的浓度。

为探究生物炭在田间试验中的长期影响，Sui 等（2018）开展了一项为期 3 年的场地试验。但试验的第一年发生了干旱，而随后两年发生了极端洪水事件。结果表明，当生物炭施用量为 $20t/hm^2$ 时，Cd 和 Pb 的生物有效性在第 1 年显著下降，但在第 2 年和第 3 年变化不显著。这可能是由于受气候变化的影响，例如干旱和洪水交替发生，影响氧化还原动态过程，然后降低生物炭对碱性土壤中 Cd 和 Pb 迁移性的影响。

Lan 等（2021）通过近三年田间定位试验确定了生物炭和碱性无机材料配合施用对酸性土壤重金属污染危害的持续消减效果。通过在韶关酸性重金属污染农田开展的三年定点小区试验表明，高用量生物炭（$30t/hm^2$）可以有效持续促进玉米生长，并且降低玉米对重金属的吸收，和无机碱性材料配合施用时可取得更好的效果，且大幅度降低生物炭使用量（$10t/hm^2$），成本降低。生物炭和无机碱性材料配合施用显著提高了土壤 pH 和总有机碳水平，分别提高了 $0.68\sim1.44$ 个单位和 $16.2\%\sim30.3\%$，镉/铅的有效性分别降低了 $52.4\%\sim68.6\%$ 和 $28.3\%\sim40.8\%$。此外，该田间试验的成本分析结果表明，将生物炭和碱渣组合应用于污染土壤具有经济效益，但单独应用生物炭则没有经济效益。

在其他国家也有关于生物炭对污染场地修复的报道。Peltz 等（2011）试图在美国废弃矿区重建原生植被并减少重金属污染，他们利用废石地区和部分复垦的森林土壤进行田间试验，发现在低 pH（pH<5）且重金属浓度超过植物生长毒性阈值的地方，生物炭可以显著改善土壤性质和植被的生长。另外，在英国某化工污染场地中添加木材生物炭，结果表明，在 3 年的碳酸浸出测试中，镍和锌的有效浓度显著降低（$83\%\sim98\%$），但是草种的发芽却一直失败（Shen et al.，2016）。

迄今为止，我国大多数现场试验都是在一个气候带（即中国潮湿的亚热带地区）内进行，需要根据不同的气候和土壤环境进行更多的研究。同时，当前田间试验规模均较小，需扩大生物炭应用于重金属污染土壤修复的研究尺度，长期定位监测修复效果。

第四节　生物炭修复重金属污染土壤的挑战与展望

一、生物炭在土壤中应用的潜在环境风险

生物炭作为一种新型的材料，其高度稳定性、多孔性和较强的吸附能力为

其在环境中的应用提供了基础，尽管如此，生物炭在钝化重金属方面并不是完美的，其在应用过程中逐渐暴露了一些潜在的环境风险问题。

有不少研究结果表明，生物炭在制备过程中会产生多环芳烃、焦油、二噁英、烷烃、烟尘、CO、NO_x、SO_x 等污染物，由于很多制备生物炭的原料来自废弃物，这些材料本身可能就含有各种污染物（Kumar et al.，2018；O'Connor et al.，2018），而这些污染物在热解的过程中会被浓缩或者其生物有效性会被改变（Weber and Quicker，2018）。施用生物炭后，有毒物质（HMs、PAHs 等）可能会释放到土壤中，增加人类健康风险（Li et al.，2018；Wang et al.，2018）。因此，在使用生物炭的过程中需要注意分析和评估土壤生态环境的潜在风险，明确生物炭施用对土壤环境质量的负面影响。

生物炭可以固定土壤中重金属离子，但大部分研究局限于短期，且没有从根本上减少土壤中重金属的含量，随着时间的迁移，或者土壤环境的改变，重金属离子可能被重新释放到环境中，再次引起环境污染。因此，在生物炭实际应用之前，需要了解生物炭固定污染物的能力随着时间的推移而改变的程度，如果没有长期的田间研究，就无法证明目前的一些推测。

较高的生物炭添加量会加强污染物的固定和碳的固存，但价格会更昂贵，并且生物炭对植物养分会产生影响，固定重金属的过程中可能导致土壤肥力下降（Rondon et al.，2007）。再者，在高施用量下，由于生物炭不能被动物消化，其可能会对土壤动物产生毒性。另外，由于焦炭本身也会将污染物带入土壤中，例如多环芳烃（Thies and Rillig，2009）等，随着时间的积累可能会对环境产生更大的危害。有很多研究表明，用源自农作物残渣的生物炭对土壤进行改良，可以提高土壤中的硫酸盐和溶解性有机碳水平，进而促进土壤中甲基汞微生物的产生和甲基汞的生物累积（Shu et al.，2016；Wang et al.，2019；Zhang et al.，2018）。

生物炭的密度低，将生物炭施用到土壤中可能会产生粉尘，特别是在机械作业过程中。Li 等（2018）发现，用2％核桃壳生物炭（W/W）处理的土壤，粉尘排放量高于对照土壤，并且随着生物炭施用量的增加而增加，因此，将生物炭应用于农业土壤时，粉尘可能会对人体健康构成威胁，特别是生物炭中所含的有毒化学物质可能会危害人类健康。所以，建议在生物炭施用期间，通过浇水保持高土壤湿度，减少粉尘暴露，或通过造粒技术生产生物炭颗粒。

再者，重金属胁迫可诱导植物细胞内积累过多的活性氧（ROS），如超氧阴离子自由基、羟基自由基（·OH）和过氧化氢（H_2O_2），从而加速植物的衰老，由于这些 ROS 与生物分子发生反应，导致细胞膜损伤和酶失活，从而影响细胞活力（Noctor and Foyer，1998）。生物炭本身具有持久性自由基，会产生 ROS，生物炭在进入重金属污染的土壤-植物系统中后，由重金属、ROS

参与的电子转移、芬顿反应等过程产生的自由基作用引发的植物代谢变化还有待于研究。

二、总结与展望

生物炭是近年来迅速发展起来的热点研究领域之一，生物炭取之于农，亦可用之于农。生物炭在农田土壤重金属的修复应用上具有广阔前景。目前生物炭在土壤重金属钝化和修复上的应用还停留在实验室和田间的理论阶段，对于生物炭在工业和农业上的生产推广还处于起步阶段。从理论上看，生物炭理论基础浅显易懂，技术手段成熟简单，使得这项技术有着在全世界各地广泛应用的巨大潜力，面对我国土壤重金属污染的严峻现状，生物炭在土壤修复过程中将会发挥巨大作用。但是，生物炭原料来源广泛，处理过程多元化，造成它的高度异质性，给应用效果带来了许多不确定因素。目前研究具有以下难点：①生物炭和土壤均为复杂体系，对于不同类型生物炭与重金属污染土壤的修复效果的构效关系认识不足，要系统探明两者的相互作用机制还需在技术手段和分析方法上不断推进；②现有研究大多是针对生物炭的离土性质，对入土老化过程生物炭形态变化与功能之间的关系了解还非常少；③我国土壤类型丰富，不同地区土壤性质差异大，污染类型复杂，生物炭对特定污染土壤类型的改良效果还缺乏系统的、长期的研究；④很多室内及田间模拟实验表明，在短期内生物炭对土壤具有一定的改良作用，但生物炭对土壤的长期效应还需进一步的研究；⑤没有应用标准，必须建立生物炭应用监管框架，以确保应用安全；⑥需要明确生物炭对土壤生态系统的不利影响，尽可能全面辩证地考虑生物炭的缺点，并提供有效的方法来减轻负面效应；⑦由于生物炭原料收集、运输过程和生物炭制备过程成本过高，将生物炭应用于农田土壤的经济效益仍不令人满意。

因此，关于生物炭在土壤重金属修复领域的研究还有很大的发展空间，今后对于生物炭的研究，有以下方向需要深入：①开发一些普适的方法，使生物质制备的炭材料都具有某些共性特点；②针对特定的生物质制备具有特殊结构的炭材料，满足应用的需要；③生物炭本身重金属毒性的释放研究；④利用物理化学手段对生物炭进行修饰，以提高其吸附污染物的有效性和针对性。

参 考 文 献

白玉超，王德汉，段继贤，等，2020. 生物炭、沸石与化肥配施的农学和环境效应的研究进展［J］. 中国农学通报，36：93 - 100.

陈温福，张伟明，孟军，2013. 农用生物炭研究进展与前景［J］. 中国农业科学，46：

3324 – 3333.

黄超，刘丽君，章明奎，2011. 生物质炭对红壤性质和黑麦草生长的影响 [J]. 浙江大学学报：农业与生命科学版，37：439 – 445.

简敏菲，高凯芳，余厚平，2016. 不同裂解温度对水稻秸秆制备生物炭及其特性的影响 [J]. 环境科学学报，36：1757 – 1765.

汤家庆，张绪，黄国勇，等，2021. 水分条件对生物炭钝化水稻土铅镉复合污染的影响 [J]. 环境科学，42：1185 – 1190.

王维，仓龙，俞元春，等，2015. 生物质炭施用和不同水分管理对水稻生长和 Cd 吸收的影响 [J]. 安全与环境学报，15：310 – 314.

武玉，徐刚，吕迎春，等，2014. 生物炭对土壤理化性质影响的研究进展 [J]. 地球科学进展，29：68 – 79.

袁金华，徐仁扣，2010. 稻壳制备的生物质炭对红壤和黄棕壤酸度的改良效果 [J]. 生态与农村环境学报，26：472 – 476.

喻成龙，汤建，喻惟，等，2019. 翻压紫云英条件下化肥配施生物炭基肥对水稻 Cu 吸收转运的影响 [J]. 农业环境科学学报，38：2095 – 2102.

张莹，吴萍，孙庆业，等，2020. 长期施用生物炭对土壤中 Cd 吸附及生物有效性的影响 [J]. 农业环境科学学报，39：1019 – 1025.

Ahmad M，Ok Y S，Kim B Y，et al.，2016. Impact of soybean stover – and pine needle – derived biochars on Pb and As mobility，microbial community，and carbon stability in a contaminated agricultural soil [J]. Journal of Environmental Management，166：131 – 139.

Ahmad M，Rajapaksha A U，Lim J E，et al.，2014. Biochar as a sorbent for contaminant management in soil and water：a review [J]. Chemosphere，99：19 – 33.

Banik C，Lawrinenko M，Bakshi S，et al.，2018. Impact of pyrolysis temperature and feedstock on surface charge and functional group chemistry of biochars [J]. Journal of Environmental Quality，47：452.

Bashir S，Hussain Q，Shaaban M，et al.，2018a. Efficiency and surface characterization of different plant derived biochar for cadmium（Cd）mobility，bioaccessibility and bioavailability to Chinese cabbage in highly contaminated soil [J]. Chemosphere，211：632 – 639.

Bashir S，Zhu J，Fu Q，et al.，2018b. Comparing the adsorption mechanism of Cd by rice straw pristine and KOH – modified biochar [J]. Environmental Science and Pollution Research，25：11875 – 11883.

Beesley L，Moreno – Jiménez E，Gomez – Eyles J L，et al.，2011. A review of biochars' potential role in the remediation，revegetation and restoration of contaminated soils [J]. Environmental Pollution，159：3269 – 3282.

Beesley L，Moreno – Jiménez E，Gomez – Eyles J L，2010. Effects of biochar and greenwaste compost amendments on mobility，bioavailability and toxicity of inorganic and organic contaminants in a multi – element polluted soil [J]. Environmental Pollution，158：2282 – 2287.

Long C，Xing J，Liu C，et al.，2020. Effects of different water management strategies on the stability of cadmium and copper immobilization by biochar in rice - wheat rotation system [J]. Ecotoxicology and Environmental Safety, 202: 110887.

Cao X, Harris W, 2010. Properties of dairy - manure - derived biochar pertinent to its potential use in remediation [J]. Bioresource Technology, 101: 5222 - 5228.

Cao X, Ma L, Gao B, et al., 2009. Dairy - manure derived biochar effectively sorbs lead and atrazine [J]. Environmental Science and Technology, 43: 3285 - 3291.

Carrijo D R, Li C, Parikh S J, et al., 2019. Irrigation management for arsenic mitigation in rice grain: Timing and severity of a single soil drying [J]. Science of the Total Environment, 649: 300 - 307.

Chen W, Meng J, Han X, et al., 2019. Past, present, and future of biochar [J]. Biochar, 1: 75 - 87.

Cheng J, Yu L, Li T, et al., 2015. Effects of nanoscale carbon black modified by HNO_3 on immobilization and phytoavailability of Ni in contaminated soil [J]. Journal of Chemistry, 2: 1 - 7.

Chu G, Zhao J, Huang Y, et al., 2018. Phosphoric acid pretreatment enhances the specific surface areas of biochars by generation of micropores [J]. Environmental Pollution, 240: 1 - 9.

Cui H, Fan Y, Fang G, et al., 2016a. Leachability, availability and bio - accessibility of Cu and Cd in a contaminated soil treated with apatite, lime and charcoal: a five - year field experiment [J]. Ecotoxicology and environmental safety, 134: 148 - 155.

Cui L, Li L, Zhang A, Pan G, 2011. Biochar amendment greatly reduces rice Cd uptake in a contaminated paddy soil: a two - year field experiment [J]. Bioresources, 6: 2605 - 2618.

Cui L, Pan G, Li L, et al., 2016b. Continuous immobilization of cadmium and lead in biochar amended contaminated paddy soil: a five - year field experiment [J]. Ecological Engineering, 93: 1 - 8.

Demirbas A, 2004. Determination of calorific values of bio - chars and pyro - oils from pyrolysis of beech trunk barks. Journal of Analytical and Applied Pyrolysis, 72: 215 - 219.

Deng J, Liu Y, Liu S, et al., 2017. Competitive adsorption of Pb（Ⅱ）, Cd（Ⅱ）and Cu（Ⅱ）onto chitosan - pyromellitic dianhydride modified biochar [J]. Journal of colloid and interface science, 506: 355 - 364.

Ding Z, Hu X, Wan Y, et al., 2016. Removal of lead, copper, cadmium, zinc, and nickel from aqueous solutions by alkali - modified biochar: Batch and column tests [J]. Journal of Industrial and Engineering Chemistry, 33: 239 - 245.

Downie A, Crosky A, Munroe P, 2009. Physical properties of biochar [J]. Biochar for environment management: science and technology, 2: 13 - 32.

El - Banna M F, Ahmed M, Bin G, et al., 2018. Sorption of lead ions onto oxidized bagasse - biochar mitigates Pb - induced oxidative stress on hydroponically grown chicory: experimental observations and mechanisms [J]. Chemosphere, 208: 887 - 898.

Fellet G, Marchiol L, Delle Vedove G, et al., 2011. Application of biochar on mine tailings: Effects and perspectives for land reclamation [J]. Chemosphere, 83: 1262 - 1267.

Gao R, Fu Q, Hu H, et al., 2019. Highly - effective removal of Pb by co -pyrolysis biochar derived from rape straw and orthophosphate [J]. Journal of Hazardous Materials, 371: 191 - 19.

Gao R, Hu H, Fu Q, et al., 2020a. Remediation of Pb, Cd, and Cu contaminated soil by co - pyrolysis biochar derived from rape straw and orthophosphate: Speciation transformation, risk evaluation and mechanism inquiry [J]. Science of The Total Environment, 730: 139119.

Gao R, Xiang L, Hu H, et al., 2020b. High - efficiency removal capacities and quantitative sorption mechanisms of Pb by oxidized rape straw biochars [J]. Science of The Total Environment, 699: 134262.

Grossman J M, O'Neill B E, Tsai S M, et al., 2010. Amazonian anthrosols support similar microbial communities that differ distinctly from those extant in adjacent, unmodified soils of the same mineralogy [J]. Microbial ecology, 60: 192 - 205.

Hale S, Hanley K, Lehmann J, et al., 2011. Effects of chemical, biological, and physical aging as well as soil addition on the sorption of pyrene to activated carbon and biochar [J]. Environmental Science and Technology, 45: 10445 - 10453.

Harter R D, 1983. Effect of soil pH on adsorption of lead, copper, zinc, and nickel [J]. Soil Science Society of America Journal, 47: 47 - 51.

Hassan M, Liu Y, Naidu R, et al., 2020. Influences of feedstock sources and pyrolysis temperature on the properties of biochar and functionality as adsorbents: A meta - analysis [J]. Science of The Total Environment, 744: 140714.

He L, Zhong H, Liu G, et al., 2019. Remediation of heavy metal contaminated soils by biochar: Mechanisms, potential risks and applications in China [J]. Environmental Pollution, 252: 846 - 855.

Honma T, Ohba H, Kaneko - Kadokura A, et al., 2016. Optimal soil Eh, pH, and water management for simultaneously minimizing arsenic and cadmium concentrations in rice grains [J]. Environmental science and Technology, 50: 4178.

Inyang M, Gao B, Yao Y, et al., 2016. A review of biochar as a low - cost adsorbent for aqueous heavy metal removal [J]. Critical Reviews in Environmental Science and Technology, 46: 406 - 433.

Inyang M, Gao B, Zimmerman A, et al., 2014. Synthesis, characterization, and dye sorption ability of carbon nanotube - biochar nanocomposites [J]. Chemical Engineering Journal, 236: 39 - 46.

Islam M S, Chen Y, Weng L, et al., 2021. Watering techniques and zero - valent iron biochar pH effects on As and Cd concentrations in rice rhizosphere soils, tissues and yield [J]. Journal of Environmental Sciences, 100: 144 - 157.

Jiang T Y, Jiang J, Xu R K, et al., 2012. Adsorption of Pb (Ⅱ) on variable charge soils amended with rice‐straw derived biochar [J]. Chemosphere, 89: 249‐256.

Jien S H, Wang C S, 2013. Effects of biochar on soil properties and erosion potential in a highly weathered soil [J]. Catena, 110: 225‐233.

Jin J, Li S, Peng X, et al., 2018. HNO₃ modified biochars for uranium (Ⅵ) removal from aqueous solution [J]. Bioresource Technology, 256: 247‐253.

Karim A A, Kumar M, Singh S K, et al., 2017. Potassium enriched biochar production by thermal plasma processing of banana peduncle for soil application [J]. Journal of Analytical and Applied Pyrolysis, 123: 165‐172.

Khan S, Reid B J, Li G, et al., 2014. Application of biochar to soil reduces cancer risk via rice consumption: a case study in Miaoqian village, Longyan, China [J]. Environment International, 68: 154‐161.

Kumar A, Joseph S, Tsechansky L, et al., 2018. Biochar aging in contaminated soil promotes Zn immobilization due to changes in biochar surface structural and chemical properties [J]. Science of the Total Environment, 626: 953‐961.

Laird D A, Fleming P, Davis D D, et al., 2010. Impact of biochar amendments on the quality of a typical Midwestern agricultural soil [J]. Geoderma, 158: 443‐449.

Lee X J, Lee L Y, Gan S, et al., 2017. Biochar potential evaluation of palm oil wastes through slow pyrolysis: thermochemical characterization and pyrolytic kinetic studies [J]. Bioresource Technology, 236: 155‐163.

Leyva‐Ramos R, Bernal‐Jacome L A, Acosta‐Rodriguez I, 2005. Adsorption of cadmium (Ⅱ) from aqueous solution on natural and oxidized corncob [J]. Separation and Purification Technology, 45: 41‐49.

Li Y, Liu X, Wu X, et al., 2018. Effects of biochars on the fate of acetochlor in soil and on its uptake in maize seedling [J]. Environmental Pollution, 241: 710‐719.

Liu X, Yang L, Zhao H, et al., 2019. Pyrolytic production of zerovalent iron nanoparticles supported on rice husk‐derived biochar: simple, in situ synthesis and use for remediation of Cr (Ⅵ)‐polluted soils [J]. Science of the Total Environment, 708: 134479.

Ma Y, Shen Y, Liu Y, 2020. State of the art of straw treatment technology: challenges and solutions forward [J]. Bioresource Technology, 313: 123656.

Meyer S, Bright R M, Fischer D, et al., 2012. Albedo impact on the suitability of biochar systems to mitigate global warming [J]. Environmental Science and Technology, 46: 12726‐12734.

Miao Y, Stewart B A, Zhang F, 2011. Long‐term experiments for sustainable nutrient management in China. A review [J]. Agronomy for Sustainable Development, 31: 397‐414.

Mohan D, Kumar H, Sarswat A, et al., 2014. Cadmium and lead remediation using magnetic oak wood and oak bark fast pyrolysis bio‐chars [J]. Chemical Engineering Journal, 236: 513‐528.

Mosa A A, El-Ghamry A, Al-Zahrani H, et al., 2017. Chemically modified biochar derived from cotton stalks: characterization and assessing its potential for heavy metals removal from wastewater [J]. Environment, Biodiversity and Soil Security, 1: 33-45.

Nie C, Yang X, Niazi N K, et al., 2018. Impact of sugarcane bagasse-derived biochar on heavy metal availability and microbial activity: a field study [J]. Chemosphere, 200: 274-282.

Noctor G, Foyer C H, 1998. Ascorbate and glutathione: keeping active oxygen under control [J]. Annual Review of Plant Biology, 49: 249-279.

Park J H, Choppala G K, Bolan N S, et al., 2011. Biochar reduces the bioavailability and phytotoxicity of heavy metals [J]. Plant and Soil, 348: 439.

Park J H, Wang J J, Kim S H, et al., 2019. Cadmium adsorption characteristics of biochars derived using various pine tree residues and pyrolysis temperatures [J]. Journal of Colloid and Interface Science, 553: 298-307.

Peijnenburg W J, Baerselman R, de Groot A C, et al., 1999. Relating environmental availability to bioavailability: soil-type-dependent metal accumulation in the oligochaete Eisenia andrei [J]. Ecotoxicology and Environmental Safety, 44: 294-310.

Peng H, Gao P, Chu G, et al., 2017. Enhanced adsorption of Cu (II) and Cd (II) by phosphoric acid-modified biochars [J]. Environmental Pollution, 229: 846-853.

Rafael R B A, FernáNdez-Marcos M L, Cocco S, et al., 2019. Benefits of biochars and NPK fertilizers for soil quality and growth of cowpea (Vigna unguiculata L. Walp.) in an acid Arenosol [J]. Pedosphere, 29: 311-333.

Rechberger M V, Kloss S, Rennhofer H, et al., 2017. Changes in biochar physical and chemical properties: accelerated biochar aging in an acidic soil [J]. Carbon, 115: 209-219.

Rizwan M, Ali S, Abbas T, et al., 2018. Residual effects of biochar on growth, photosynthesis and cadmium uptake in rice (Oryza sativa L.) under Cd stress with different water conditions [J]. Journal of Environmental Management, 206: 676-683.

Rondon M A, Lehmann J, Ramírez J, et al., 2007. Biological nitrogen fixation by common beans (Phaseolus vulgaris L.) increases with biochar additions [J]. Biology and fertility of soils, 43: 699-708.

Shen Z, Som A M, Wang F, et al., 2016. Long-term impact of biochar on the immobilisation of nickel (II) and zinc (II) and the revegetation of a contaminated site [J]. Science of the total environment, 542: 771-776.

Shen Z, Zhang Y, McMillan O, et al., 2017. Characteristics and mechanisms of nickel adsorption on biochars produced from wheat straw pellets and rice husk [J]. Environmental Science and Pollution Research, 24: 12809-12819.

Shu R, Dang F, Zhong H, 2016. Effects of incorporating differently-treated rice straw on phytoavailability of methylmercury in soil [J]. Chemosphere, 145: 457-463.

Sizmur T, Quilliam R, Puga A P, et al., 2016. Agricultural and environmental applications of biochar: Advances and barriers [J]. Application of biochar for soil remediation, 63: 295 - 324.

Song Z, Lian F, Yu Z, et al., 2014. Synthesis and characterization of a novel MnOx - loaded biochar and its adsorption properties for Cu^{2+} in aqueous solution [J]. Chemical Engineering Journal, 242: 36 - 42.

Stavropoulos G G, Samaras P, Sakellaropoulos G P, 2008. Effect of activated carbons modification on porosity, surface structure and phenol adsorption [J]. Journal of Hazardous Materials, 151: 414 - 421.

Steinbeiss S, Gleixner G, Antonietti M, 2008. Effect of biochar amendment on soil carbon balance and soil microbial activity [J]. Soil Biology and Biochemistry, 41: 1301 - 1310.

Sui F, Zuo J, Chen D, et al., 2018. Biochar effects on uptake of cadmium and lead by wheat in relation to annual precipitation: a 3 - year field study [J]. Environmental Science and Pollution Research, 25: 3368 - 3377.

Sun L, Chen D, Wan S, et al., 2015. Performance, kinetics, and equilibrium of methylene blue adsorption on biochar derived from eucalyptus saw dust modified with citric, tartaric, and acetic acids [J]. Bioresource Technology, 198: 300 - 308.

Tan G, Yu W, Yong L, et al., 2018. Removal of Pb (Ⅱ) ions from aqueous solution by manganese oxide coated rice straw biochar A low - cost and highly effective sorbent [J]. Journal of the Taiwan Institute of Chemical Engineers, 84: 85 - 92.

Tomczyk A, Sokoowska Z, Boguta P, 2020. Biochar physicochemical properties: pyrolysis temperature and feedstock kind effects [J]. Reviews in Environmental Science and Bio - Technology, 19: 191 - 215.

Uchimiya M, Wartelle L H, Klasson K T, et al., 2011. Influence of pyrolysis temperature on biochar property and function as a heavy metal sorbent in soil [J]. Journal of Agricultural and Food Chemistry, 59: 2501 - 2510.

Wang J, Shi L, Zhai L, et al., 2021. Analysis of the long - term effectiveness of biochar immobilization remediation on heavy metal contaminated soil and the potential environmental factors weakening the remediation effect: A review [J]. Ecotoxicology and Environmental Safety, 207: 111261.

Wang J, Xia K, Waigi M G, et al., 2018. Application of biochar to soils may result in plant contamination and human cancer risk due to exposure of polycyclic aromatic hydrocarbons [J]. Environment International, 121: 169 - 177.

Wang S, Gao B, Li Y, et al., 2015. Manganese oxide - modified biochars: preparation, characterization, and sorption of arsenate and lead [J]. Bioresource Technology, 181: 13 - 17.

Wang S, Gao B, Zimmerman A R, et al., 2015. Removal of arsenic by magnetic biochar prepared from pinewood and natural hematite [J]. Bioresource Technology, 175:

391 - 395.

Wang Y, Dang F, Zheng X, et al., 2019. Biochar amendment to further reduce methyl - mercury accumulation in rice grown in selenium - amended paddy soil [J]. Journal of Hazardous Materials, 365: 590 - 596.

Wang Y, Liu R, 2018. H_2O_2 treatment enhanced the heavy metals removal by manure biochar in aqueous solutions [J]. Science of The Total Environment, 628 - 629: 1139 - 1148.

Wardle D A, Nilsson M C, Zackrisson O, 2008. Fire - derived charcoal causes loss of forest Humus [J]. Science, 320: 629 - 629.

Warnock D D, Lehmann J, Kuyper T W, et al., 2007. Mycorrhizal responses to biochar in soil - concepts and mechanisms [J]. Plant and soil, 300: 9 - 20.

Weber K, Quicker P, 2018. Properties of biochar [J]. Fuel, 217: 240 - 261.

Wei L, Huang Y, Huang L, et al., 2021. Combined biochar and soda residues increases maize yields and decreases grain Cd/Pb in a highly Cd/Pb - polluted acid Udults soil [J]. Agriculture Ecosystems and Environment, 306: 107198.

Duan W, Oleszczuk P, Pan B, et al., 2019. Environmental behavior of engineered biochars and their aging processes in soil [J]. Biochar, 1: 339 - 351.

Whitman T, Nicholson C F, Torres D, et al., 2011. Climate change impact of biochar cook stoves in Western Kenyan farm households: system dynamics model analysis [J]. Environmental Science and Technology, 45: 3687 - 3694.

Wongrod S, Simon Stéphane, Guibaud G, et al., 2018. Lead sorption by biochar produced from digestates: consequences of chemical modification and washing [J]. Journal of Environmental Management. 219: 277 - 284.

Wu W, Li J, Lan T, et al., 2017. Unraveling sorption of lead in aqueous solutions by chemically modified biochar derived from coconut fiber: a microscopic and spectroscopic investigation [J]. Science of the Total Environment, 576: 766 - 774.

Xiao Y, Xue Y, Gao F, et al., 2017. Sorption of heavy metal ions onto crayfish shell biochar: effect of pyrolysis temperature, pH and ionic strength [J]. Journal of the Taiwan Institute of Chemical Engineers, 80: 114 - 121.

Xu X, Cao X, Zhao L, 2013. Comparison of rice husk - and dairy manure - derived biochars for simultaneously removing heavy metals from aqueous solutions: role of mineral components in biochars [J]. Chemosphere, 92: 955 - 961.

Xue Y, Gao B, Yao Y, et al., 2012. Hydrogen peroxide modification enhances the ability of biochar (hydrochar) produced from hydrothermal carbonization of peanut hull to remove aqueous heavy metals: batch and column tests [J]. Chemical Engineering Journal, 200 - 202: 673 - 680.

Yang D, Yang S, Yuan H, et al., 2021. Co - benefits of biochar - supported nanoscale zero - valent iron in simultaneously stabilizing soil heavy metals and reducing their bioaccessibility [J]. Journal of Hazardous Materials, 418: 126292.

Yang X, Ng W, Wong B, et al., 2019. Characterization and ecotoxicological investigation of biochar produced via slow pyrolysis: Effect of feedstock composition and pyrolysis conditions [J]. Journal of Hazardous Materials, 365: 178-185.

Zeng F, Ali S, Zhang H, et al., 2011. The influence of pH and organic matter content in paddy soil on heavy metal availability and their uptake by rice plantss [J]. Environmental Pollution, 159: 84-91.

Zhang M, Gao B, 2013. Removal of arsenic, methylene blue, and phosphate by biochar/AlOOH nanocomposite [J]. Chemical Engineering Journal, 226: 286-292.

Zhang M, Gao B, Varnoosfaderani S, et al., 2013. Preparation and characterization of a novel magnetic biochar for arsenic removal [J]. Bioresource Technology, 130: 457-462.

Zhang Y, Liu Y R, Lei P, et al., 2018. Biochar and nitrate reduce risk of methylmercury in soils under straw amendment [J]. Science of the Total Environment, 619: 384-390.

Zheng R, Chen Z, Cai C, et al., 2015. Mitigating heavy metal accumulation into rice (*Oryza sativa* L.) using biochar amendment - a field experiment in Hunan, China [J]. Environmental Science and Pollution Research, 22: 11097-11108.

Zhou Y, Gao B, Zimmerman A R, et al., 2014. Biochar - supported zerovalent iron for removal of various contaminants from aqueous solutions [J]. Bioresource Technology, 152: 538-542.

Zhou Y, Gao B, Zimmerman A R, et al., 2013. Sorption of heavy metals on chitosan - modified biochars and its biological effects [J]. Chemical Engineering Journal, 231: 512-518.

Zimmerman A R, 2010. Abiotic and microbial oxidation of laboratory - produced black carbon (biochar) [J]. Environmental Science and Technology, 44: 1295-1301.

第五章

黏土矿物及其改性在土壤重金属钝化中的应用

天然无机矿物类钝化剂可通过增加土壤 pH、以碳酸盐和氢氧根离子络合和沉淀重金属等方式固化重金属，也可通过离子交换、吸附和表面过程（例如沉淀、成核和结晶）充当重金属的天然清除剂。这些天然材料具有绿色环保、成本低廉的特点，对重金属类离子的钝化有明显优势。

黏土矿物的流变性及其与土壤有机质的相互作用使其具备优势性能，适宜于各种环境治理领域。由于黏土矿物比活性炭、斜发沸石、石灰、粉煤灰、羟基磷灰石、沸石、赤泥、石膏、钢渣等更廉价易得，且具有较强机械稳定性、较大孔隙率、多种反应表面和结构、离子交换性和吸附性等，使用黏土矿物及改性黏土矿物来固定/钝化污染物已经成为农田重金属污染治理研究的热点。黏土矿物因其成本低、储量丰富、性能优良等优点，被单独或改性用作重金属污染土壤的改良剂和钝化剂，其钝化机理和效果得到了广泛的研究。

第一节　黏土矿物在土壤重金属钝化中的应用

黏土矿物是含水铝硅酸盐，泛指构成土壤、沉积物、岩石和水体胶体部分的矿物。按照国际标准，黏土矿物可分为高岭石-蛇纹石族、蒙皂石族、蛭石族、绿泥石族、云母族、滑石-叶蜡石族、凹凸棒石-海泡石族、脆云母族，每个族又分为若干亚族，不同种类的黏土矿物既有部分相同的性质又有相异的特性。

由于黏土矿物资源丰富，修复过程操作简单，修复效果迅速，其在重金属污染土壤的治理过程中有着不可替代的作用。在黏土矿物钝化重金属的研究中，可单独或复合应用，其中海泡石、膨润土（蒙脱石）和凹凸棒石的研究较其他黏土矿物更多。

一、海泡石

海泡石 $[Mg_8Si_{12}O_{30}(OH)_4(H_2O)_4 \cdot 8H_2O]$ 是一种多孔纤维水合硅酸镁。它是由两个四面体二氧化硅的硅氧片组成的，其中夹杂了八面体氧化镁/氢氧化物片。海泡石中的硅氧片存在反转和不连续性，这导致其隧道和块状特性。这些隧道包含 H_2O 分子和可交换阳离子（K^+ 和 Ca^{2+}）。在内部结构中，二氧化硅四面体的所有角都连接到相邻的层上，边缘角是与羟基（—OH）结合的 Si 原子。这些 Si—OH 基团是金属聚阳离子的主要活性中心。不同黏土矿物中，海泡石对重金属如镉、锌、铜和铅的吸附最受关注。

天然海泡石应用于重金属污染土壤的固定化，其修复效果已在许多现场示范和盆栽试验中得到证实（表 5-1）。海泡石对镉污染酸性水稻土的修复具有性能好、适用性广、成本低、使用简便等优点。在盆栽或田间试验中，海泡石单独使用或与石灰石等其他材料联合使用，都能显著降低糙米中镉的含量。例如，海泡石施用于 Cd 污染土壤，可将糙米中的镉含量降低到 0.18mg/kg，低于国家标准 0.20mg/kg（GB 2762—2012）和世界卫生组织（WHO）法典委员会 CAC 153—1995 限定"食品中最高污染水平"为 0.40mg/kg 的标准（Xu et al.，2017）。此外，海泡石还能够提高酸性水稻土的 pH，降低土壤中重金属的植物有效态含量。以镉污染水稻田为例，海泡石对 Cd 的钝化在 2 年内表现出较好的长效性，这为黏土矿物钝化剂的长期有效性的发挥及低成本钝化剂的开发提供了一项有力的证明（Liang et al.，2014）。

通过化学分级方案测定的特定化学形态与植物对重金属的吸收有关，可成功预测土壤中金属的植物有效性。盆栽实验表明：随着海泡石的添加质量比从 1% 增加到 5%，土壤 pH 增加 0.3～1.0。酸溶态 Cd 含量最多降低了 42.8%，而残渣态 Cd 最多增加了 35.8%。与此同时，菠菜芽和根对镉的吸收量分别显著降低了 26.2% 和 30.6%（Bashir et al.，2020）。

湖南的田间示范实验利用海泡石和凹凸棒石作为改良剂原位固定土壤中的 Cd，可减少水稻糙米中 Cd 的积累。改良 30d 后，水稻土的 pH 增加，而 HCl、TCLP、$CaCl_2$ 和 NH_4OAc 可提取的 Cd 浓度显著降低，糙米中 Cd 含量显著减少。其中，化学沉淀和表面络合是主要的固定化机理（Cui et al.，2011）。一项为期两年的田间实验（Liang et al.，2016）表明，海泡石对水稻土中 Cd 污染物的固定作用在第一年很显著，第二年保持不变。糙米 Cd 含量、0.025 mol/L HCl 可萃取 Cd 含量和水稻土可交换 Cd 含量显著降低。水稻土的 pH 和土壤中 Cd 的碳酸盐结合部分明显增加。该研究指出，第二年添加的海泡石对固定没有显著的提升效果，因此无须每年添加海泡石。Sun 等（2016）通过三年田间试验探讨了海泡石固定 Cd 污染土壤的有效性和稳定性，结果表明，海泡石的添加使 TCLP 可萃取的 Cd 减少 4.0%～32.5%，植物吸收 Cd 减少 22.8%～61.4%，同时，土壤微生物种群多样性增加，土壤酶活性也得到增强。海泡石可以提高土壤的 pH，使重金属 Pb 和 Cd 从活性高的可提取态向较稳定状态转化。除大米外，还可以降低菠菜、莴苣、油菜和萝卜等蔬菜中的重金属含量，并在酸雨条件下降低 Pb 和 Cd 的淋溶量（表 5-1）。海泡石的加入降低了土壤中 Cd 的生物有效性，进而抑制了菠菜对 Cd 的吸收。

另一方面，海泡石与石灰石、磷肥、生物炭等其他材料结合，对土壤中重金属的固定化有显著影响，且海泡石与其他改性剂能够较好兼容。海泡石的复配磷肥和海泡石硅肥复配处理 Cd 污染稻田后，糙米 Cd 含量最大降幅约为 72.7%，分别降低至 0.33mg/kg 和 0.34mg/kg，同时能不同程度增加土壤中碱解氮及有效磷含量，对作物生长有益（梁雪峰 等，2015）。天津市某地以海泡石作为钝化修复材料，发现海泡石/磷肥复配可提高供试蔬菜可食部位生物量，海泡石/磷肥复配效果优于膨润土/磷肥复配，可使油麦菜和油菜地上部 Cd 含量降低至国家食品卫生标准限定值以下。钝化材料可不同程度降低农田土壤中可交换态 Cd、Pb 含量，增加残渣态 Cd、Pb 含量（梁雪峰 等，2011）。

施用海泡石、石灰和磷酸盐对广西刁江流域 Cd 和 Pb 复合污染稻田土壤的钝化修复试验表明，添加钝化剂对稻谷和秸秆的最大增产率分别可达 25.4% 和 28.3%，其中海泡石与磷酸盐复配处理的增产效果最佳。水稻糙米 Cd 和 Pb 含量最大降幅可达 65.12% 和 61.86%；不同钝化处理均能显著降低土壤 TCLP 提取态 Cd 和 Pb 含量，最大降幅分别为 28.9% 和 45.6%，其中钝化剂复配处理对土壤 TCLP 提取态重金属的抑制效果优于单一钝化剂处理（王林 等，2012）。

二、蒙脱石（膨润土）

蒙脱石（montmorillonite）是蒙皂石组（smectite）矿物，广泛存在于膨润土（bentonite）中，是一类以内表面为主、比表面积大、储量丰富的天然矿物。蒙脱石 $[(Na，Ca)_{0.33}(Al，Mg)_2(Si_4O_{10})(OH)_2 \cdot nH_2O]$ 因为单晶间结合不紧密，水容易渗入，含水量变化可导致黏土显著膨胀。

蒙脱石晶格内存在大量同晶置换，使其基面带大量永久负电荷，且 PZC（零电荷点，point of zero charge）小于 2.5。蒙脱石阳离子交换量（CEC，cation exchange capacity）较大，一般为 70～130cmol/kg。蒙脱石因巨大的比表面积和荷电性，在黏土矿物中具有对重金属阳离子最高的吸附潜力。

徐聪珑等（2016）比较了粉煤灰、脱硫石膏、磷矿粉、海泡石、膨润土、生物炭不同添加比例对城市地下固体废弃物可提取态重金属 Cu、Zn、Pb、Cd 含量的影响。6 种钝化剂对城市地下固体废物重金属 Cu、Zn、Pb、Cd 均具有钝化作用，膨润土的添加对 Cu、Pb、Cd 的钝化作用最明显，对 Zn 也有一定的钝化作用。

在盆栽试验中，膨润土用于修复镉铅污染的稻田较有成效（表 5-2）。在以 0.5%～5% 的剂量施用膨润土 5 周后，Cd 和 Pb 的可交换部分分别减少了 11.1%～42.5% 和 20.3%～49.3%，而土壤中重金属的残渣态比例却增加了

表5-1　海泡石在土壤重金属钝化中的应用

修复剂	重金属	土壤pH	剂量	植物	尺度	对植物摄取的影响	土壤重金属有效性的影响	文献
海泡石	Cd	4.48, 6.19, 7.76	1%, 2%, 5%	菠菜	田间/盆栽	在盆栽和田间试验中显著降低了植物对Cd的吸收（分别降低14.4%~84.1%和22.8%~61.4%）	在盆栽和田间试验中显著降低了TCLP可提取Cd（分别降低0.6%~49.6%和4.0%~32.5%）	Sun et al., 2013
海泡石	Cd	5.5	0.75kg/m², 1.50kg/m², 2.25kg/m²	水稻	田间	连续两年两个品种糙米Cd含量的降低	HCl和$MgCl_2$可萃取镉浓度连续两年下降	Liang et al., 2014
海泡石	Cd, Pb	5.39	2g/kg, 4g/kg, 8g/kg	水稻	田间	糙米中铅和镉的含量分别降低81.2%和81.0%	可交换铅和镉浓度分别减少99.8%和98.9%	Wu et al., 2016
海泡石＋膨润土	Cd	8.2	8g/kg, 24g/kg	水稻	盆栽	根、茎、叶、糙米和稻壳，分别降低54.5%、42.8%、59.6%、68.2%和20.4%	可交换态Cd大部分转化成碳酸盐结合态，水溶和可交换态Cd降低	Sun et al., 2016
海泡石	Cd, Pb	7.72	0.5%, 1%, 3%, 5%	菠菜	盆栽	分别降低茎秆Cd和Pb 46.2%和65.8%	显著降低可交换态Cd和Pb到残渣态	Sun et al., 2016
海泡石	Cd, Zn, Pb	7.3	1%, 2%, 5%	苜蓿	盆栽	对植物茎和根中Cd、Zn、Pb浓度的影响	增加剂量明显降低可淋洗态Cd、Zn和Pb浓度	Abad-Valle et al., 2016
海泡石	Cd	5.59	5.0g/kg	水稻	盆栽	显著降低糙米中Cd的浓度	降低可交换态Cd 12.5%~18.2%，显著降低有效态Cd	Li and Xu, 2015

（续）

修复剂	重金属	土壤pH	剂量	植物	尺度	对植物摄取的影响	土壤重金属有效性的影响	文献
海泡石＋石灰	Pb、Cd、Cu、Zn	5.41	0.2%、0.4%、0.8%	水稻	田间	Pb、Cd、Cu和Zn在植物体内的吸收和积累降低	明显提高土壤pH，降低Pb、Cd、Cu和Zn的可交换态	Zhou et al.，2014
海泡石	Cd	5.34	2.25kg/m²	水稻	田间	显著降低Cd的摄取	显著降低NaNO₃、CaCl₂和DTPA提取态的Cd	Zhu et al.，2010
海泡石	Cd	5	0.6%、1%		培养箱		显著降低可交换态Cd，增加碳酸盐和铁锰氧化物结合态	Zhu et al.，2012
海泡石	Cd	6.2	0.5%、1%、3%、5%	菠菜	盆栽	降低茎部Cd的浓度39.6%	人为污染的土壤中TCLP提取态降低31.6%~51.6%	Sun et al.，2015b
海泡石	Cd	5.34	2.25kg/m²	水稻	田间	显著降低糙米中Cd含量	大幅降低DTPA提取态Cd	Rao et al.，2013
海泡石＋石灰	Pb、Cd、Zn	5.58	1g/kg、2g/kg、4g/kg、8g/kg、16g/kg	水稻	盆栽	降低糙米中Pb、Cd、Zn含量分别为2.2%~13.1%、29.3%~79.3%和19.5%~43.3%	随着剂量增加，降低可交换态Pb、Cd、Zn9.2%~99.9%	曾卉 等，2014
海泡石	Cd	8.2	0.5%、1%、3%、5%	菠菜	盆栽	随剂量增加分别降低茎部和根部Cd含量19.9%~45.6%和51.2%~70.2%	增加Cd的残渣态0.5%~9.8%和降低Cd的可交换态0.8%~3.8%	孙约兵 等，2012a
海泡石	Cd	4.92	1%、2%、5%、10%	菠菜	盆栽	显著降低Cd的摄取	在Cd浓度为1.25mg/kg、2.5mg/kg和5mg/kg的污染土壤中，分别降低有效Cd 11.0%~44.4%、7.3%~23.0%和4.1%~17.0%	孙约兵 等，2012b

（续）

修复剂	重金属	土壤pH	剂量	植物	尺度	对植物摄取的影响	土壤重金属有效性的影响	文献
海泡石	Cd, Pb	8.2	0.5%, 1%, 3%, 5%	水稻	盆栽	水稻各部分 Cd 下降32.4%～55.2%, Pb 下降 17.8%～54.6%	可溶性 Cd 和 Pb 降低 1.4%～72.9%	孙约兵 等，2014
海泡石	Cd	7.2	1.5%, 3%, 5%	菠菜	盆栽	芽和根对镉的吸收量分别降低了 26.2%和30.6%	随着海泡石的添加质量比从1%增加到5%，酸溶态 Cd 含量最多降低了 42.8%，而残渣态 Cd 最多增加了 35.8%	Bashir et al.，2020
海泡石＋磷肥	Cd	7.8	2.25kg/m²	生菜、油菜和萝卜	田间	降低不同蔬菜 Cd 含量	降低可交换态 Cd，提高残渣态 Cd，抑制生物有效态 Cd	梁学峰 等，2011

表 5 - 2　膨润土/蒙脱石在土壤重金属钝化中的应用

修复剂	重金属	土壤pH	剂量	植物	尺度	对植物摄取的影响	土壤重金属有效性的影响	文献
海泡石＋膨润土	Cd	8.2	8g/kg、24g/kg	水稻	盆栽	根、茎、叶、糙米和稻壳，分别降低 54.5%、42.8%、59.6%、68.2%和 20.4%	可交换态 Cd 大部分转化成碳酸盐结合态，水溶性和可交换态 Cd 降低	Sun et al.，2016
蒙脱石	Cu	3.99	1%、2%、4%、8%		培养箱		有效降低 Cu 的生物有效性	Zhang et al.，2011
膨润土	Pb、Zn、Cd		0.5%	小麦、玉米	盆栽		Pb、Zn 和 Cd 的溶解度显著降低	Argiri et al.，2013
膨润土	Cd、Zn、Pb	5.8	5%	白色羽扇豆	盆栽	固定 Zn，但对 Cd 和 Pb 的作用弱	固定 Cd 和 Zn，但对 Pb 的作用弱	Houben et al.，2012
膨润土	Cu	6.22	1.5%、2.5%		盆栽		显著减少了水溶性/可交换态、碳酸盐结合、Fe-Mn 氧化物结合有机结合态的 Cu，增加了 Cu 的残留态	Ma et al.，2012
膨润土	Cd、Pb	8.2	0.5%、1%、3%、5%	水稻	盆栽	降低根中 Cd 和 Pb 的含量 31.3%～26.7% 和 44.3%～7.8%	减少 Cd 和 Pb 的可交换态含量 42.5%和 49.3%，增加 Cd 和 Pb 的残渣态含量 54.3%和 10.0%	Sun et al.，2015a

3.0%～54.3%和6.7%～10.0%。这些变化也抑制了 Cd 和 Pb 从土壤向水稻的转移。水稻根部 Cd 和 Pb 的浓度分别降低了9.4%～31.3%和5.1%～26.7%，而茎部 Cd 和 Pb 分别降低了17.4%～44.3%和3.7%～7.8%（Sun et al.，2015）。膨润土可使土壤 pH 明显上升，土壤 EC（土壤电导率，electro - conductivity of soil）上升。膨润土单独施用30d后，土壤 dTPA - Pb（DTPA 为二乙三胺五乙酸，diethylentriamene pentaacetate）含量下降了9.24%；培养60d时，DTPA - Pb 含量与对照相比下降比例为14.5%（邢维芹 等，2019）。

以湖南临湘重金属复合污染的土壤为研究材料，5%质量比添加的蒙脱石处理使 Cu、Pb、Zn、Cd 的弱酸提取态含量分别降低了27.6%、19.2%、25.6%、19.2%。蒙脱石钝化效果整体优于生物炭，两者结合使用效果更佳（高瑞丽 等，2017）。膨润土可使 Cd 和 Pb 的交换性组分别减少了11.1%～42.5%和20.3%～49.3%，导致中性土壤中 Cd 和 Pb 残渣态分别增加3.0%～54.3%和6.7%～10.0%（Sun et al.，2015a）。

勘探表明，我国膨润土种类齐全、分布广，遍布 26 个省份，产量和出口均居世界前列。据不完全统计，目前我国膨润土年产量已超过 350 万吨，而总储量占世界总量的 60%。到目前为止已累计探明储量 50.87 亿吨以上，保有储量大于 70 亿吨具备极大的开发潜力和应用市场。

三、凹凸棒石

凹凸棒石（Mg，Al）$_2$Si$_4$O$_{10}$（OH）· 4（H$_2$O）也称为坡缕石，是镁铝层状硅酸盐，具有纤维形态、较大比表面积、中等阳离子交换量（CEC）和良好的吸附性能。凹凸棒石对 Cu、Zn、Cd 和 Ni 具有良好的吸附/钝化能力。

稻田土壤修复的田间试验表明（表 5 - 3），凹凸棒石能提高土壤 pH，显著降低土壤 HCl 提取态、CaCl$_2$ 和 NH$_4$OAc 可提取态 Cd 的浓度，导致糙米中 Cd 的浓度显著降低。林云青等（2009）研究表明凹凸棒石显著抑制土壤中 Cu、Zn、Cd 的生物有效性，黑麦草中 Cu 含量随凹凸棒石用量的增加而降低。凹凸棒石降低土壤交换性 Cd 含量，增加碳酸盐结合态和残留态 Cd 含量。Han 等（2014）发现，2.00kg/m^2 的凹凸棒石施用于水稻田中，能显著降低糙米 Cd 54.6%的积累量。凹凸棒石钝化与喷施叶面硅肥联合处理对水稻吸收累积 Cd 的研究表明，单独喷施叶面硅肥能够增加水稻产量，可以不同程度地降低水稻地上部 Cd 含量及 Cd 从根系向地上部的转运能力。与空白对照相比，糙米、颖壳和秸秆中 Cd 含量最大可分别降低34.9%、30.1%和34.0%，且在水稻不同生育期喷施硅肥对 Cd 在地上部累积的抑制效果依次为分蘖期＋齐穗期＞分蘖期＞齐穗期。盆栽试验中添加 1.0%的凹凸棒石后能够显著降低土壤中 Cd 的生物有效性，糙米、颖壳、秸秆以及根系中 Cd 含量分别比空白对照

表 5 - 3 凹凸棒石在土壤重金属钝化中的应用

修复剂	重金属	土壤pH	剂量	植物	尺度	对植物摄取的影响	土壤重金属有效性的影响	文献
凹凸棒石	Cu, Pb, Zn, Cd	6.6			田间		分别显著抑制可淋洗态 Cu, Pb, Zn, Cd 17%, 450%, 45%和1%	Zotiadis et al., 2012
凹凸棒石	Cd, Pb, Cu, Zn	4.63, 8.22	2%, 5%		培养箱		以 Pb, Cd>Cu>Zn 的顺序降低可交换形态	Zhang and Pu, 2011
凹凸棒石	Cu, Zn, Cd	3.99	2%, 4%, 8%	黑麦草	盆栽	随着剂量增加，降低黑麦草 Cu 含量	显著降低 Cu, Zn, Cd 的生物有效性	林云青 等, 2009
凹凸棒石	Cu	3.99	1%, 2%, 4%, 8%		培养箱		随着剂量增加降低酸溶和可交换态 Cd	Zhang et al., 2011

降低 39.5%、28.6%、35.3% 和 20.9%。凹凸棒石钝化处理 Cd 污染土壤并联合在水稻分蘖期和齐穗期分别喷施 0.1%～0.4% 叶面硅肥后，水稻地上部稻米、颖壳和秸秆中 Cd 含量最大分别可降低 58.1%、63.3% 和 68.7%，糙米中 Cd 含量可由对照的 0.43mg/kg 降到低于稻谷 Cd 的食品安全国家标准限量值 0.20mg/kg 以下，但对根系中重金属 Cd 的含量降低仅为 17.8%，与凹凸棒石单一钝化相比无显著差异（徐奕 等，2016）。

5.0% 的海泡石和 2.5% 的膨润土联用分别对 As、Zn 表现出较好的钝化效果，堆肥后残渣态 As 和 Zn 的增幅分别达到 79.8% 和 158.6%。凹凸棒石可以有效减少烟草对重金属 Pb 和 Cd 的积累，降低重金属的生物有效性；凹凸棒石可使土壤可交换态 Pb、Cd 显著减少，同时增加土壤中残渣态 Pb 的比例（何增明 等，2010）。

凹凸棒石也应用于其他固相如生活污泥中重金属的钝化。通过在生活污泥中添加干基质量 6%、12%、18% 的凹凸棒石，比较其对污泥中 Pb、Cd、Cu、Ni、Cr、Zn 等重金属的吸附钝化效果表明：凹凸棒石对 6 种重金属在初始时均表现较好钝化效果，至试验结束（30d）时凹凸棒石对 Pb、Cd、Ni、Zn 的钝化量减小或被活化，Cr 始终保持被钝化状态，而对 Cu 的钝化效果则有所加强（表 5-4）（王守红 等，2011）。

表 5-4　不同处理凹凸棒石对重金属的钝化效果（活性变化量/%）

处理	Pb	Cd	Cu	Ni	Cr	Zn
生活污泥+6%凹凸棒石 1	1.22	2.1	0.51	1.34	0.01	8.56
生活污泥+12%凹凸棒石 1	1.86	5.59	−0.23	1.35	0.07	4.42
生活污泥+18%凹凸棒石 1	1.61	−0.83	−0.13	1.23	0.28	3.22
生活污泥+6%凹凸棒石 2	1.42	−0.14	−0.65	1.06	0.49	−3.24
生活污泥+12%凹凸棒石 2	1.99	2.41	−1.04	1.08	0.34	1.46
生活污泥+18%凹凸棒石 2	0.66	5.22	3.24	0.9	0.22	5.23
生活污泥+6%凹凸棒石 3	1.2	−3.07	−1.84	0.95	0.28	0.81
生活污泥+12%凹凸棒石 3	1.11	2.44	3.81	1.15	0.26	1.31
生活污泥+18%凹凸棒石 3	−2.41	2.15	−4.89	−0.21	−0.48	−2.73

第二节　黏土矿物的改性及其对重金属钝化的应用

除单独施用外，黏土矿物也常常被改性或者加载活性物质，用于土壤重金属的吸附/钝化。黏土矿物的改性不仅能克服一些环境条件对钝化性能的影响，提升黏土矿物吸附/钝化重金属的性能，并增强其对不同环境的适应性，还能进一步提高黏土矿物对土壤中重金属离子的钝化率，开发出具有高效性的多功能黏土矿物材料。

改性方法可分为物理改性、化学改性、复合改性等。物理改性如加热、物理研磨、超声、化学基团接枝、分步复合处理、比例混配等手段，进一步提升黏土矿物的性能和适应性。化学改性根据所用药剂的不同，可分为有机改性和无机改性。而复合改性则运用了纳米材料的表征和研究手段，研究进展十分迅速。改性黏土矿物对重金属的吸附/钝化机理研究则涵盖了对物理吸附、离子交换吸附、配合作用、共沉淀作用等领域的探讨。

一、黏土矿物物理改性及其对重金属钝化的应用

黏土矿物的物理改性包括加热、超声波、浸渍等物理途径。黏土矿物材料在不发生化学反应的条件下，结构、成分、性质发生变化，进而提高其对重金属污染土壤的修复能力。物理改性具有操作简便、成本低廉的优势，成为黏土矿物改性与联合改性研究中的基础部分。

热改性，如将蛭石置于100℃下灼烧，可使蛭石晶层失去吸附水、结晶水和部分层间水，去除一些杂质，增大比表面积。可有效提高蛭石对银离子的吸附容量，但灼烧温度过高会破坏蛭石结构（刘勇，2007）。750℃处理后的膨润土具有很好的阳离子交换性能，可用作去除 Pb 的吸附剂（Vieira et al.，2014）。在350℃和400℃时，凹凸棒石的钝化容量提高最显著。分别向土壤中添加400℃下高温煅烧1.0h 和1.5h 的凹凸棒石，能显著降低玉米植株中重金属 Cu 和 Zn 吸收量，降幅分别为34.76%和57.56%（任珺 等，2018）。煅烧温度为700℃、掺杂比为15%时，凹凸棒石对污泥中重金属的钝化效果分别为99.6%、92.7%和87.6%；凹凸棒石经700℃煅烧后，晶体发生断键，同时分解生成 CaO 和 MgO 等碱性氧化物，使污泥碱性升高，其中的镉、锌因赋存形态被改变而得以钝化。凹凸棒石上的 Al－OH 键断裂后，Al 与亚砷酸根形成络合物可实现 As 的钝化（殷萌，2017）。

研磨处理可改变黏土矿物对重金属的吸附能力，研磨后的蒙脱石对 Ni 的吸附容量达到 29.76mg/g，较改性前提高 71.7%，其机理在于适当的研磨可有效增大矿物比表面积，并避免颗粒聚团（Maleki et al.，2017）。TiO_2 用量为20%的情况下制造间插蒙脱石-高岭石材料表明，利用机械诱导可使矿物材料微结构发生变化，样品在一定条件下研磨19h 后完全非晶化，硬质 TiO_2 同时具备研磨和对细小颗粒解聚的作用，可有效提高材料对重金属离子的吸附作用（Đukić et al.，2015）。

微波作用也能够显著提高重金属离子 Zn、Pb、Cd 的去除率（史明明 等，2012）。方亮（2014）发现，微波辐照硫酸亚铁改性海泡石对 Pb 离子的单位

吸附量比原矿物可提高 10.5%。

二、黏土矿物化学改性及其对重金属钝化的应用

化学无机改性指使用无机物质（碱、酸、盐）改造或改善材料理化性质的方法。无机改性多用于层状黏土矿物，以增加矿物层间距，进而提高矿物离子交换性能。因为氢离子的交换作用，酸活性可以提高黏土矿物的阳离子交换能力。酸性条件下，八面体阳离子和四面体 Si 的溶解可形成黏土矿物对外的孔道，产生较大的比表面积。这种酸处理提高吸附性能在蒙脱石上表现较为明显。

刘崇敏等（2013）研究表明，海泡石改性后增强了其对 Pb 的吸附能力，以过氧化氢改性海泡石最为明显，其最大 Pb 吸附量比天然海泡石提高了 43.5%。陶玲等（2018）研究表明，不同酸活化条件的凹凸棒石作钝化剂对土壤中 Cu、Zn 的最大钝化容量分别为 17.44mg/g 和 13.96mg/g，相比原矿分别提高了 8.81 倍和 2.94 倍（表 5-5）。酸活化凹凸棒石作钝化剂使玉米植株富集 Cu、Zn 的含量分别为 0.207mg/g 和 0.480mg/g，相比原矿处理分别降低了 64.1% 和 51.4%（陶玲 等，2018）。

表 5-5 不同条件酸活化凹凸棒石作钝化剂对土壤中 Cu、Zn 钝化容量（mg/g）

重金属	H_2SO_4 质量分数/%	12h	24h	36h	48h	72h	96h	108h
Cu	原矿	1.98	1.98	1.98	1.98	1.98	1.98	1.98
	2.5	10.86	9.88	10.16	10.38	12.00	10.92	10.68
	5	11.75	12.65	12.80	14.42	13.86	15.62	12.82
	7.5	13.35	13.87	14.88	15.50	17.13	14.54	12.95
	10	15.02	16.13	15.50	16.13	17.00	15.15	14.77
	12.5	14.72	13.83	14.92	16.42	17.44	15.87	14.80
	15	13.42	14.27	14.37	14.66	15.49	14.18	13.95
	20	13.30	14.75	13.85	14.53	15.91	14.20	13.72
	F	135.04	199.84	275.7	150.73	181.21	240.17	212.03
Zn	原矿	4.75	4.75	4.75	4.75	4.75	4.75	4.75
	2.5	8.49	9.89	8.22	9.84	9.61	9.02	9.03
	5	8.60	9.29	10.20	9.29	9.95	9.50	9.09
	7.5	8.98	9.92	9.91	9.41	10.58	11.20	9.17
	10	10.99	9.92	9.29	9.27	10.65	10.16	9.84
	12.5	13.95	12.48	11.45	11.80	12.70	13.96	10.91
	15	11.69	9.47	10.26	11.76	10.16	13.58	9.45
	20	8.54	10.49	9.45	9.27	9.94	10.23	9.70
	F	118.86	68.35	102.17	64.4	68.69	148.39	61.49

蒙脱石的酸化改性是将天然蒙脱石浸渍于硫酸或盐酸溶液，在一定温度条件下（100～150℃）加热搅拌后过滤研磨。天然蒙脱石矿物多为钙基蒙脱石，层间占据水分子，阳离子交换性能较差。酸和盐处理均有利于提高黏土矿物的吸附能力。钠盐处理钙基膨润土可获得钠基膨润土，钠基膨润土对 Pb、Cd、Ni 的吸附效果往往优于钙基蒙脱石（Taha et al.，2016）。随着钠改性膨润土的加入，可溶态铜含量减少、残渣态铜含量增加，并且随着用量的增加，钝化效果也明显增强（冯磊 等，2011）。

这些改性方法已经较成熟，但钠基膨润土在土壤重金属修复中的应用仍受到一些限制。孙良臣等（2015）发现，钠基膨润土对 Cu（Ⅱ）和 Cd（Ⅱ）的最大吸附量分别达到 4 681mg/kg 和 5 356mg/kg，但土壤应用试验表明，钠基膨润土在褐土和中性棕壤中对重金属的钝化效果较稳定，在酸性棕壤中稳定性很差，主要可能是受土壤 pH 与成土母质的影响。

聚羟基铝改性硅藻土应用于土壤改良的研究表明，在添加量为 20g/kg 的情况下，土壤中有机质含量提高 27.5％，从而促进土壤中酸可提取态 Cd 含量的降低，增强土壤对 Cd 的缓冲性能，降低 Cd 毒性（王冬柏 等，2014）。

膨润土的无机改性也包括柱撑。如含过渡金属的盐类水解后形成的聚阳离子被引入层间后，再经干燥和焙烧使水解的聚阳离子转化为金属氧化物（氧化铁、氧化铝等）。过渡金属原子和硅氧四面体或铝氧八面体中的氧原子键合，形成蜂窝状结构，使得膨润土层间撑开，比表面积、孔结构等物理性状和吸附性能得以提升。陈学青等（2007）发现，钛柱撑膨润土与活性炭对 Pb（Ⅱ）的吸附性能相当，很有可能成为极具潜力的活性炭替代物。盆栽试验证实，多羟基铝柱撑膨润土可显著促进植物生长，并降低土壤中重金属的生物可利用性，在添加量为 2.5％条件下，苋菜 Cu 含量从 48.5mg/kg 降至 33.5mg/kg，Ni 含量比对照组降低了 53％，Zn 含量降低 24％（Kumararaja et al.，2017）。

三、黏土矿物有机改性及其对重金属钝化的应用

有机改性即利用有机改性剂改造或改善材料物理化学性质的方法，实现表面吸附改性、插层改性、嫁接改性和复合改性等。常用的改性剂有：长链烷基伯铵、仲铵、叔铵、季铵盐、酰胺及季膦盐等有机阳离子。利用有机改性剂对黏土层间结构所进行的改性也叫插层，与黏土的表面改性相区别。

近二十年，硅烷偶联剂与黏土矿物的复合在土壤重金属治理方面取得了许多新成果。黏土矿物表面嫁接的巯基可与重金属离子发生络合作用（梁学峰，2015）。3-巯基丙基三甲氧基硅烷在蒙脱石黏土结构的内部框架壁上的嫁接，使得 67％的固定巯基可用于 Hg 的捕获（Mercier et al.，1998）。十六烷基三甲基氯化铵处理后的贝得石，可有效抑制土壤中重金属 Cd 的生物活性，0.17％

的添加量即可有效降低植物体内的 Cd 积累量（Diaz et al.，2007）。两性表面活性剂十二烷基二甲基甜菜碱对蛭石进行改性，热稳定性得到提高，四环素与 Cd（Ⅱ）在改性蛭石表面和内部孔道的吸附作用可互相促进（杨林，2016）。四甲基铵改性膨润土，可增加材料的表面积，提供更多的阳离子吸附位点，有效降低重金属 Hg 的浸出率；用十二烷基三甲基铵改性膨润土，由于静电作用的增强，可有效降低 Cr 和 As 的浸出率（Yu et al.，2017）。

李雪婷等（2015）将膨润土、硅藻土和海泡石分别进行改性得到有机膨润土、Mn-硅藻土和酸改性海泡石，按照 10% 的比例添加至污染河流底泥中发现，有机膨润土和酸改性海泡石对 Cu、Pb、Cr 的释放皆具有抑制效果，Mn-硅藻土对 Pb 和 Cr 的释放皆具有一定控制作用。重金属形态分布结果显示，3 种钝化剂使 Pb 稳定态分别增加了 92.9%、75.6%、71.0%；有机膨润土和酸改性海泡石使弱酸提取态 Cu 分别降低了 39.1% 和 10.4%；Mn-硅藻土和酸改性海泡石则使 Cr 不稳定态分别降低了 22.3% 和 35.7%。

有机改性后，因为膨润土结构发生变化和/或有机物官能团的引入，有机膨润土对重金属和有机污染物的吸附性能均得以提升。一般而言，无机柱撑能够提升膨润土的吸附容量，增强其对环境中无机离子的适应性。而表面活性剂等有机物改性则大幅改善了膨润土对重金属的吸附选择性（陈培榕 等，2009）。有机-无机的复合改性则可能获得具备两者优点的改性产物。梅向阳等（2008）发现浸渍法制备的镧钛和溴化十六烷基三甲基铵改性膨润土对 Cr（Ⅵ）吸附能力比活性炭高几倍甚至几十倍。

将巯基官能团（—SH）嫁接到蒙脱石表面或层间得到蒙脱石—OR—SH 复合物，表现出对 Cd 较好的钝化效果。冯磊等（2011）比较了膨润土、硅藻土、磷矿粉及其改性产物、高炉铁渣、钢渣对 Cu 污染土壤中 Cu 的钝化效果，发现己二胺二硫代氨基甲酸钠改性的膨润土对铜的钝化效果最佳，在 10∶1（质量比）的土矿比下与空白对照相比，使可溶态铜含量降低 72.8%、还原态铜减少 86.8%、氧化态铜增加 104.9%、残渣态铜增加 77.2%，优于硅藻土、高炉铁渣、钢渣等材料，且其修复效果随矿物用量、pH 的增加而升高，随电解质浓度的增加而降低。重要的是，蒙脱石—OR—SH 复合材料钝化土壤中 Cd 表现出较好的持续性和稳定性（图 5-1）（原文丽 等，2016）。在连续种植了 4 季盆栽植物后，蒙脱石—OR—SH 复合物仍能保持对土壤中 Cd 显著的修复效果。该复合体材料对 Cd 的饱和吸附容量可达 37.82mg/g（0.1mol/L KNO₃ 体系）和 69.13mg/g（不考虑离子浓度影响）（图 5-2）。在 Cd 污染土壤（3mg/kg Cd）上施加蒙脱石—OR—SH 复合体材料后，土壤中可交换态 Cd 形态占比分别降低了 64.5% 和 80.4%，铁锰氧化结合态 Cd 形态占比分别提升了 176.7% 和 418.3%，降低了毒性元素 Cd 在土壤中的活性和可移动性，有效地固定了土壤中的 Cd；小白菜中镉含量比对照分别降低了 57.1％ 和 60.6％，同时其生长也被促进（赵秋香 等，2015）。

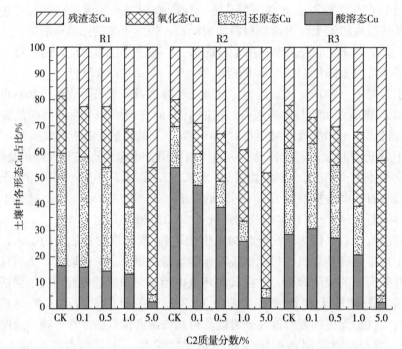

图 5-1　改性蒙脱石（C2）添加的质量分数对 Cu 钝化效果的影响研究
（原文丽 等，2016）

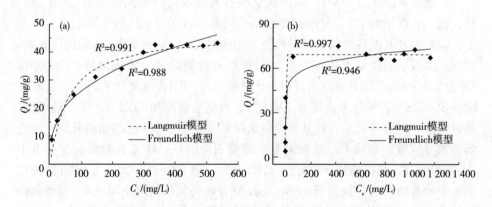

图 5-2　蒙脱石-OR-SH 复合体对 Cd 的吸附等温线（赵秋香 等，2015）
a. 0.1mol/L KNO$_3$ 溶液　b. 水溶液

柱撑黏土的研究始于 20 世纪 30～40 年代，以蒙脱石的柱撑研究最多。目前主要有烷基铵柱撑蒙脱石、聚合物柱撑蒙脱石和金属螯合物、有机硅、二环胺离子等有机物的柱撑。有机柱撑蒙脱石作为黏土矿物与有机物的复合体，继承了有机物种类繁杂、性质各异、结构复杂等特点（朱建喜 等，2002）。

在盆栽试验中，巯基海泡石对 Cd 污染水稻土的修复效果显著增强，与使用大剂量的传统 pH 调节剂相比，即使在 0.1g/kg 的剂量下，也能显著降低稻壳中的 Cd 含量。用巯基丙基三甲氧基硅烷进行表面接枝完成海泡石的功能化后，虽然巯基配体体积变大、表面积减小，但晶体结构没有明显变化，FTIR 可以检测到巯基的拉伸。Liang 等（2011）通过批量实验研究了样品对 Pb（Ⅱ）和 Cd（Ⅱ）的吸附，发现表面改性可以明显提高对 Pb（Ⅱ）和 Cd（Ⅱ）的吸附能力。3-巯基丙基三甲氧基硅烷（3 - Mercaptopropyl - trimethoxysilane）接枝凹凸棒石用于修复盆栽试验中的 Cd 污染酸性土壤的实验中，有机改性的凹凸棒石显著降低了湘潭和贵阳土壤中白菜茎和根的 Cd 积累，降低了连续生长条件下土壤梯度中植物有效 Cd 含量，最大降幅分别为 86.3% 和 89.5%。该改性材料对两种土样的 pH 均无明显改变，但显著降低两种土样的 Zeta 电位，进而导致两种土样对 Cd 的最大吸附量增加。两种土壤中的有效硫含量、土壤酶活性（如脲酶）增强，从而减轻了 Cd 诱导的氧化（He et al.，2018）。

四、黏土矿物的复合改性及其对重金属钝化的应用

除以上单一改性外，有机-无机复合改性也有诸多报道。例如在制备硅烷化膨润土时，首先利用羟基铝聚阳离子增加膨润土层间距，再利用烷基氯硅烷对柱撑膨润土进行硅烷化处理，这样复合改性制备的有机-无机复合黏土材料具有较好的表面和孔隙性质，耐热温度和吸附性能也有所提高（Zhu et al.，2007）。再如巯基和硫酸铁制备硫醇/Fe 复合改性膨润土，在 Cr 污染土壤进行盆栽试验中，矿物添加量为 1.0g/kg 时，芥菜的鲜重和干重分别提高 22% 和 133%，Cr 含量下降 27%；当用 20g/kg 的改性黏土处理时，芥菜生物量恢复至土壤未污染水平，Cr 含量减少了 55%（Fei et al.，2017）。

烟草生物炭搭配钙基膨润土施用于陕西奉贤冶炼厂周边的重度污染土壤，可增加植物干生物量，与对照组相比，油菜对 Cd 的摄取量提高 11.5%，且根部 Cu 积累量较高；采用石灰搭配钙基膨润土处理轻度污染土壤，可降低土壤中可提取态 Cd、Pb、Cu 含量，同时降低青菜薹的干生物量和对重金属的富集量（Hussain et al.，2017）。

Wu 等（2016）通过 3 年的原位试验考察石灰岩-海泡石复合配方对重金属污染水稻田的修复效果，发现该方法可以显著提高土壤 pH，降低土壤中交换性 Pb 和 Cd 浓度，降低糙米中 Pb 和 Cd 的含量，且对土壤交换性 Cd 的降低作用相对持久，适合长期修复。胡杰等（2016）通过试验筛选出某分子筛、

凹凸棒土、粉煤灰配比为 25％、42.6％、32.4％ 的最佳配方，采用该配方对 1 500mg/kg 铅污染土壤进行钝化修复并用固体废物浸出毒性方法——醋酸缓冲溶液浸出法进行评价，浸出液中 Pb 含量仅 0.027mg/L，低于地表水质量标准中Ⅲ类标准（0.05mg/L）。

黏土矿物虽然在土壤重金属污染治理中具有许多优势性能，但单一种类的黏土矿物往往针对单一污染型土壤具有较好效果，且作用效果受土壤类型、含水率、污染类型等因素的影响，针对复合污染土壤或某些单一污染土壤，即使对黏土矿物进行改性处理，往往在实际应用中也很难达到理想的治理效果。因此，针对具体土壤污染情况，制定专一的含黏土矿物材料的复合配方不失为土壤污染治理的一个简单而有效的方案。

复合配方不局限于黏土矿物材料与硅酸盐、磷酸盐、有机质等材料间的搭配，还可采用黏土矿物与微生物搭配组合。将 *Neorhizobium huautlense* T1 - 17 菌与蛭石混合添加到土壤中，辣椒果实生物量和维生素 C 含量显著提高，Cd 含量下降了 87％，Pb 含量下降了 37％，此研究不仅证实了辣椒可食组织生物量增加和重金属固定具有协同作用，而且强调了在复合重金属污染的土壤中开发植物生长促进菌＋固定剂以安全生产蔬菜作物的可能性（Chen et al. ，2016）。

五、黏土矿物基纳米环境材料

纳米环境功能材料的研发与应用近年来取得许多新进展，纳米材料的迅猛发展为环境污染治理突破了许多障碍，例如纳米铁在治理重金属砷污染领域取得诸多成果。然而，纳米材料因颗粒细小，在土壤环境中容易发生团聚影响钝化效果。天然黏土矿物具备孔隙多、比表面积大的特点，将纳米材料负载于黏土矿物表面或内部，使其既能发挥材料的功能，又能够分散均匀，不易团聚，在水污染和土壤污染治理方向上具有广阔的发展空间。如于生慧等（2016）采用微波辐照-回流法制备出海泡石负载纳米磁铁矿复合材料，对 Cr（Ⅵ）的去除容量为 33.4mg/g，远高于原矿，纳米磁铁矿与海泡石的复合应用具备静电吸附和还原反应降低 Cr（Ⅵ）毒性双重作用，同时具有分散均匀的优势。

黏土矿物可对有机物产生吸附、离子交换、催化分解或合成等，而有机物也影响黏土矿物的分解与合成。黏土矿物与有机物的相互作用成为有机黏土化学的独立方向（邓友军 等，2000）。有机质-黏土复合的研究多集中在蒙皂石矿物，其他黏土矿物的研究较少。主要原因在于，高岭石楔入的有机物往往不稳定，容易解离。而绿泥石、伊利石、凹凸棒石、海泡石、埃洛石等矿物的结构较为稳定，其比表面比蒙皂石小很多，有机物很难进入矿物层间。因此，虽然在自然界中，这些非蒙皂石矿物与有机物的相互作用也很重要，但当前黏土改性的研究仍然较多集中于蒙脱石的改性。

Hu 等（2017a）将壳聚糖加载于蒙脱石表面形成的蒙脱石-壳聚糖复合物表现出对 Cu^{2+} 较强的吸附/钝化能力（图 5-3）。在平衡浓度达到 60mg/L 时，复合物表面的吸附量超过蒙脱石，两者分别为 25.23mg/g 和 25.08mg/g。蒙脱石-壳聚糖复合物与蒙脱石分别在 Cu^{2+} 平衡浓度为 77.27mg/L 和 78.33mg/L 时，达到最大吸附量分别为 28.45mg/g 和 25.26mg/g（Hu et al.，2016a）。Pb^{2+}、Cu^{2+} 和 Cd^{2+} 三种离子随吸附时间增加，吸附量不断增加。在离子初始浓度为 20mg/L 时，约 1h 后达到吸附平衡（Hu et al.，2017a）。

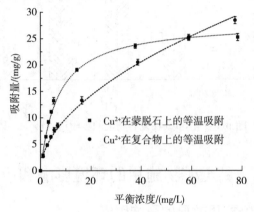

图 5-3　Cu^{2+} 在蒙脱石和复合物上的等温吸附（误差线为重复间的绝对误差）

在蒙脱石内表面被填充的情况下，复合物表面的壳聚糖对吸附 Cu^{2+} 发挥了巨大作用。根据原位红外光谱和二维相关性分析表明，层间壳聚糖吸附 Cu^{2+} 应该是—NH_2 和—OH 络合 Cu^{2+} 的结果。虽然—OH 在 pH 3~5 范围均能参与 Cu^{2+} 的络合作用，但是其对吸附的贡献比较弱，而—NH_3^+ 与 Cu^{2+} 发生质子交换反应后，—NH_2 与 Cu^{2+} 的络合是导致吸附量增加的主要原因（Hu et al.，2017b）。该研究确定了有机物氨基对重金属阳离子的钝化机理，可为重金属吸附/钝化材料的选择提供参考。

除氨基外，蒙脱石插层巯基有机物也具备对重金属阳离子钝化的优越性能。Cd（Ⅱ）在蒙脱石（Mt），蒙脱石和半胱氨酸的复合物（Com，在 pH2.3 和 7.8 条件下合成）的吸附量差异很明显（图 5-4）：Com-2.3 的吸附量（分别为 4.89mg/g、11.78mg/g、17.58mg/g）大于 Com-7.8（分别为 3.18mg/g、7.24mg/g、13.15mg/g）和蒙脱石（分别为 4.45mg/g、8.53mg/g、15.12mg/g）的吸附量。对应地，在 Com-7.8 上的 Cd（Ⅱ）吸附量小于在蒙脱石上的吸附量，表明复合物组分蒙脱石的层间位点被半胱氨酸占据。在 pH 5.0 下，对 Com-2.3、Com-7.8 和蒙脱石的吸附则分别为 22.96mg/g、17.15mg/g 和 17.24mg/g（Hu et al.，2020）。

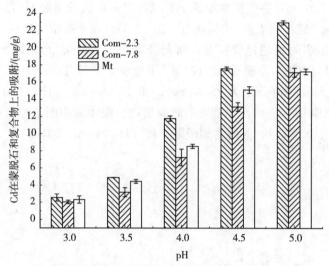

图 5-4 随 pH 变化，Cd 在复合物上的吸附量（Hu et al.，2020）

第三节 黏土矿物施用的环境影响和应用展望

一、黏土矿物施用效果的影响因素

1. 黏土矿物的粒径和组分对重金属钝化的影响

黏土与同名纯矿物相比，其粒径分布会明显偏小。例如，西澳大利亚、巴西、印度尼西亚和泰国土壤中的高岭石显示出比"标准"高岭石更小且形状不规则的颗粒状态。一般而言，较小的粒径和较弱的结晶，使黏土矿物具备较强的反应活性，进而产生对重金属较强的钝化效果。另外，黏土矿物携带离子组分，如蒙脱石层间可交换性阳离子类型等，均可影响黏土矿物对重金属的吸附/钝化效果。因此，不同产地的黏土矿物，其吸附性能会明显不同（表 5-6）（Won et al.，2021）。

表 5-6 不同黏土矿物对 Cd^{2+} 的最大吸附量

黏土类型	吸附量/ (mg/g)	黏土类型	吸附量/ (mg/g)
西班牙海泡石	14.56	蒙脱石-西班牙凹凸棒石	3.97
羟基化海泡石	34.72	氟化凹凸棒石	21.6
伊朗膨润土	5	西班牙海泡石	4
内蒙古膨润土-高岭石	19	巯基化海泡石	45.36

以海泡石为例，天然海泡石与理论公式不同，其化学成分或矿物成分也不同。例如，中国河北某地海泡石由 41.7％CaO、16.8％MgO、7.4％Al_2O_3 和32.5％SiO_2 组成，主要矿物为方解石、海泡石和 SiO_2。湖南某地海泡石由海泡石和石英等辅助矿物组成。奥雷拉矿床（西班牙萨拉戈萨）的天然海泡石样品由 87％海泡石、7％白云石、4％石英和 2％伊利石组成。表 5-1 中的大多数研究未能描述天然海泡石的化学成分，而不同产地的同种矿物在重金属钝化方面的性能并不一致。化学成分的差异会导致修复效果的不同，因此确定天然海泡石的化学成分和矿物成分是保证固定化效果的关键。

2. 土壤 pH、Eh 和含水量对黏土矿物钝化重金属的影响

重金属在植物根际和非根际 pH、Eh、根系分泌物、根际有机物和微生物变化影响下，存在复杂的化学行为。单个或多个根际环境因子（pH、Eh、根系分泌物、根际有机物等）对重金属形态变化影响的研究，有助于评估土壤环境中重金属赋存和释放风险（黄国勇 等，2014）。土壤 pH 对土壤重金属的迁移和生物有效性起着至关重要的作用，并能影响阳离子的溶液和表面络合反应、离子交换等金属结合过程。如酸性水稻土 pH 的升高导致土壤胶体和有机质表面产生更多的负电荷吸附位点，从而导致重金属生物有效性降低。

重金属阳离子可通过离子交换以及与矿物边缘 Si-O 和 Al-O 形成内圈复合物完成吸附，这些过程均受到 pH 的影响。因为自然条件下溶液环境中溶解的碳酸盐类的存在，Ca、Zn、Cd、Fe 均易与碳酸盐形成沉淀。Zn 在 pH 7.3 附近难以存在 10^{-7} mol/L 浓度以上的自由离子，Cd 在 pH 7.8 附近难以存在 10^{-6} mol/L 浓度以上的自由离子，诸如此类。图 5-5 明确了各重金属阳离子不同 pH 的存在边界，越左边的如 Fe，越不易存在自由离子。如 pH 未低于4，其最高自由离子浓度便不超过 10^{-6} mol/L。再如，1mmol/L 的 Cu 在pH5.5 附近即大量形成沉淀。

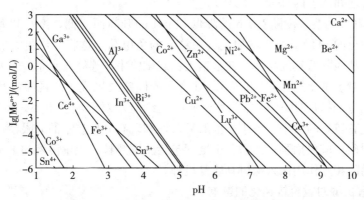

图 5-5　金属离子对数浓度图（Medusa 拟合）

由上述分析可知，pH 是控制重金属形态的最重要因素之一。对绝大多数重金属阳离子（Me）而言，随 pH 的增加，Me 从阳离子形态逐步转化为氧化物和碳酸盐形态，进而转化为氢氧化物。这种转化使重金属阳离子从可迁移形态转化为钝化形态，有利于重金属的钝化。其典型应用实例如石灰，作为一种碱性钙化合物应用于土壤，可通过与碱性阴离子的反应来中和土壤中过多的酸，也可形成碱性钝化重金属阳离子。石灰化作为酸性土壤治理的主要手段，具有修复重金属污染土壤的潜力。

另一方面，用碱性改良剂提高土壤 pH，可降低土壤重金属的溶解度和迁移率，因为土壤胶体的负电荷随 pH 的增加而增加，从而增加了对带正电金属离子的吸附。在高 pH 土壤和阴离子（如 CO_3^{2-}、OH^- 和 HPO_4^{2-}）存在下，降水对 pH 有重要影响。碳酸盐或氢氧化物的析出被认为是重金属固定化的机制。天然海泡石可以通过形成 $Cd(OH)_2$ 和 $CdCO_3$ 沉淀去除水溶液中的 Cd^{2+}，而含有 $CaCO_3$ 作为 pH 调节固定剂的海泡石，具有通过沉淀固定土壤 Cd 的能力（孙慧敏 等，2012；谢霏 等，2016）。

土壤 pH 与交换性 Pb、Cd 含量呈负相关。随着土壤 pH 的升高，土壤 OH^- 增加，形成碳酸盐或氢氧化物的沉淀。海泡石、凹凸棒石、膨润土都是碱性矿物，对酸性土壤重金属污染具有较好的修复效果。虽然大多数研究是在酸性土壤中进行的，只有少数研究是在中性和碱性土壤中进行，但这并不意味着黏土矿物对中性或碱性土壤的修复作用不显著（梁媛 等，2012）。

重金属在土壤中的溶解性和生物有效性还取决于土壤氧化还原电位（Eh）。水分条件对土壤 Eh 有显著影响，尤其是对水稻土。田间试验表明，间歇灌溉 3d 淹水和 5d 排水能同时有效地降低籽粒中 As 和 Cd 的积累，说明土壤水分状况可能影响其修复效果。土壤以及水稻籽粒、茎叶和根系中的 As 含量在不淹水条件下较低，在淹水条件下较高，在孕穗期至灌浆期淹水条件下处于前两者之间（王丙烁 等，2019）。

土壤 Cd 的溶解度随着 Eh 的降低和 pH 的升高而降低。淹水和海泡石增加了水稻土的 pH 和 Eh，增加土壤颗粒上的负电荷，这将允许更大的金属吸附容量，从而降低其迁移率。在水稻土盆栽试验中，连续淹水条件下海泡石与磷肥配施对土壤交换性 Cd 和糙米 Cd 含量的固定效果优于常规灌溉和湿润灌溉（李剑睿和徐应明，2021）。黏土矿物连续淹水对土壤重金属，特别是 Cd 的固定化有较好的效果。由于土壤的复杂性和现有分析技术的局限性，修复机理尚不明确。应根据黏土矿物、土壤（包括土壤颗粒、土壤溶液和重金属）和植物之间的相互作用深入探讨其修复机理。

3. 有机酸对重金属钝化的影响

土壤中的小分子有机酸具有重要的环境效应。土壤溶液中的有机酸常以有机配体形态与重金属共存，对重金属的吸附有明显的影响（胡红青 等，2004；Golubev et al.，2006）。除对土壤中重金属的迁移、转化和生物有效性有影响外，同时还对有机污染物的迁移、转化和降解也有一定的影响（刘永红 等，2014）。这类有机配体含有羧基或酚羟基等官能团，能与重金属形成配位化合物，从而影响重金属的吸附。如柠檬酸能增强土壤 Pb 的生物有效性，土壤 Pb 的解吸率随苹果酸浓度增加而提高（左继超 等，2014）。另外，有机酸对土壤中 Cu 和 Cd 的浸提量随有机酸浓度的增加而增加，但增幅与有机酸的种类有关（王淑君 等，2008）。

低浓度配体导致黏土矿物对重金属离子吸附量增加的原因可能是在吸附剂表面形成了配体-金属-吸附剂或金属-配体-吸附剂三元复合物。随着有机配体浓度的增加，对吸附的抑制可能是因为形成了可溶性的金属-配体复合物。有机配体对重金属吸附的影响取决于三元表面复合物的稳定性和电荷状态。因此，低浓度配体可能通过形成三元复合物而促进重金属的吸附，而当配体浓度增加或配体具备较强络合能力时，会形成稳定的可溶性复合物而抑制重金属的吸附（Hu et al.，2016b）。

低 pH 更利于形成三元表面配合物，而高 pH 有助于形成 Cu（Acetate)$^+$ 可溶性复合物。相比较低 pH，高 pH 下 0.08mmol/L 乙酸能够促进 Cu^{2+} 在蒙脱石和复合物上的吸附。此外，随着 pH 从 4 增加到 5，4mmol/L 乙酸从促进吸附转变为抑制。复合物表面，氨基基团的正电荷在酸性条件下增加，并在表面形成了金属-配体-吸附剂的三元配合物。因此，同样配体条件下 Cu^{2+} 在复合物上的吸附量比在蒙脱石上的吸附量增加更多。

阴离子配体对重金属吸附的影响可能受到 pH 和配体浓度的共同影响。阴离子配体倾向于在低 pH 范围内通过形成三元表面复合物而增强重金属吸附，而在高 pH 下形成可溶性络合物抑制吸附。高浓度有机配体相对会形成更多的可溶性重金属络合物，从而抑制吸附。

二、黏土矿物添加对土壤的影响

因为黏土矿物本身是自然土壤系统中土壤胶体的组成部分，一般来说，黏土矿物作为土壤中重金属的钝化剂不会对土壤产生不利影响。黏土矿物的添加，会增加土壤中的 K、P、Ca 和 Mg 等元素含量。在表 5 - 1 至表 5 - 3 所列的研究中，添加黏土矿物通常会增加土壤的 pH。也有研究表明：凹凸棒石和海泡石的添加对土壤中可水解氮含量没有明显影响，但使土壤有效磷含量略有降低（Han et al.，2014）。

土壤微生物和生物指标会受到重金属胁迫的影响，利用土壤微生物分析重金属的生物有效性和毒性已受到越来越多的关注。土壤酶活性和微生物群落等土壤生物学指标可直接反映土壤中重金属的生物有效性和毒性。土壤酶活性被认为是衡量各种污染物对土地质量影响的潜在指标。

海泡石添加可增加土壤酶活性，并在田间试验中产生一定程度的代谢恢复，改善矿区土壤的微生物功能。土壤基础呼吸、脱氢酶和碱性磷酸酶活性分别显著提高 25%、138% 和 42%。原位修复中，微生物群落保持稳定，受海泡石添加的影响较小。微生物群落对海泡石、膨润土及其复合材料敏感性依次为：真菌＞细菌＞放线菌（Sun et al.，2016）。重金属污染的土壤中添加白云石、硅藻土、蒙脱石、膨润土、褐藻石和沸石混合物修复后，土壤中脱氢酶、β-葡萄糖苷酶活性显著改变，重金属 Pb、Zn、Cu 和 Cd 的潜在生物利用度显著降低（Tica et al.，2011）。

三、黏土矿物添加对植物的影响

农业土壤重金属污染修复的最终目的是保证食品安全，降低对人体健康的潜在风险。因此，植物体内重金属含量作为一个关键指标，决定着修复方法和结果的成功与否。海泡石、凹凸棒石和膨润土均能降低水稻和蔬菜类植物可食用部分的重金属含量。但由于污染状况、土壤性质、植物生长和施用剂量的不同，减少的程度可能有所不同（吴义茜 等，2021）。例如，在海泡石对镉污染酸性稻田土壤的现场修复示范中，糙米中的镉含量降低到 0.18mg/kg。在一些污染严重的农业土壤中，即使在海泡石用量最高的情况下，也很难达到同样效果（Xu et al.，2017）。修复效果不仅要考虑可食部分或整个植物的所有器官，还要考虑重金属在植物组织中的亚细胞分布和化学形态。值得注意的是，关于修复条件下重金属亚细胞分布的研究还很少。

另外，外源物质的毒性作用可通过植物生化和生理变化，以及器官或植株的反应来识别。施用黏土矿物对植物生化和生理指标的影响也可以作为修复效果的评价指标。施用海泡石后，*Oryza sativa* L. 叶片中的超氧化物歧化酶、过氧化物酶活性和土壤过氧化氢酶活性受到了一定程度的激发，但土壤中可溶性蛋白质含量、脲酶和蔗糖酶活性降低（Rafiq et al.，2014）。膨润土的应用则可提高水稻根系超氧化物歧化酶活性、叶片过氧化物酶活性和根系可溶性蛋白含量，与之相反，叶和根中的丙二醛含量降低（徐奕等，2017）。

四、施用剂量对钝化效果的影响

本章前文表明，黏土矿物在土壤重金属固定化方面具有很大的优势，但施用剂量值得进一步探讨。虽然黏土矿物的改良在修复实践中具有优势，但仍存在吸附容量有限、金属结合常数相对较小、重金属类型选择性低、应用剂量大等局限性。为确保不同水稻品种在镉污染水稻土中的安全生产，凹凸棒石和海泡石的建议剂量需达到 $1.5kg/m^2$ 和 $2.25kg/m^2$ （Liang et al.，2014）。目前迫切需要确定如何提高修复效率，以及如何减少使用剂量以降低成本。

Xu 等（2017）提出，用于固定化修复的海泡石剂量有 0.2%（田间试验）~ 10%（盆栽试验），盆栽比田间剂量高 50 倍，但盆栽的钝化效果却未按比例提升。与盆栽相比，田间还存在降雨、地表径流、地下渗流导致的土壤重金属浓度变化等变量。如何对选定的污染土壤确定合适的施用剂量仍是一个值得继续探讨的问题。虽然污染状况和土壤性质决定了海泡石的修复效果，但在考虑修复效果的同时，也要考虑经济成本。在湖南省的大面积试验证实，天然海泡石在酸性水稻土中固定 Cd 的推荐用量为 0.5%~1.0%。高于 1.0% 的剂量不会导致植物吸收和重金属活性的进一步降低（Xu et al.，2017）。对于更大规模的应用，应确定固定化效果与应用剂量之间的关系，并根据土壤的基本性质给出推荐剂量，以达到健康修复的目的。

五、黏土矿物钝化的长效性和实践建议

黏土矿物修复重金属污染土壤属于原位钝化方法，具备操作简便、成本低廉、环境友好等优点。我国土壤污染涉及国民经济、生态环境、食品安全等多方面问题，已引起全方位的重视。因此，黏土矿物在重金属污染土壤治理领域的研究和应用具有重要的现实意义。

1. 黏土矿物钝化研究的局限性

目前来看，虽然国内外在黏土矿物吸附/钝化重金属方面的研究取得较多成果，但应对现实问题，仍然存在明显不足。具体表现如下：

（1）盆栽试验研究较多，而场地试验较少，未考虑到降雨、径流、渗流、温度变化等自然扰动。很明显，钝化修复是应用于场地和农田的方法，钝化剂及其钝化效果需要经受实际环境的考验。

（2）试验周期较短，较多以周和月为试验周期，未做钝化剂及其钝化效果在年周期的长期跟踪调查。

（3）考虑到重金属不可降解的特殊性，目前缺乏对已钝化重金属稳定性和释放风险的考察。

（4）钝化剂长期作用于土壤，对土壤理化性质的长远影响缺乏考证。

2. 黏土矿物钝化的应用建议

土壤重金属污染的环境修复是污染治理的难点之一。黏土矿物的钝化技术是一种简单、快捷、经济的修复方法。钝化过程中的沉淀、吸附等作用可钝化重金属，降低其在土壤中的生物有效性和迁移性。钝化剂应用对降低土壤有效性和水溶态重金属的作用已有大量研究，但国内外的相关研究多局限于几天至数月，缺少更长时间范围钝化效果的观察。开展钝化剂修复效果的长期试验，

将对土壤的可持续利用具有十分重要的意义。相关领域的研究和实践应继续扩展。

（1）应着眼于重金属钝化在自然条件下的长效性。以年为周期分别考察：钝化重金属和钝化剂稳定性；降水、温度等自然条件对重金属钝化的影响；钝化剂施用对土壤理化性质、植物生化变化、农产品安全的影响。

（2）以复合和复配方法及方案，降低钝化剂的原料成本。

（3）开发与利用联合修复技术，如可将黏土矿物改性与植物修复联合使用，研发促进植物超积累重金属的复合物，以及研发改性黏土矿物与微生物联合修复技术。

（4）开展不同污染土壤类型对修复技术需求的研究，以应对实际应用中更为复杂的污染情况。

（5）深入研究重金属阴阳离子复合污染和无机-有机复合污染的治理方法。

（6）鉴于钝化方法不能消除土壤中的重金属，重金属的收集和移除也需要进一步研究。

综合而言，相对于其他钝化剂，黏土矿物在土壤中不属于外源性化合物，因此黏土矿物的长期添加具备可行性。黏土矿物与有机物的相互作用活跃，具备与有机物复合增强其多元化功能的可能。黏土矿物与植物体系具备兼容性，因此黏土矿物钝化重金属具备与生物修复结合的可能。对黏土矿物及其衍生物在土壤-植物系统中的生态修复功能研究任重道远，尚需长期深入的理论和实践探究。

参 考 文 献

陈培榕，吴耀国，刘保超，2009. 膨润土的改性及其在重金属吸附中的研究进展 [J]. 化工进展，28：1647-1652.

陈学青，曹吉林，侯丽红，等，2007. 成型膨润上和钛柱撑膨润土对水中 Pb^{2+} 和氯乙酸吸附及再生 [J]. 环境工程学报，1：36-40.

邓友军，马毅杰，温淑瑶，2000. 有机黏土化学研究进展与展望 [J]. 地球科学进展，2：197-203.

方亮，2014. 微波改性海泡石处理含铅废水的研究 [D]. 南昌：南昌大学.

冯磊，刘永红，胡红青，等，2011. 几种矿物材料对污染土壤中铜形态的影响 [J]. 环境科学学报，31：2467-2473.

高瑞丽，唐茂，付庆灵，等，2017. 生物炭、蒙脱石及其混合添加对复合污染土壤中重金属形态的影响 [J]. 环境科学，38：361-367.

何增明，刘强，谢桂先，等，2010. 好氧高温猪粪堆肥中重金属砷、铜、锌的形态变化及钝化剂的影响 [J]. 应用生态学报，21：2659-2665.

胡杰，徐华胜，夏思奇，等，2016. 分子筛在铅污染土壤修复中的应用研究 [J]. 环境科学与管理，41：93-97.

胡红青，陈松，李妍，等，2004. 几种土壤的基本理化性质与 Cu^{2+} 吸附的关系 [J]. 生态环境，13：544-546

黄国勇，胡红青，刘永红，等，2014. 根际与非根际土壤铜化学行为的研究进展 [J]. 中国农业科技导报，16：92-99.

李剑睿，徐应明，2021. 长期淹水、传统灌溉、湿润灌溉条件下海泡石修复镉污染水稻土效应 [J]. 江苏农业科学，49：226-231.

李雪婷，黄显怀，周超，等，2015. 改性黏土矿物修复重金属污染底泥的稳定化试验研究 [J]. 环境工程，33：158-163.

梁学峰，2015. 黏土矿物表面修饰及其吸附重金属离子的性能规律研究 [D]. 天津：天津大学.

梁学峰，徐应明，王林，等，2011. 天然黏土联合磷肥对农田土壤镉铅污染原位钝化修复效应研究 [J]. 环境科学学报，31：1011-1018.

梁学峰，韩君，徐应明，等，2015. 海泡石及其复配原位修复镉污染稻田 [J]. 环境工程学报，9：4571-4577.

梁媛，王晓春，曹心德，2012. 基于磷酸盐、碳酸盐和硅酸盐材料化学钝化修复重金属污染土壤的研究进展 [J]. 环境化学，31：16-25.

林云青，章钢娅，许敏，等，2009. 添加凹凸棒土和钠基蒙脱石对铜锌镉污染红壤的改良效应研究 [J]. 土壤，41：892-896.

刘崇敏，黄益宗，于方明，等，2013. 改性海泡石对 Pb 吸附特性的影响 [J]. 环境化学，32：2024-2029.

刘勇，2007. 新疆尉犁蛭石结构及其吸附金属离子和磷酸盐机理研究 [D]. 成都：四川大学.

刘永红，马舒威，岳霞丽，等，2014. 土壤环境中的小分子有机酸及其环境效应 [J]. 华中农业大学学报，33：133-138.

梅向阳，普红平，马文会，等，2008. 镧钛改性无机有机膨润土制备吸附剂除 Cr^{6+} 的研究 [J]. 非金属矿，31：8-11.

任珺，张文杰，赵乾程，等，2018. 凹凸棒基土壤重金属钝化材料的热改性制备方法及功能研究 [J]. 硅酸盐通报，37：781-785，791.

史明明，刘美艳，曾佑林，等，2012. 硅藻土和膨润土对重金属离子 Zn^{2+}、Pb^{2+} 及 Cd^{2+} 的吸附特性 [J]. 环境化学，31：162-167.

孙慧敏，殷宪强，王益权，2012. pH 对黏土矿物胶体在饱和多孔介质中运移的影响. 环境科学学报 [J]. 32：419-424.

孙良臣，2015. 重金属污染土壤原位钝化稳定性研究 [D]. 济南：山东师范大学.

孙约兵，徐应明，史新，等，2012a. 污灌区镉污染土壤钝化修复及其生态效应研究 [J]. 中国环境科学，32：1467-1473.

孙约兵，徐应明，史新，等，2012b. 海泡石对镉污染红壤的钝化修复效应研究 [J]. 环境科学学报，32：1465-1472.

孙约兵，王朋超，徐应明，等，2014. 海泡石对镉—铅复合污染钝化修复效应及其土壤环境质量影响研究 [J]. 环境科学，35：4720 - 4726.

陶玲，杨欣，颜子皓，等，2018. 酸活化坡缕石制备重金属钝化材料的研究 [J]. 非金属矿，41：11 - 14.

王丙烁，黄亦玫，李娟，等，2019. 不同改良剂和水分管理对水稻吸收积累砷的影响 [J]. 农业环境科学学报，38：1835 - 1843.

王冬柏，2014. 五种矿物固化剂对土壤镉污染的原位化学固定修复 [D]. 长沙：中南林业科技大学.

王林，徐应明，梁学峰，等，2012. 广西刁江流域 Cd 和 Pb 复合污染稻田土壤的钝化修复 [J]. 生态与农村环境学报，28：563 - 568.

王守红，庄明明，张家宏，等，2011. 凹凸棒土对生活污泥中重金属的钝化作用 [J]. 江苏农业学报，27：1279 - 1283.

王淑君，胡红青，李珍，等，2008. 有机酸对污染土壤中铜和镉的浸提效果 [J]. 农业环境科学学报，4：1627 - 1632.

吴义茜，宋常志，徐应明，等，2021. 巯基化凹凸棒石对水稻土中镉钝化效应的动态变化特征 [J]. 环境科学学报，41：3792 - 3802.

谢霏，余海英，李廷轩，等，2016. 几种矿物材料对 Cd 污染土壤中 Cd 形态分布及植物有效性的影响 [J]. 农业环境科学学报，35：61 - 66.

邢维芹，张纯青，周冬，等，2019. 磷酸盐、石灰和膨润土降低冶炼厂污染石灰性土壤重金属活性的研究 [J]. 土壤通报，50：1245 - 1252.

徐聪珑，尹秀玲，张文卿，等，2016. 不同钝化剂对城市地下固体废弃物重金属的钝化作用 [J]. 科学技术与工程，16：305 - 308.

徐奕，李剑睿，黄青青，等，2016. 坡缕石钝化与喷施叶面硅肥联合对水稻吸收累积镉效应影响研究 [J]. 农业环境科学学报，35：1633 - 1641.

徐奕，赵丹，徐应明，等，2017. 膨润土对轻度镉污染土壤钝化修复效应研究 [J]. 农业资源与环境学报，34：38 - 46.

杨林，2016. 两性改性黏土矿物的构建及其对四环素和 Cd²⁺ 的吸附性能研究 [D]. 广州：华南理工大学.

殷萌，刘红，刘梦佳，等，2017. 高温改性凹凸棒土钝化城市污泥中重金属研究 [J]. 环境科学与技术，40：93 - 97.

于生慧，2016. 纳米环境矿物材料的制备及重金属处理研究 [D]. 合肥：中国科学技术大学.

原文丽，冯磊，刘永红，等，2016. 改性膨润土修复铜污染的土壤 [J]. 湖南师范大学自然科学学报，39：43 - 47.

曾卉，周航，邱琼瑶，等，2014. 施用组配固化剂对盆栽土壤重金属交换态含量及在水稻中累积分布的影响 [J]. 环境科学，2：727 - 732.

赵秋香，刘文华，冯超，等，2015. 蒙脱石 - OR - SH 复合材料修复镉污染土壤的环境风险及时效性评价 [J]. 环境化学，34：333 - 338.

朱建喜，何宏平，郭九皋，等，2002. 有机柱撑黏土（蒙脱石）的研究进展 [J]. 矿物岩石地球化学通报，4：234－237.

左继超，高婷婷，苏小娟，等，2014. 外源添加磷和有机酸模拟铅污染土壤钝化效果及产物的稳定性研究 [J]. 环境科学，35：3874－3881.

Abad P，álvarez E，Murciego A，et al. ，2016. Assessment of the use of sepiolite amendment to restore heavymetal polluted mine soil [J]. Geoderma，280：57－66.

Argiri A，Ioannou Z，Dimirkou A，2013. Impact of new soil amendments on the uptake of lead by crops [J]. Communications in Soil Science and Plant Analysis，Plant. 44：566－573.

Bashir S，Ali U，Shaaban M，et al. ，2020. Role of sepiolite for cadmium (Cd) polluted soil restoration and spinach growth in wastewater irrigated agricultural soil [J]. Journal of Environmental Management，258：110020.

Chen L，He L Y，Wang Q，et al. ，2016. Synergistic effects of plant growth promoting Neorhizobium huautlense T1－17 and immobilizers on the growth and heavy metal accumulation of edible tissues of hot pepper [J]. Journal of Hazardous Materials，312：123－131.

Cui Y，Fu J，Chen X，2011. Speciation and bioaccessibility of lead and cadmium in soil treated with metal－enriched Indian mustard leaves [J]. Journal of Environmental Sciences，23：624－632.

Diaz M，Cambier P，Brendlé J，et al. ，2007. Functionalized clay heterostructures for reducing cadmium and lead uptake by plants in contaminated soils [J]. Applied Clay Science，1：12－22.

Đukić A B，Kumrić K R，Vukelić N S，et al. ，2015. Simultaneous removal of Pb^{2+}，Cu^{2+}，Zn^{2+} and Cd^{2+} from highly acidic solutions using mechanochemically synthesized montmorillonite－kaolinite/TiO_2 composite [J]. Applied Clay Science，103：20－27.

Fei Y H，Liu C S，Li F B，et al. ，2017. Combined modification of clay with sulfhydryl and iron：Toxicity alleviation in Cr－contaminated soils for mustard (Brassica juncea) growth [J]. Journal of Geochemical Exploration，176：2－8.

Golubev S V，Bauer A，Pokrovsky O S，2006. Effect of pH and organic ligands on the kinetics of smectite dissolution at 25℃ [J]. Geochimica Et Cosmochimica Acta，70：4436－4451.

Han J，Xu Y，Liang X，et al. ，2014. Sorption stability and mechanism exploration of palygorskite as immobilization agent for Cd in polluted soil [J]. Water，Air，and Soil Pollution，225：2160.

He L，Li N，Liang X，et al. ，2018. Reduction of Cd accumulation in pak choi (Brassica chinensis L.) in consecutive growing seasons using mercapto－grafted palygorskite [J]. RSC Advances，8：32084－32094.

Houben D，Pircar J，Sonnet P，2012. Heavy metal immobilization by cost－effective amendments in a contaminated soil：Effects on metal leaching and phytoavailability [J]. Journal of Geochemical Exploration，123：87－94.

Hu C, Deng Y, Hu H, et al., 2016a. Adsorption and intercalation of low and medium molar mass chitosans on/in the sodium montmorillonite [J]. International Journal of Biological Macromolecules, 92: 1191 – 1196.

Hu C, Hu H, Zhu J, et al., 2016b. Adsorption of Cu^{2+} on Montmorillonite and Chitosan – Montmorillonite Composite Toward Acetate Ligand and the pH Dependence [J]. Water, Air, and Soil Pollution, 227: 362.

Hu C, Zhu P, Cai M, et al., 2017a. Comparative adsorption of Pb (Ⅱ), Cu (Ⅱ) and Cd (Ⅱ) on chitosan saturated montmorillonite: Kinetic, thermodynamic and equilibrium studies [J]. Applied Clay Science, 143: 320 – 326.

Hu C, Li G, Wang Y, et al., 2017b. The effect of pH on the bonding of Cu^{2+} and chitosan –montmorillonite composite [J]. International Journal of Biological Macromolecules, 103: 751 – 757.

Hu C, Hu H, Song M, et al., 2020. Preparation, characterization, and Cd (Ⅱ) sorption of/on cysteine – montmorillonite composites synthesized at various pH [J]. Environmental Science and Pollution Research, 27: 10599 – 10606.

Hussain L A, Zhang Z, Guo Z, et al., 2017. Potential use of lime combined with additives on (im) mobilization and phytoavailability of heavy metals from Pb/Zn smelter contaminated soils [J]. Ecotoxicology and Environmental Safety, 145: 313 – 323.

Kumararaja P, Manjaiah K M, Datta S C, et al., 2017. Remediation of metal contaminated soil by aluminium pillared bentonite: Synthesis, characterisation, equilibrium study and plant growth experiment [J]. Applied Clay Science, 137: 115 – 122.

Li J, Xu Y, 2015. Immobilization of Cd in a paddy soil using moisture management and amendment [J]. Chemosphere, 122: 131 – 136.

Liang X, Xu Y, Sun G, et al., 2011. Preparation and characterization of mercapto functionalized sepiolite and their application for sorption of lead and cadmium [J]. Chemical Engineering Journal, 174: 436 – 444.

Liang X, Han J, Xu Y, et al., 2014. In situ field – scale remediation of Cd polluted paddy soil using sepiolite and palygorskite [J]. Geoderma, 235: 9 – 18.

Liang X, Xu Y, Xu Y, et al., 2016. Two – year stability of immobilization effect of sepiolite on Cd contaminants in paddy soil [J]. Environmental Science and Pollution Research, 23: 12922 – 12931.

Ma R H, Zong Y T, Lu S G, 2012. Reducing bioavailability and leachability of copper in soils using coal fly ash, apatite, and bentonite [J]. Communications in Soil Science and Plant Analysis, 43: 2004 – 2017.

Maleki S, Karimi A, 2017. Effect of ball milling process on the structure of local clay and its adsorption performance for Ni (Ⅱ) removal [J]. Applied Clay Science, 137: 213 – 224.

Mercier L, Pinnavaia T J, 1998. A functionalized porous clay hetero structure for heavy metal ion (Hg^{2+}) trapping [J]. Microporous and Mesoporous Materials, 1/2/3: 101 – 106.

Rafiq M T, Aziz R, Yang X, et al., 2014. Cadmium phytoavailability to rice (*Oryza sativa* L.) grown in representative Chinese soils. A model to improve soil environmental quality guidelines for food safety [J]. Ecotoxicology and Environmental Safety, 103: 101 - 107.

Rao Z X, Huang D Y, Zhu Q H, et al., 2013. Effects of amendments on the availability of Cd in contaminated paddy soil: A three - year field experiment [J]. Journal of Food, Agriculture and Environment, 11: 2009 - 2014.

Sun Y, Sun G, Xu Y, et al., 2013. Assessment of sepiolite for immobilization of cadmium - contaminated soils [J]. Geoderma, 193 - 194: 149 - 155.

Sun Y, Li Y, Xu Y, et al., 2015. In situ stabilization remediation of cadmium (Cd) and lead (Pb) co - contaminated paddy soil using bentonite [J]. Applied Clay Science, 105 - 106: 200 - 206.

Sun Y, Sun G, Xu Y, et al., 2016. Evaluation of the effectiveness of sepiolite, bentonite, and phosphate amendments on the stabilization remediation of cadmium - contaminated soils [J]. Journal of Environmental Management, 166: 204 - 210.

Taha A A, Shreadah M A, Ahmed A M, et al., 2016. Multi - component adsorption of Pb (Ⅱ), Cd (Ⅱ), and Ni (Ⅱ) onto egyptian Na - activated bentonite: equilibrium, kinetics, thermodynamics, and application for seawater desalination [J]. Journal of Environmental Chemical Engineering, 1: 1166 - 1180.

Tica D, Udovic M, Lestan D, 2014. Immobilization of potentially toxic metals using different soil amendments [J]. Chemosphere, 4: 577 - 583.

Vieira M G A, Almeida A F D, Gimenes M L, et al., 2014. Characterization of the complex metal - clay obtained in the process of lead adsorption [J]. Materials Research, 3: 792 - 799.

Won J, Park J, Kim J, et al., 2021. Impact of particle sizes, mineralogy and pore fluid chemistry on the plasticity of clayey soils [J]. Sustainability, 13: 11741.

Wu Y, Zhou H, Zou Z J, et al., 2016. A three - year in - situ study on the persistence of a combined amendment (limestone+sepiolite) for remedying paddy soil polluted with heavy metals [J]. Ecotoxicology and Environmental Safety, 130: 163 - 170.

Xu Y, Liang X, Xu Y, et al., 2017. Remediation of Heavy Metal - Polluted Agricultural Soils Using Clay Minerals: A Review [J]. Pedosphere, 27: 193 - 204.

Yu K, Xu J, Jiang X, et al., 2017. Stabilization of heavy metals in soil using two organo - bentonites [J]. Chemosphere, 184: 884.

Zhang G, Lin Y, Wang M, 2011. Remediation of copper polluted red soils with clay materials [J]. Journal of Environmental Sciences, 23: 461 - 467.

Zhang M, Pu J, 2011. Mineral materials as feasible amendments to stabilize heavy metals in polluted urban soils [J]. Journal of Environmental Science, 23: 607 - 615.

Zhou H, Zhou X, Zeng M, et al., 2014. Effects of combined amendments on heavy metal accumulation in rice (*Oryza sativa* L.) planted on contaminated paddy soil [J]. Ecotoxicology and Environmental Safety, 101: 226 - 232.

Zhu L, Tian S, Zhu J, et al., 2007. Silylated pillared clay (SPILC): A novel bentonite - based inorgano - organo composite sorbent synthesized by integration of pillaring and silylation [J]. Journal of Colloid and Interface Science, 315: 191 - 199.

Zhu Q H, Huang D Y, Liu S L, et al., 2012. Flooding - enhanced immobilization effect of sepiolite on cadmium in paddy soil [J]. Journal of Soils and Sediments, 12: 169 - 177.

Zhu Q H, Huang D Y, Zhu G X, et al., 2010. Sepiolite is recommended for the remediation of Cd - contaminated paddy soil [J]. Acta Agriculturae Scandinavica, Section B - Soil and Plant, 60: 110 - 116.

Zotiadis V, Argyraki A, Theologou E, 2012. Pilot - scale application of attapulgitic clay for stabilization of toxic elements in contaminated soil [J]. Journal of Geotechnical and Geoenvironmental Engineering, 138: 633 - 637.

第六章

其他环境材料在土壤重金属钝化中的应用

除含磷材料、生物炭材料和黏土矿物材料等应用于土壤重金属的固定外，其他无机矿物类、废弃有机物等天然或副产物材料，也可因地制宜用于土壤重金属的固定。因这些材料绿色天然、廉价易得等特性，符合人们对其无"二次污染""以废治废"的期望。同时，这些钝化剂也表现出较好的吸附/钝化性能，近年来受到领域内研究者的广泛关注。

无机矿物类如石灰、粉煤灰、羟基磷灰石、沸石、赤泥、石膏、钢渣等，可通过增加土壤 pH、以碳酸盐和氢氧根络合和沉淀重金属等方式固化重金属，也可通过离子交换、吸附和表面过程（例如沉淀、成核和结晶）充当重金属的天然清除剂。这些天然丰富的材料具有绿色环保、成本低廉的特点，对重金属类离子的钝化有明显优势。

有机废弃物如食药工业、农业生产等过程产生的废弃材料等，可通过有机质中的有机配体与重金属离子形成稳定的络合物，从而控制重金属在土壤中的迁移。常用于土壤重金属钝化的有机废弃物包括工业废弃物（食药残渣等）、农业废弃物（粪便、秸秆、果皮、果壳、叶子、藤蔓等）和污泥等废弃物（活性污泥等）等。该类有机废弃物对低 pH 和低养分含量的土壤重金属污染修复较适用。

第一节　其他无机材料在土壤重金属钝化中的应用

除前文讨论的黏土矿物和含磷钝化剂外，还有金属氧化物等大量无机材料应用于土壤重金属钝化。

一、金属及其氧化物

1. 纳米零价铁（nanoscale zero valent iron，NZVI）

纳米零价铁是纳米修复材料的代表，被部分研究者认为是钝化和吸附重金属的理想材料。NZVI 具有金属铁芯和氧化铁外壳，它的金属铁芯具有良好的还原特征，而表面铁氢氧化物提供了吸引和吸附重金属离子的功能。因此，

NZVI 的两种纳米组分对含氧阴离子［如 As（V）、Cr（Ⅵ）］和阳离子［如 Cu（Ⅱ）、Zn（Ⅱ）、Cd（Ⅱ）、Pb（Ⅱ）、Ni（Ⅱ）］的去除具有明显的互补功能。沸石辅助 NZVI 对重金属［Cd（Ⅱ）、Pb（Ⅱ）和 As（Ⅱ）］的吸附过程包括与改性纳米颗粒形成络合物和共沉淀。NZVI 具有很高的阴离子吸附容量和独特的核壳结构，因此，沸石与 NZVI 的结合可以克服沸石的不足。由于铁芯是电子源，还原过程较容易发生。氧合阴离子如 AsO_2^- 和 $Cr_2O_7^{2-}$ 可通过络合作用固定在氢氧化铁壳上，并发生相应的还原作用（高园园，2014；吴霄霄 等，2019；Fajardo et al.，2019）。

2. 纳米磁铁矿

二氧化硅和 MgO 包覆的纳米磁铁矿对重金属（Pb、Cd、Cu）具有良好的去除能力（Fajardo et al.，2019；Nagarajah et al.，2017）。所涉及的重金属去除机制主要是置换作用，其次是沉淀。纳米氧化锌颗粒（Venkatachalam et al.，2017）用来修复镉和铅污染的场地，可导致 CAT（过氧化氢酶）和 POX（过氧化物酶）在植物中的活性增强，从而保护植物免受氧化胁迫。植物体内重金属积累减少，土壤中重金属的活性组分也明显降低。

3. 其他铁基材料

由于 Fe/Al 基材料良好的吸附性能，对降低土壤中的重金属迁移率和毒性有显著效果。当硫酸铁添加量为土壤中 As 总物质的量的 3.06 倍时，28d 后土壤中有效态 As 的去除率高达 74.5%（Zhou et al.，2019；Hou et al.，2020）。铁基与磷基钝化剂复配可以同时固定土壤中的 Pb、Cd、As，当 Fe^{3+} 与 PO_4^{3-} 物质量比为 7.2∶1 时，7d 后土壤有效态 Pb、Cd、As 去除率分别为 99%、41%、69%（吴宝麟 等，2015）。

4. 碱土金属氧化物

石灰是最古老、应用最广泛的金属钝化剂。石灰的加入可以显著提高土壤 pH，还促进自由金属阳离子转化为碳酸盐、氧化物和氢氧化物沉淀，降低其迁移能力（Shi et al.，2019；Gong et al.，2021）。盆栽试验表明，石灰对 Pb 和 Cd 钝化效果较好，但两者在较高添加量处理间没有显著差异。海泡石与石灰配施钝化效果较好，与对照相比，土壤氯化钙提取态 Pb、Cd 含量分别降低了 97.5%、81.4%；玉米根和地上部 Cd 含量分别降低 48.5%、34.0%，Pb 含量分别降低 35.6%、29.6%（郝金才 等，2019）。加入石灰显著降低了土壤中 DTPA - Cd 含量，但对 DTPA - Pb 含量无显著影响。加入石灰的植物产量显著低于磷基钝化剂（李立平 等，2012）。石灰可使土壤 pH 明显上升，有利于土壤磷有效性下降，石灰单独施用 30d 后 DTPA - Cd 含量降低比例为 2.54%；施用后 30d 和 60d 时，石灰单独施用处理土壤 DTPA - Pb 含量分别下降了 16.7% 和 17.6%。与 Pb 相比，稳定措施对 Cd 的有效性影响较小（邢

维芹 等，2019）。

5. 铁基材料与有机质的混合

将氧化铁与植物提取物构建形成植物源性氧化铁纳米粒子（PION），固定6种土壤中的镉（Cd）效果显著。PION 应用后，在有氧和缺氧条件下，可交换 Cd 形态分别减少了 91％和 69％，而碳酸盐结合 Cd 分别减少了 61％和75％。Pearson 相关性分析表明，在有氧和缺氧条件下，Cd 形态与游离氧化铁含量和 pH 呈显著正相关，其中游离氧化铁含量与无定形氧化铁、DOC 和pH 呈正相关。Cd 固定机制包括 PION 释放的生物分子参与 Cd 的配体络合和在铁氧化物形成过程中 Cd 的共沉淀（Lin et al.，2019）。水处理残留物包括大量的铁或铝（氢氧化物）氧化物，在污染土壤中表现出固定 Pb^{2+} 的应用潜力（Finlay et al.，2020）。活性黄铁矿（FeS_2）颗粒能将污染土壤中 65％的Cr（Ⅵ）稳定在颗粒表面（Wang et al.，2019）。然而，纳米级材料在修复过程中很容易自团聚，影响修复材料的修复效率。

二、其他无机材料

1. 硅基材料

如硅酸钠、硅酸镁，以及一些富含硅酸盐的废物，如钢渣、尾矿和高炉渣等，不仅可以通过硅酸盐离子与重金属的共沉淀反应降低重金属的生物利用度，还可以为作物生长提供养分。但硅材料的制备成本高，在土壤环境中易流失，难以实现规模化利用，适于"以废治废"的小范围应用（Ding et al.，2017；Lei et al.，2020）。在 Cd 污染土壤中添加粉煤灰、高炉渣和镍铁渣，发现 10％（质量比）的用量 30d 处理后，将有效 Cd 含量从未处理土壤中的4.12mg/kg 分别降低到 1.92mg/kg、1.45mg/kg 和 1.53mg/kg（Yang et al.，2020）。钢渣基硅肥显著降低了水稻土壤中 Cd 的可交换比例，并减少了水稻籽粒中 Cd 的积累（Ning et al.，2016）。使用巯基丙基三甲氧基硅烷和硫酸亚铁改性的新型纳米二氧化硅材料在 3.0％（质量比）的添加情况下，生物有效形态的 Pb、Cd 和 As 分别被钝化 97.1％、85.0％和 80.1％（Cao et al.，2020）。

2. 沸石

沸石可降低土壤 Zn 生物可用形态 15.9％（孙晓铧 等，2013c）。培养 1 个月、2 个月和 3 个月后，不同沸石处理导致土壤残渣态 Zn 比例分别比对照处理提高 14.4％～23.5％、19.6％～23.7％和 1.9％～11.1％（刘崇敏 等，2014）。氢氧化钠改性沸石吸附 Pb^{2+} 效果最好，其次是硝酸钾改性沸石，氯化铵改性沸石吸附 Pb^{2+} 效果稍差一些。硝酸钾改性沸石比天然沸石更能显著地降低土壤酸提取态 Pb、Zn 的含量，而氢氧化钠改性沸石和硝酸钾改性沸石比天然沸石更能显著地降低土壤酸提取态的 Zn 含量（刘崇敏 等，2013）。

3. 赤泥

不同赤泥用量处理均可显著降低土壤中 HOAc 提取态 Pb、Zn 含量。当赤泥用量为 5％，培养 1 个月、2 个月、3 个月后，HOAc 提取态 Pb 含量分别比对照下降 62.5％、65.3％和 73.5％；HOAc 提取态 Zn 含量则分别比对照下降 56.7％、65.8％和 67.4％。Pb 和 Zn 的生物有效性也明显降低（郝晓伟 等，2010）。

4. 电气石

电气石是一种硼硅酸盐矿物，具有非常复杂的化学成分。它已被用于修复受重金属污染的农业碱土。电气石可使生菜中 Cd 和 Cu 的含量分别降低 49.01％和 30.90％，而 DTPA 和 BCR 提取结果表明，电气石可降低莴笋中 Cd 和 Cu 的含量，有效地将重金属转化为毒性较小的形态（Wang et al.，2014）。

5. 硅藻土

硅藻土是一种低成本、环境友好的天然微/纳米结构材料，来源于沉积二氧化硅。改性硅藻土按 5.0％施用于重金属污染的土壤中，0.01mol/L CaCl$_2$ 提取态的 Pb、Cu 和 Cd 浓度可分别降低 69.7％、49.7％和 23.7％（Ye et al.，2015）。

6. 蛭石

蛭石是一种广泛分布的天然黏土，对某些重金属具有很高的总吸附容量。在盆栽试验中，添加蛭石可显著降低莴苣和菠菜对重金属的吸收，证实了这种黏土可用于金属污染土壤的改良处理（Malandrino et al.，2006）。意大利某污染场地含有 Cu、Cr 和 Ni 等 15 种重金属离子，以蛭石为钝化剂进行盆栽修复试验表明，蛭石可降低莴苣和菠菜对该污染土壤中重金属的可利用率，且修复有效性随接触时间的增加而上升（Malandrino et al.，2011）。

7. 燧石

燧石处理可通过形成氢氧化物、金属硅酸盐或聚合硅酸盐来固定重金属。这些硅酸盐/燧石包裹重金属或提供重金属吸附的活性位点（Camenzuli et al.，2017）。

8. 工业废弃物

工业废弃物的回收和再利用不仅可以改善废物资源的利用状况，还可以降低废物处理的运营成本。如不同施用率的飞灰稳定 Cr 污染土壤，TCLP 浸出的 Cr 浓度随着飞灰添加率的增加而降低（Kameswari et al.，2015）。醋渣、不锈钢渣和风化煤对污染土壤中 Pb 固定后，DTPA 可提取 Pb 浓度随着它们添加率的增加而降低（Pei et al.，2017）。类似的碱性氧气炉（BOF）渣的应用通过离子交换和共沉淀对酸性污染土壤中的金属稳定发挥了有效作用（Wen et al.，2020）。酸提铜尾矿通过热化学活化处理，也可有效降低污染土壤中 Cd、Cr 和 Pb 的有效性（Mu et al.，2020）。

三、无机材料的混合与混施

砾石、污泥、赤泥及其复合物对重金属（Cd、Zn 和 Pb）具有明显的固定作用。FeHP（铁羟基磷酸酯）被用作化学固定剂，能同时固定废水灌溉区重金属复合污染土壤中的 Pb、Cd 和 As。Pb、Cd 和 As 的固定化率分别为 59%、44% 和 69%，FeHP 的使用率仅为 10%（Yuan et al.，2017）。

将石灰、赤泥和高岭土按不同比例（1∶7∶4、3∶5∶4、4∶4∶4、6∶2∶4）混合施加于 Cd 污染稻田土壤，4 种混施处理降低土壤有效态 Cd 含量，降幅分别为 28.0%、40.9%、43.4% 和 57.4%。籽粒的 Cd 含量依次降低 47.1%、49.2%、55.5% 和 81.6%，钝化处理显著降低了水稻根系对 Cd 的富集能力。6∶2∶4 处理对于降低土壤中有效态 Cd 含量及水稻籽粒中 Cd 含量效果最佳，且没有降低水稻产量和与稻米品质密切相关的 K、Mg 和 Ca 含量（李阳 等，2020）。

氧化铝为基质的黏土固定剂，以一定比例与污染土壤混合后压实成型，在 1 100℃下煅烧。通过 X - 射线衍射研究发现，烧结体中重金属以尖晶石晶体结构成分的形式固定。进一步采用 TCLP 毒性浸出程序研究烧结体中重金属的浸出风险发现，烧结体中滤出液重金属浓度均远低于 GB 3838—2002《地表水环境质量标准》三类水标准值，获得烧结体中重金属浸出风险极低（高原雪 等，2013）。

李立平等（2015）认为尿素和硫配合施用可以导致伴矿景天地上部 Cd 积累量下降，但是鸡粪的 Zn 和 Cd 含量较高，可看作一种有害废物，不适宜在土壤中施用。海泡石与磷材料配施显著增加玉米根 Pb 含量，对玉米 Cd 吸收没有显著影响（表 6 - 1）（郝金才 等，2019）。

其他如骨炭为多孔隙物质，其主要成分包括了磷酸钙（或羟磷灰石）57%～80%、碳酸钙 6%～10%、活性炭 7%～10%，其应用能显著降低水稻根系 Fe 和 Pb 含量：1% 质量比添加到土壤中能使 Pb 在水稻中的含量下降 53.3%～65.6%（黄益宗 等，2006）。骨炭处理还可以提高土壤古菌基因拷贝数 224.8%（孙晓铧 等，2013a）。以 4% 用量加入灰渣，蜂窝煤灰渣在酸性土壤中对重金属有更强的稳定作用，硫酸洗灰渣和盐酸洗灰渣对土壤重金属的稳定作用则存在差异（曹恩泽 等，2017）。

表6-1 不同处理下土壤 pH、玉米生物量变化及玉米根和地上部 Pb、Cd 含量 （mg/kg）

处理	土壤 pH	根（g/盆）	地上部（g/盆）	根 Pb	地上部 Pb	根 Cd	地上部 Cd
CK	6.80±0.09	3.89±0.48	3.65±0.49	143.00±17.4	31.90±5.2	79.70±9.56	45.90±3.87
石灰	7.92±0.00	3.44±0.32	3.19±0.24	99.70±1.79	28.20±2.82	49.20±9.52	35.90±3.38
钙镁磷肥	6.96±0.08	4.00±0.20	4.23±0.22	175.00±4.59	23.80±2.36	78.50±8.11	45.00±9.81
磷矿粉	7.01±0.04	3.81±0.59	3.55±0.38	120.00±5.95	28.90±1.62	58.30±9.24	43.30±3.20
海泡石	7.16±0.06	4.73±0.34	3.79±0.46	177.00±0.72	21.90±0.50	52.60±2.40	48.40±4.23
生物质炭	6.99±0.09	4.47±0.21	3.99±0.56	135.00±2.34	27.10±4.30	46.10±0.37	48.30±5.76
海泡石+磷矿粉	7.11±0.05	5.04±0.39	3.67±0.10	209.00±3.04	22.30±1.48	59.00±3.59	43.40±2.96
海泡石+钙镁磷肥	7.18±0.08	5.19±0.09	4.61±0.08	233.00±2.22	23.60±2.22	59.90±9.17	43.70±6.65
海泡石+石灰	8.00±0.03	4.34±0.22	3.78±0.51	92.40±2.61	24.00±0.68	41.00±4.50	30.30±3.62
生物炭+钙镁磷肥	7.00±0.08	5.17±0.51	4.75±0.14	144.00±3.00	28.80±0.75	54.80±8.80	36.90±0.01
生物炭+磷矿粉	6.99±0.05	4.06±0.29	3.89±0.15	171.00±11.00	23.60±0.26	72.40±4.58	49.50±5.22

第二节　常见有机废弃物的再利用

一、有机废弃物在土壤重金属钝化中的应用

有机物质不仅提供植物养分、改良土壤，同时也是有效的土壤重金属吸附、络合剂，被广泛应用于土壤重金属污染修复中。有机物质通过提升土壤pH、增加土壤阳离子交换量、形成难溶性金属-有机络合物等方式来降低土壤重金属的生物可利用性，是重金属重要的吸附载体。有机物质还可通过改变污染土壤中重金属形态分布而降低其生物有效性，提高土壤肥力，故可用作重金属污染土壤改良剂（李剑睿 等，2014）。

有机废弃物是一类廉价易得且产生量大的有机物质，将其作为农田土壤重金属钝化剂，还具有废物再利用和资源化的重要意义。目前有机废弃物如作物秸秆、畜禽粪便、城市污泥、生活垃圾、园林垃圾等被广泛用于土壤重金属污染钝化实践中，作为土壤钝化剂，既能钝化土壤中重金属，又能提高土壤肥力（胡红青 等，2017）。

1. 畜禽粪便

畜禽粪便作为一种有机肥，能有效提高作物的生产力，对于农业可持续发展至关重要（Yang et al.，2019）。我国是家畜养殖和生产大国，2015年规模化畜禽养殖粪污产生量为 $3.834 \times 10^9 t$，其中新鲜粪便为 $6.36 \times 10^8 t$、尿液为 $5.65 \times 10^8 t$、污水为 $2.633 \times 10^9 t$，畜禽粪便排放和处理处置的压力也十分明显（武淑霞 等，2018）。

足量的有机肥还田，不仅可满足作物生长对氮、磷、钾营养元素的需求，也可使土壤有效铜、镉显著降低，同时也极大降低稻草和谷粒中铜、镉的含量。有机物质能普遍抑制水稻根系对 Cd 的吸收，猪粪的抑制效果强于泥炭（张秋芳 等，2002）。盆栽试验研究猪粪对污染土壤上重金属吸收特性的影响，结果表明，猪粪能降低糙米中重金属 Cd、Cu、Zn 的浓度，与施用化肥相比，分别降低了 9.5%、21.2% 和 9.3%（周利强 等，2013）。

畜禽粪便能显著降低土壤水溶态及可交换态 Pb 含量，促使其向残留态转化，从而降低其迁移和生物可利用性（Hashimoto et al.，2008）。猪粪等有机物腐熟施入土壤后可减少重金属的生物有效性，不但可以显著降低污染土壤中As、Cd、Pb、Zn 等的生物有效态含量，还可显著降低植物对重金属的吸收。添加生物堆肥到铜污染土壤中，可显著降低 $CaCl_2$ 可提取的铜含量，增加土壤的 pH（张亚丽 等，2001）。

有机废弃物在土壤重金属钝化中的应用主要是因为其对重金属络合作用，此外，有机物还可以通过增加土壤阳离子交换量（CEC）而降低重金属

的生物有效性（王立群 等，2009）。施有机肥对土壤重金属形态的影响还与施肥时间有关，随时间延长，有机肥的施用对土壤重金属也可起到钝化有效形态的作用，一定量的有机肥可以使重金属可交换态向其他有效性低的形态转化。

需要注意的是，在选用畜禽粪便作为化学钝化剂时，应当确认其本身重金属含量不超标。由于畜禽饲料添加剂的普遍使用，畜禽粪便的重金属含量很可能超标，施用后反而有增加土壤重金属污染的风险。研究表明，有机肥中铜的含量往往超过 100mg/kg，重金属污染土壤中的 Cu 大部分来自有机废弃物堆肥的添加（Arbestain et al.，2008）。目前行业标准——有机肥料（NY 525—2012）中并未对有机肥中重金属铜的含量做出标准限值，相关标准急需建立。

2. 作物秸秆

作为农业大国，我国农作物秸秆资源丰富，利用途径广泛。根据《第二次全国污染源普查公报》公布的数据显示，2017 年全国秸秆产生量为 8.05 亿 t，秸秆可收集资源量为 6.74 亿 t，秸秆利用量为 5.85 亿 t。秸秆品种以水稻、小麦、玉米等粮食作物为主。我国秸秆资源化利用途径为燃烧取暖发电、粉碎还田、堆肥还田等，还有部分秸秆可能被就地燃烧。近年来，随着耕地重金属污染的加剧，有关秸秆资源在重金属污染治理中的应用已引起人们的关注。

秸秆还田是一项提升耕地地力的有效措施，具有协调土壤水、肥、气、热的功能，并能增加土壤中有机质、钾素、磷素的含量，改善土壤物理性状。因秸秆或改性秸秆对重金属有一定的吸附，认为其可用于修复污染水体和土壤。在重金属污染的农田中施用有机肥和秸秆，可降低土壤中的有效态重金属含量，减少作物对土壤重金属的吸收。秸秆在分解过程中产生有机酸等物质能与重金属络合，如油菜和玉米两种秸秆都能显著降低土壤水溶态和可交换态 Cd 的含量，提升菠菜、番茄、萝卜和卷心菜的生物量，同时降低这 4 种蔬菜的 Cd 含量（Li et al.，2014）。种植玉米时，添加油菜秸秆处理导致土壤细菌的基因拷贝数分别比对照处理提高 92.0%（孙晓铧 等，2013a）。

作物秸秆由于重金属含量低，施用后可引起重金属有效性下降（郝秀珍 等，2003）。Cd 污染水稻土上玉米或菜豆秸秆还田，使接茬白菜体内 Cd 含量分别显著降低了 27% 和 18%（贾乐 等，2010）。添加油菜秸秆可使土壤可交换态 Pb 比对照分别降低 87.1%（培养 1 个月）和 93.7%（培养 2 个月）（孙晓铧 等，2013b）。水稻秸秆和磷肥混施也可降低土壤中重金属的植物有效性。水稻秸秆堆肥施用增加了农田土壤中 Zn、Cd 和 Pb 的碳酸盐结合态、铁锰氧化物结合态、有机质结合态和残渣态的比例，也降低了农田土壤中重金属的生物有效性（胡红青 等，2017）。

　　Hu 等（2020）将油菜种子收获后的废弃物分为根、茎、荚三部分，添加到 Cd 污染土壤中，在模拟自然降水条件下，三部分生物质表现出了对重金属不同的吸附性能。在初始浓度为 0～200mg/L Cd 的情况下，Cd 在四种生物量上的吸附量随平衡浓度的增加而增加（图 6-1）。当 Cd 的平衡浓度为 167.51mg/L、161.55mg/L、152.10mg/L 和 146.46mg/L 时，Cd 吸附容量在玉米芯和油菜根、茎、荚生物质上分别达到 4.87mg/g、5.77mg/g、7.19mg/g 和分别为 8.03mg/g（图 6-1）。

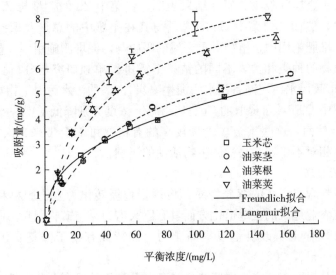

图 6-1　Cd 在生物质表面的吸附及其吸附曲线拟合

　　土壤的老化使四种生物量对 Cd 的钝化差异大于吸附量的差异。同时，S、P、N 三种元素与吸附/固定化 Cd 的相关性高于其他组分或元素。通常，蛋白质中 S、P、N 的含量较高，这与上述讨论一致。由 S、P、N 组成的官能团或无机离子具有络合或固定金属的特征（Hu et al.，2019；Zhu et al.，2010）。因此，S、P、N 越多（N 被计算为蛋白质的含量），固定 Cd 的能力就越强。另外，蛋白质组分有利于微生物繁殖，微生物产生的中间代谢物可能会增强生物质的吸附能力（Hu et al.，2019）。

3. 城市污泥

　　城市污泥是污水处理过程中产生的固体废弃物，含有丰富的有机物质和氮、磷等营养元素，其土地利用被认为是污泥资源化的最有效处理方式之一。污水处理厂脱水污泥单独施用（200g/kg）可使土壤 DTPA-Pb 含量降低

18%，并可显著降低土壤 pH，增加土壤氮磷有效性、电导率及 DTPA - Cd、DTPA - Zn 含量。其中，DTPA - Cd 和 DTPA - Zn 含量增加比例均达到 10% 以上。单独施用脱水污泥（200g/kg）可使土壤 DTPA - Pb 含量降低 10.7%（$P<0.05$），土壤有机质含量增加 26.4%（$P<0.05$），对土壤其他性状影响较小（邢维芹 等，2014）。

Sun 等（2004）应用硫酸改性污泥，研究了改性泥炭-树脂作为吸附剂对 Cu 和 Pb 的吸附效果和机理，发现阳离子交换量是影响改性泥炭-树脂吸附的主要因素，吸附剂应用有利于污水重金属去除。He 等（2007）按照不同的比例向土壤中添加污泥及污泥堆肥，并分析土壤中重金属 Cu 和 Zn 的总量、形态及白菜对重金属的吸收。研究结果表明，白菜中 Zn 的含量与 Zn 在土壤中的形态有关，然而，白菜中 Cu 的含量与其在土壤中的总量及形态无关。因此，在污泥堆肥施用中，植物对重金属的吸收与污泥堆肥施用率、重金属形态及种类、植物的种类相关，不同的情景下需进行单独研究与分析。Penido 等（2019）用市政污水污泥制备污水污泥生物炭，6% 的污水污泥生物炭应用使原锌矿区土壤中 DTPA 可提取的 Cd、Pb 和 Zn 浓度分别降低了 44.9%、17.4% 和 34.4%。然而，这些重金属含量较高的有机物可能会带来二次污染风险，其中有机物相对不稳定，易受微生物活动的影响。

4. 食药废渣

生物肥料含有丰富的营养物质，将食物垃圾转化为生物肥料和土壤改良剂，在对抗农业地区的土地退化方面具有巨大潜力。与矿物肥料不同，食物垃圾产品也可用作土壤改良剂以提高肥力，该特性有助于修复受污染的土壤（O'Connor et al.，2021）。

很多药品提取工艺产生的废渣也具备食品垃圾的可资源化特性。如湖北省每年生产皂苷超过 1 500t，在此过程中会产生超过 45 000t 的固体废物（Wei et al.，2016）。Hu 等（2019）比较了经过化学和微生物提取后的两种残渣，其固定重金属的能力存在明显差异。在未添加钝化剂土壤 Cu 淋洗出 1 776.67μg 的对照条件下，两种钝化剂添加的土壤 Cu 淋洗量分别为 762.27μg 和 403.34μg（化学提取和微生物提取残渣）（图 6 - 2）。微生物提取后的残渣含有更多的微生物细胞残留物和代谢产物，并且具有较高的 S 含量和较低的 Fe 含量。通过微生物提取获得的残留物表现出更好的 Cu 固定性（表 6 - 2）。此研究也说明，生物质/有机废弃物在土壤重金属固定的应用中，应充分考虑微生物发酵分解特性、微生物残体和代谢产物暴露生物质的活性位点，从而达到重金属固定效果的最优化。

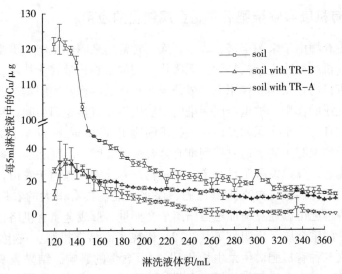

图 6-2　模拟持续酸雨淋洗淋出 Cu 量

TR-B. 化学提取黄姜残渣　TR-A. 微生物提取黄姜残渣

表 6-2　两种残渣滤出液元素分析

元素	TR-A	TR-B
P	0.210%±0.018%	0.214%±0.016%
S	188mg/kg±14mg/kg	none
K	0.198%±0.008%	0.203%±0.011%
Ca	0.116%±0.007%	0.132%±0.008%
Fe	none	140mg/kg±10mg/kg

5. 其他有机废弃物

许多天然废料如蛋壳、天然海星、牡蛎壳和蘑菇基质已被用于稳定受污染土壤中的重金属。例如，Ahmad 等（2012）使用蛋壳废料作为土壤中铅的有效稳定剂，并证明在污染土壤中施用 5% 的蛋壳废料可显著降低 68.8% 的 TCLP 浸出铅浓度。Lim 等（2017）报道，海星和煅烧海星废弃物使土壤中的 TCLP 可提取 Pb 分别减少了 76.3%～100% 和 91.2%～100%。Moon 等（2015）观察到，在 15% 的煅烧牡蛎壳和 10% 的钢渣联合处理后，污染土壤中铅和铜的浸出性显著降低，降幅分别为 99% 和 98%。Wei 等（2020）明确了蘑菇废弃材料稳定 Cd 的最佳施用量为 4%。Ren 等（2021）则认为有机废弃物在土壤中的施用，可以形成地聚合物（geopolymer），不仅可以实现资源的二次再利用，还可以有效固定重金属。

二、有机废弃物堆肥后对重金属钝化的应用

有机废弃物由于来源丰富、成本低廉，常常用来制作堆肥。堆肥化是将生活垃圾等有机废弃物进行减量化、无害化处理的生物化学转化技术。垃圾堆肥是可降解有机物在微生物作用下形成稳定腐殖质的过程，堆肥具有改善土壤结构、理化性质的作用。被重金属污染的生物质不能直接返回田间，特别是某些生物质如秸秆、污水污泥和城市垃圾的田间应用（Zhang et al.，2021）。

畜禽粪便堆肥主要是通过控制堆肥体合适的湿度、温度和通风条件，使其自然发酵腐熟。腐熟发酵肥具有丰富的植物营养元素，施用于农田，还可改善土壤结构与理化性质，提高土壤保肥、保水性能，具有很大的农用价值。猪粪、鸡粪等堆肥可以通过增加土壤阳离子交换量、形成金属有机络合物等作用钝化土壤中的重金属。唐明灯等（2012）研究了商品有机肥、花生麸、猪粪、牛粪和鸡粪5种有机肥对生菜生长及Pb、Cd含量的影响。结果表明，除了商品有机肥外，其余有机肥都能提高生菜的生物量，5种有机肥都能降低生菜地上部分的Cd含量，鸡粪、猪粪和商品有机肥能降低生菜地上部分的Pb含量。鸡粪是5种有机肥中最适合施用于重金属污染菜地的有机肥。鸡粪中含有大量优质有机肥，腐熟后农用还田，可提高农田有效钾含量，改善农田氮、磷营养状况。同时，鸡粪还可改善农田土壤理化性质，增加土壤孔隙度，促进作物根系的生长发育。

垃圾堆肥产品多为腐熟周期较短的粗堆肥，堆肥品质基本符合国家关于垃圾无害化的标准（GB 8172—87）。垃圾堆肥中重金属含量虽能满足无害化标准，但有些重金属含量超过了有机肥标准中的相关要求。考虑到垃圾堆肥品质，垃圾堆肥不宜用于农业种植，应避免进入食物链。现有堆肥资源化应用主要是在填埋场或场地绿化，或作为复合肥、营养土等原料。

生活垃圾堆肥：堆肥原料中含有较多有机物质，经微生物的生物、化学反应过程形成腐殖质，腐殖化过程以及形成的腐殖质对重金属具有还原、吸附、固定的作用。堆肥腐殖化过程是相对于土壤腐殖化过程的一个快速过程（唐景春 等，2010）。因此，重金属钝化与堆肥腐熟并不是独立的问题，而具有密切的相关性，堆肥过程的实质是有机物在微生物的作用下进一步腐熟、稳定，形成结构复杂和性质稳定的有机化合物（熊雄 等，2008）。随着堆肥过程有机物质的降解和腐殖化，堆肥中腐殖物质的含量将发生变化。研究表明，堆肥后腐殖物质的结构趋于复杂和稳定，胡敏酸含量提高（Spaccini and Piccolo，2009；Hsu and Lo，2001）。也有研究认为堆肥可提取腐殖物质的质量分数，表现为先增加后下降的趋势（王玉军 等，2009）。可见，堆肥中腐殖物质总量的变化具有不确定性，目前垃圾堆肥过程中腐殖质降解变化情况研究

相对较少。

堆肥通常被作为提高土壤肥力和作物产量的改良剂，广泛用于农业土壤重金属污染的修复，为植物生长提供所需大量和微量元素、有机质等营养成分。在将堆肥作为生物吸附剂用于去除 Pb^{2+}、Cu^{2+} 等重金属的研究中，动物粪便堆肥、绿化废弃物堆肥、生活垃圾堆肥、污泥堆肥等对重金属的吸附效率不同，不同研究者对同类堆肥吸附效应研究结果也具有很大差异（Anastopoulos and Kyzas，2015）。

有机废弃物富含芳香结构，在腐熟程度较高的有机肥中含量可达到 3%，其结构上有大量的含氧基团和氨基，这为重金属的络合提供丰富的配位基，含氧基团对重金属的静电吸附作用也降低了重金属的迁移能力（Uyguner - Demirel and Bekbolet，2011；Huang et al.，2006）。

杨海征等（2009a）通过盆栽茼蒿试验研究了不同堆肥用量对重金属 Cu、Cd 污染土壤根际土和非根际土中重金属形态变化的影响。结果表明，随着堆肥用量的增加，茼蒿产量、粗蛋白、维生素 C、磷和钾含量先显著增加后降低，而茼蒿可溶性糖含量呈先显著降低后增加的趋势。堆肥量的增加显著降低茼蒿中 Cu 含量，比对照最多降低 35.5%。茼蒿地上部 Cd、根部 Cu 和 Cd 含量呈先显著降低又上升的趋势，茼蒿地上部 Cd 含量在堆肥用量为 20g/kg 时达最低，根部 Cu、Cd 含量与对照相比最多分别降低 20.1% 和 39.5%。说明在污染地区的茼蒿种植，适量施用堆肥是切实可行的。随着堆肥用量的增加，供试堆肥可作为修复剂减弱 Cd 的危害，但长期施用会造成 Cu 的累积（杨海征 等，2009b）。

单独添加腐殖酸和堆肥均可以显著改变土壤中 Zn、Pb 形态转化，使它们从容易被植物吸收利用的交换态和碳酸盐结合态向难以被植物吸收利用的有机结合态和残渣态转化（表 6-3）。说明堆肥和腐殖酸均可以固定土壤中的 Zn 和 Pb。而当两者一起使用时，可以中和它们各自所引起土壤 pH 的变化，而对重金属固定效率更明显增强。研究还发现，不管是腐殖酸还是堆肥，对 Pb 的固定效果均好于对 Zn 的固定（高卫国和黄益宗，2009）。

表 6-3 Zn 和 Pb 在添加了堆肥和腐殖酸后的形态变化

重金属形态	对照	10%堆肥	5%腐殖酸
土壤交换态 Zn	38%～51%	14%～21%	26%～46%
铁锰氧化物结合态 Zn	23%～34%	33%～56%	26%～45%
碳酸盐结合态 Pb	12%～25%	1%～15%	2%～15%
残渣态 Pb	12%～14%	32%～45%	20%～23%

虽然各种肥料的添加对重金属存在的钝化效果有许多报道，但是也有研究指出，由畜禽粪便、磷肥，甚至是来自大气污染区域的植物秸秆，本身就携带一定重金属。李冉等（2018）提出很多堆肥过程中重金属浓度普遍升高，而重金属经过物理吸附、络合、钝化、微生物强化等钝化机制，逐步从不稳定态向稳定态转化。生物钝化材料进行发酵时，最终产物大多是相对无害、稳定的，不易破坏土壤环境。

堆肥添加到土壤中可能增加土壤重金属总量，或者活化一部分原本钝化的重金属，增加其生态风险。然而，土壤重金属含量是重金属添加量和通过作物收获带走的数量平衡的结果，肥料不但影响土壤重金属总量，也通过影响作物生长及对重金属的吸收而影响土壤重金属含量（邢维芹 等，2010）。也有研究为缓解重金属对作物的胁迫，降低重金属对作物的毒害作用，通过叶面喷施茉莉酸（JA）、褪黑素（MT）、亚精胺（SPD）和 2，4-表油菜素内酯（EBL）缓解了 Cd、As 胁迫，为重金属污染农田防治提供了修复策略（张盛楠 等，2020）。

第三节　有机废弃物在土壤重金属钝化中的应用展望

有机废弃物含有丰富的有机质、氮、磷、钾以及多种微量营养元素，被认为是"放错了地方的资源"。如何"变废为宝"以及因地制宜地"以废治废"，钝化中低程度污染的重金属，受到土壤化学和环境科学领域研究工作者的广泛关注。经过多年的研究和实践，相关领域获得了极大的发展。由于各种环境因素，如温度变化、酸沉降和微生物活动，一些重要的问题尚未解决，如在长期修复过程中钝化效率的稳定性和评价方法的标准化等。

修复过程往往会伴随土壤性质和生态胁迫敏感指标的改变，如土壤质地、pH、电导率、氧化还原电位、有机质含量、阳离子交换量、土壤呼吸、土壤酶活性、微生物活性、生物量和多样性等（Xu et al.，2021）。另外，修复效果的评价较多样化（表6-4），物理方法有柱淋洗实验、扩散技术等，而化学方法则包括生物可利用态提取、顺序提取方法、标准化毒性浸出实验、生物可及性提取方法、生态毒理学生物测定等，各种方法之间明显缺乏可比性。

因此，有机废弃物在土壤重金属钝化中的应用可能存在以下的限制有待突破。

1. 我国农田废弃物总量的评估不足，每年农业废弃物的分布、种类、利用现状，及其对生态环境的影响缺乏准确评估。仅根据耕种和养殖规模估算，各部门估算数据差异较大，不利于开发利用决策的制定。

表 6-4　污染土壤中重金属稳定化效果评价

	方法	特点	优缺点
物理方法	柱淋洗实验	模拟动态场	适用于强渗透性的固体介质中重金属的浸出行为
	扩散技术	薄膜扩散梯度 DGT	由于缺乏标准的操作规程，不同批次的 DGT 无法比较，DGT 的应用和推广受到很大限制
化学方法	生物可利用态提取	EDTA、DTPA 和 TCLP 提取	各种提取方法具备不同的适用面
	顺序提取方法	Tessier 顺序提取程序（SEP）（1979 年）BCR 顺序提取法——欧洲共同体参考局（1999 年）	多样品分析迫切需要简化的顺序提取方案；分级提取条件不同，不同实验室获得的提取结果无法比较
	标准化毒性浸出实验	重金属的释放动力学	稳定土壤不同于固态废弃物，需要使用批量试验进一步研究这些方法对稳定土壤的适用性
	生物可及性提取方法	重金属生物可及性的人类健康风险评估	涉及高实验技能和昂贵的生物试剂
	生态毒理学生物测定	生态毒理学试验，包括种子萌发和急性毒性、行为反应等	可用于评价稳定剂施用对土壤的积极影响，由于该领域生物因素的变化，这些生态毒理学方法不适用于生物监测研究
	稳定化的长效评价	观察和监测稳定土壤中重金属的长期稳定性	土壤性质的动态变化和土壤生境功能的恢复方面存在重要的研究空白。应结合物理化学和生态毒理学试验，进行长期的现场研究，以评估稳定方法的有效性

2. 各种处理、储存技术和设备落后，农田废弃物利用导致的二次污染问题、工程运行效率低下的问题，明显限制了农田废弃物资源化利用的进程。

3. 生物质物理结构、组分和元素差异明显会影响重金属的钝化效果，有些有机废弃物本身携带大量重金属。不同生物质堆肥及老化对重金属钝化的差异性尚缺乏系统完整的研究。

4. 堆肥及老化过程中，重金属虽然表现出从不稳定态向稳定态转变的现象，但钝化的机理尚不完全清楚。有机质分解过程产生的有机酸甚至能够活化已钝化的重金属，与钝化的目的背道而驰。因此，钝化的长效性有待进一步研究。

5. 微生物活动可促进生物质的腐殖化，微生物高效螯合与物理和化学作用的复合研究，可能会明显促进重金属的钝化研究，提升农田有机废弃物的生物质利用率。因此，理化性质与微生物活动的协同值得进一步研究。

6. 土壤环境中的重金属污染往往呈高浓度、复合污染，兼具复杂性和持久性的特点，同时钝化土壤中的不同重金属仍然是一个巨大的挑战。

7. 尽管大多数研究都集中在实验室规模的各种人工加速老化方法对金属稳定化性能的评估上，但这些方法的评估结果很少得到现场规模稳定化处理的长期监测数据的进一步证实。因此，需要开展长期的现场示范研究，特别是中试规模的工程示范，通过定期取样和化学分析，评估稳定材料在工程处理中的金属稳定性能，更好地了解重金属的地球化学行为。

8. 有机物材料表现出良好的重金属稳定效果和环境安全性能，具有操作简单、效果好、适用性广、经济可行等优点，在重金属污染土壤修复实践中应用了几十年。然而该材料可持续发展仍存在一些技术瓶颈需要突破。化学稳定过程中的一个关键问题是其长期有效性。然而，大多数研究主要集中在处理土壤中潜在的金属浸出性、生物有效性和流动性方面，难以为制定处置方案和改进稳定土壤的风险管理提供有效指导。未来急需开发一种综合评价方法，结合物理、化学、生物方法对化学稳定化处理后的重金属迁移、土壤质量改善和生态系统功能保持进行系统评价。

参 考 文 献

曹恩泽，李立平，邢维芹，等，2017. 蜂窝煤灰渣对酸性和石灰性污染土壤中重金属的稳定研究 [J]. 环境科学学报，37：3169-3176.

高卫国，黄益宗，2009. 堆肥和腐殖酸对土壤锌铅赋存形态的影响 [J]. 环境工程学报，3：549-554.

高原雪，张玉娇，陈柏迪，等，2013. 基于矿物晶体结构的场地重金属污染土壤结构化固定处置 [J]. 生态环境学报，22：1058-1062.

高园园，2014. 纳米零价铁强化植物修复电子垃圾污染土壤的效果和机理 [D]. 天津：南开大学.

郝金才，李柱，吴龙华，等，2019. 铅镉高污染土壤的钝化材料筛选及其修复效果初探 [J]. 土壤，51：752-759.

郝晓伟，黄益宗，崔岩山，等，2010. 赤泥对污染土壤 Pb、Zn 化学形态和生物可给性的影响 [J]. 环境工程学报，4：1431-1436.

郝秀珍，周东美，2013. 改良剂对铜矿尾矿砂与菜园土混合土壤性质及黑麦草生长的影响

[J]. 农村生态环境，19：38－42.

胡红青，黄益宗，黄巧云，等，2017. 农田土壤重金属污染化学钝化修复研究进展［J］. 植物营养与肥料学报，23：1676－1685.

黄益宗，胡莹，刘云霞，等，2006. 重金属污染土壤添加骨炭对苗期水稻吸收重金属的影响［J］. 农业环境科学学报，6：1481－1486.

贾乐，朱俊艳，苏德纯，2010. 秸秆还田对镉污染农田土壤中镉生物有效性的影响［J］. 农业环境科学学报，29：1992－1998.

李剑睿，徐应明，林大松，等，2014. 农田重金属污染原位钝化修复研究进展［J］. 生态环境学报，23：721－728.

李立平，田会阳，卢一富，等，2015. 添加剂对伴矿景天修复石灰性铅冶炼污染土壤的影响［J］. 环境科学学报，35：1858－1865.

李立平，邢维芹，向国强，等，2012. 不同添加剂对铅冶炼污染土壤中铅、镉稳定效果的研究［J］. 环境科学学报，32：1717－1724.

李冉，赵立欣，孟海波，等，2018. 有机废弃物堆肥过程重金属钝化研究进展［J］. 中国农业科技导报，20：121－129.

李阳，尹英杰，朱司航，等，2020. 不同混施钝化剂对水稻吸收累积 Cd 的影响［J］. 农业环境科学学报，39：247－255.

刘崇敏，黄益宗，于方明，等，2013. 改性沸石及添加 $CaCl_2$ 和 $MgCl_2$ 对重金属离子 Pb^{2+} 吸附特性的影响［J］. 环境化学，32：803－809.

刘崇敏，黄益宗，于方明，等，2014. 改性沸石对土壤铅、锌赋存形态的影响［J］. 环境工程学报，8：767－774.

孙晓铧，黄益宗，肖可青，等，2013a. 磷矿粉、骨炭和油菜秸秆对重金属复合污染土壤细菌和古菌数量的影响［J］. 农业环境科学学报，32：565－571.

孙晓铧，黄益宗，伍文，等，2013b. 改良剂对土壤 Pb、Zn 赋存形态的影响［J］. 环境化学，32：881－885.

唐景春，孙青，王如刚，等，堆肥过程中腐殖酸的生成演化及应用研究进展［J］. 2010. 环境污染与防治，5：73－77.

唐明灯，艾绍英，罗英健，等，2012. 有机无机配施对生菜生长及其 Cd Pb 含量的影响［J］. 农业环境科学学报，31：1104－1110.

王立群，罗磊，马义兵，等，2009. 重金属污染土壤原位钝化修复研究进展［J］. 应用生态学报，5：210－218.

王玉军，窦森，张晋京，等，2009. 农业废弃物堆肥过程中腐殖质组成变化［J］. 东北林业大学学报，8：79－81.

吴宝麟，杨志辉，柴立元，等，2015. 磷基及铁基钝化剂对 Pb、Cd、As 复合污染土壤的修复效果及其工艺条件优化［J］. 安全与环境学报，5：314－320.

吴霄霄，曹榕彬，米长虹，等，2019. 重金属污染农田原位钝化修复材料研究进展［J］. 农业资源与环境学报，36：253－263.

武淑霞，刘宏斌，黄宏坤，等，2018. 我国畜禽养殖粪污产生量及其资源化分析［J］. 中国工程科学，20：103－111.

邢维芹，冉永亮，梁爽，等，2010. 施肥对土壤重金属的影响研究进展［J］. 河南农业科学，5：129－133.

邢维芹，历琳，Kirk G. Scheckel，等，2014. 不同添加剂对铅冶炼污染石灰性土壤的修复及土壤性质的影响研究［J］. 环境科学学报，34：1534－1540.

邢维芹，张纯青，周冬，等，2019. 磷酸盐、石灰和膨润土降低冶炼厂污染石灰性土壤重金属活性的研究［J］. 土壤通报，50：1245－1252.

熊雄，李艳霞，韩杰，等，2008. 堆肥腐殖质的形成和变化及其对重金属有效性的影响［J］. 农业环境科学学报，27：2137－2142.

杨海征，胡红青，黄巧云，等，2009a. 堆肥对重金属污染土壤上茼蒿品质和产量的影响［J］. 农业环境科学学报，28：1824－1828.

杨海征，胡红青，黄巧云，等，2009b. 堆肥对重金属污染土壤 Cu、Cd 形态变化的影响［J］. 环境科学学报，29：1842－1848.

张秋芳，王果，杨佩艺，等，2002. 有机物料对土壤镉形态及其生物有效性的影响［J］. 应用生态学报，12：1659－1662.

张盛楠，黄亦玫，陈世宝，等，2020. 不同外源物质对镉砷复合污染胁迫下油菜生理指标和镉砷积累的影响［J］. 生态学杂志，39：2214－2222.

张亚丽，沈其荣，姜洋，2001. 有机肥料对镉污染土壤的改良效应［J］. 土壤学报，38：212－218.

周利强，尹斌，吴龙华，等，2013. 有机物料对污染土壤上水稻重金属吸收的调控效应［J］. 土壤，45：1227－1232.

Ahmad M，Hashimoto Y，Moon D H，et al.，2012. Immobilization of lead in a Korean military shooting range soil using eggshell waste：an integrated mechanistic approach ［J］. Journal of Hazardous Materials，209：392－401.

Anastopoulos I，Kyzas G Z，2015. Composts as biosorbents for decontamination of various pollutants：a review ［J］. Water，Air，and Soil Pollution，226：1－16.

Arbestain M C，Madinabeitia Z，Hortalà M A，et al.，2008. Extractability and leachability of heavy metals in Technosols prepared from mixtures of unconsolidated wastes ［J］. Waste Management，28：2653－2666.

Camenzuli D，Wise L E，Stokes A J，et al.，2017. Treatment of soil co－contaminated with inorganics and petroleum hydrocarbons using silica：implications for remediation in cold regions ［J］. Cold Regions Science and Technology，135：8－15.

Cao P L，Qiu K Y，Zou X Y，et al.，2020. Mercapto propyltrimethoxysilane－and ferrous sulfate－modified nano－silica for immobilization of lead and cadmium as well as arsenic in heavy metal－contaminated soil ［J］. Environmental Pollution，266：115152.

Ding Y，Wang Y，Zheng X，et al.，2017. Effects of foliar dressing of selenite and silicate alone or combined with different soil ameliorants on the accumulation of As and Cd and antioxidant system in Brassica campestris ［J］. Ecotoxicology and Environmental Safety，

142：207 - 215.

Fajardo C，Costa G，Nande M，et al.，2019. Heavy metals immobilization capability of two iron - based nanoparticles（nZVI and Fe_3O_4）：soil and freshwater bioassays to assess ecotoxicological impact［J］. Science of The Total Environment，656：421 - 432.

Finlay N C，Peacock C L，Hudson - Edwards K A，et al.，2020. Characteristics and mechanisms of Pb（Ⅱ）sorption onto Fe - rich waste water treatment residue（WTR）：a potential sustainable Pb immobilisation technology for soils［J］. Journal of Hazardous Materials，402：123433.

Gong L D，Wang J W，Abbas T，et al.，2021. Immobilization of exchangeable Cd in soil using mixed amendment and its effect on soil microbial communities under paddy upland rotation system［J］. Chemosphere，262：127828.

Hashimoto Y，Matsufuru H，Sato T，2008. Attenuation of lead leachability in shooting range soils using poultry waste amendments in combination with indigenous plant species［J］. Chemosphere，73：643 - 649.

He M M，Tian G M，Liang X Q，et al.，2007. Effects of two sludge application on fractionation and phytotoxicity of zinc and copper in soil［J］. Journal of Environmental Sciences，19：1482 - 1490.

Huang G F，Wu Q T，Wong J W C，et al.，2006. Transformation of organic matter during co - composting of pig manure with sawdust［J］. Bioresource Technology，97：1834 - 1842.

Hou Q X，Han D Y，Zhang Y，et al.，2020. The bioaccessibility and fractionation of arsenic in anoxic soils as a function of stabilization using low - cost Fe/Al - based materials：a long - term experiment［J］. Ecotoxicology and Environmental Safety，191：110210.

Hsu J H，Lo S L，2001. Effect of composting on characterization and leaching of copper，manganese，and zinc from swine manure［J］. Environmental Pollution，114：119 - 127.

Hu C，Wei M，Chen J，et al.，2019. Comparative study of the adsorption/ immobilization of Cu by turmeric residues after microbial and chemical extraction［J］. Science of the Total Environment，691：1082 - 1088.

Hu C，Hu H，Tang Y，et al.，2020. Comparative study on adsorption and immobilization of Cd（Ⅱ）by rape component biomass［J］. Environmental Science and Pollution Research，27：8028 - 8033.

Kameswari K S B，Narasimman L M，Pedaballe V，et al.，2015. Diffusion and leachability index studies on stabilization of chromium contaminated soil using fly ash［J］. Journal of Hazardous Materials，297：52 - 58.

Lei C，Chen T，Zhang Q Y，et al.，2020. Remediation of lead polluted soil by active silicate material prepared from coal fly ash［J］. Ecotoxicology and Environmental Safety，15：111409.

Li B，Yang J X，Wei D P，et al.，2014. Field evidence of cadmium phytoavailability decreased effectively by rape straw and/or red mud with zinc sulphate in a Cd-contaminated calcareous soil [J]. PLOS One, 9: 1-7.

Lim J E, Sung J K, Sarkar B, et al. , 2017. Impact of natural and calcined starfish (Asterina pectinifera) on the stabilization of Pb, Zn and As in contaminated agricultural soil [J]. Environmental Geochemistry Health, 39: 431-441.

Lin J J, Sun M Q, Su B L, et al. , 2019. Immobilization of cadmium in polluted soils by phytogenic iron oxide nanoparticles [J]. Science of Total Environmental, 659: 491-498.

Malandrino M, Abollino O, Giacomino A, et al. , 2006. Adsorption of heavy metals on vermiculite: influence of pH and organic ligands [J]. Journal of Colloid and Interface Science, 299: 537-546.

Malandrino M, Abollino O, Buoso S, et al. , 2011. Accumulation of heavy metals from contaminated soil to plants and evaluation of soil remediation by vermiculite [J]. Chemosphere, 82: 169-178.

Moon D H, Wazne M, Cheong K H, et al. , 2015. Stabilization of As-, Pb-, and Cu-contaminated soil using calcined oyster shells and steel slag [J]. Environmental Science and Pollution Research, 22: 11162-11169.

Mu J, Hu Z Y, Huang L J, et al. , 2020. Preparation of a silicon-iron amendment from acid-extracted copper tailings for remediating multi-metal-contaminated soils [J]. Environmental Pollution, 257: 113565.

Nagarajah R, Wong K T, Lee G, et al. , 2017. Synthesis of a unique nanostructured magnesium oxide coated magnetite cluster composite and its application for the removal of selected heavy metals [J]. Separation and Purification Technology, 174: 290-300.

Ning D F, Liang Y C, Liu Z D, et al. , 2016. Impacts of steel-slag-based silicate fertilizer on soil acidity and silicon availability and metals-immobilization in a paddy soil [J]. PLOS One, 11: e0168163.

O'Connor J, Hoang S A, Bradney L, et al. , 2021. A review on the valorisation of food waste as a nutrient source and soil amendment [J]. Environmental Pollution, 272: 115985.

Pei G, Li Y, Zhu Y, et al. , 2017. Immobilization of lead by application of soil amendment produced from vinegar residue, stainless steel slag, and weathered coal [J]. Environmental Science and Pollution Research, 24: 22301-22311.

Penido E S, Martins G C, Mendes T B M, et al. , 2019. Combining biochar and sewage sludge for immobilization of heavy metals in mining soils [J]. Ecotoxicology and Environmental Safety, 172: 326-333.

Ren B, Zhao Y, Bai H, et al. , 2021. Eco-friendly geopolymer prepared from solid wastes: A critical review [J]. Chemosphere, 267: 128900.

Shi L, Guo Z H, Peng C, et al. , 2019. Immobilization of cadmium and improvement of bacterial community in contaminated soil following a continuous amendment with lime mixed with fertilizers: a four – season field experiment [J]. Ecotoxicology and Environmental Safety, 171: 425 – 434.

Spaccini R, Piccolo A, 2009. Molecular characteristics of humic acids extracted from compost at increasing maturity stages [J]. Soil Biology and Biochemistry, 41: 1164.– 1172.

Sun Q Y, Lu P, Yang L Z, 2004. The adsorption of lead and copper from aqueous solution on modified Peat – Resin Particles [J]. Environmental Geochemistry and Health, 26: 311 – 317.

Uyguner – Demirel C S, Bekbolet M, 2011. Significance of analytical parameters for the understanding of natural organic matter in relation to photocatalytic oxidation [J]. Chemosphere, 84: 1009 – 1031.

Venkatachalam P, Jayaraj M, Manikandan R, et al., 2017. Zinc oxide nanoparticles (ZnONPs) alleviate heavy metal – induced toxicity in Leucaena leucocephala seedlings: a physiochemical analysis [J]. Plant Physiology and Biochemistry, 110: 59 – 69.

Wang B, Wang C, Li J, et al., 2014. Remediation of alkaline soil with heavy metal contamination using tourmaline as a novel amendment [J]. Journal of Environmental Chemical Engineering, 2: 1281 – 1286.

Wang T, Qian T W, Huo L J, et al., 2019. Immobilization of hexavalent chromium in soil and groundwater using synthetic pyrite particles [J]. Environmental Pollution, 255: 112992.

Wei M, Tong Y, Wang H, et al., 2016. Low pressure steam expansion pretreatment as a competitive approach to improve diosgenin yield and the production of fermentable sugar from Dioscorea zingiberensis C. H. Wright [J]. Bioresource Technology, 206: 50 – 56.

Wei Y, Jin Z, Zhang M, et al., 2020. Impact of spent mushroom substrate on Cd immobilization and soil property [J]. Environmental Science and Pollution Research, 27: 3007 – 3022.

Wen T, Yang L, Dang C, et al., 2020. Effect of basic oxygen furnace slag on succession of the bacterial community and immobilization of various metal ions in acidic contaminated mine soil [J]. Journal of Hazardous Materials, 15: 121784.

Xu D M, Fu R B, Wang J X, et al., 2021. Chemical stabilization remediation for heavy metals in contaminated soils on the latest decade: Available stabilizing materials and associated evaluation methods – A critical review [J]. Journal of Cleaner Production, 321: 128730.

Yang H F, Zhang G, Fu P, et al., 2020. The evaluation of in – site remediation feasibility of Cd – contaminated soils with the addition of typical silicate wastes [J]. Environmental Pollution, 265: 114865.

Yang S, Zhao J, Chang S X, et al., 2019. Status assessment and probabilistic health risk modeling of metals accumulation in agriculture soils across China: A synthesis [J]. Environment International, 128: 165 – 174.

Ye X，Kang S，Wang H，et al.，2015. Modified natural diatomite and its enhanced immobilization of lead，copper and cadmium in simulated contaminated soils [J]. Journal of Hazardous Materials，289：210 - 218.

Yuan Y，Chai L，Yang Z，et al.，2017. Simultaneous immobilization of lead，cadmium，and arsenic in combined contaminated soil with iron hydroxyl phosphate [J]. Journal of Soils and Sediments，17：432 - 439.

Zhang Q，Zou D，Zeng X，et al.，2021. Effect of the direct use of biomass in agricultural soil on heavy metals activation or immobilization? [J]. Environmental Pollution，272：115989.

Zhou W H，Liu F M，Yi S P，et al.，2019. Simultaneous stabilization of Pb and improvement of soil strength using nZVI [J]. Science of Total Environment，651：877 - 884.

Zhu Q H，Huang D Y，Zhu G X，et al.，2010. Sepiolite is recommended for the remediation of Cd - contaminated paddy soil [J]. Acta Agriculturae Scandinavica Section B - Soil and Plant Science，60：110 - 116.

第七章

农田重金属钝化修复的研究展望

随着我国农田土壤重金属污染面积的增加，寻找切实可行的处置方法刻不容缓。农田重金属污染土壤的化学钝化修复采用的钝化剂包括各种无机物、有机物、微生物和它们的复合物等，通过改变土壤中重金属的形态和降低重金属活性，从而减少作物对重金属的吸收，以达到污染土壤安全利用的目的。

本书涉及常用的钝化剂包括含磷材料、钙硅材料、黏土矿物及金属氧化物等无机材料，它们主要通过吸附、固定等反应降低重金属的有效性。而有机钝化剂包括生物炭、秸秆、畜禽粪便、堆肥和城市污泥等，它们通过对重金属的络合、吸附、还原等作用降低其有效性。另外，微生物钝化剂是一些能改变土壤重金属价态和吸附固定重金属的微生物，目前报道的有硫酸盐还原菌和革兰氏阴性细菌等，但这方面的工作大多集中于机理研究，涉及应用的研究还较少。

土壤重金属化学钝化的效果，一方面取决于钝化剂的用量、活性及其作用机制，另外也与土壤性质、重金属种类和含量及其他环境因素有关。目前，世界各国对农田土壤重金属污染钝化修复技术研究已取得了一些可喜的进展，但仍有一些不足。比如，钝化剂的使用仍具有一定的局限性，很难有某种钝化剂能够同时钝化多种重金属，如镉砷复合污染、铬砷复合污染等。针对这些问题，我们认为应从以下方面着手：第一，扬长避短，综合运用各种修复技术。虽然工程、化学、生物和农业生态措施都有其局限性，但各种方法的优势也很明显，所以要将这些修复技术进行有效组合，开发出新的修复技术，如复合矿物改良剂修复、基因工程/植物修复、化学改良剂/植物修复组合技术、农艺及管理/植物修复等措施。第二，对于有应用前景的措施可以进行局部上壤修复试验，积累实际应用经验后加以推广。第三，加强对钝化产物转化过程、稳定性和再释放的深入研究，避免已钝化的重金属产生二次污染。

从国内外的研究与实践来看，土壤重金属的化学钝化技术在实际应用中尚有一些亟待深入探讨的问题，可能也是今后的研究重点。

一、化学钝化与其他技术联用

化学钝化能使重金属的形态暂时改变，但并未从土壤中彻底去除。当外界条件改变时，固定的重金属还可能重新释放，导致二次污染。微生物修复技术利用微生物产生的硫化物等来固定土壤中重金属，具有持久性作用。此外，利用作物轮作-施磷措施也可以较好地修复农田重金属污染。

采用淋洗/钝化相结合的修复技术，可以通过钝化剂与土壤重金属发生沉淀、吸附或氧化还原等反应，改变重金属在土壤中的赋存形态，从而进一步降低淋洗后土壤残留重金属的活性，削减残留重金属的环境风险。目前，不同修复技术往往采用不同的方法来评价修复效果。对于淋洗修复，评价指标通常为重金属洗脱率，很少考虑淋洗可能造成的二次污染；而对于钝化修复，通常采用浸提法评价对重金属的稳定化效果，但没考虑钝化处理并不降低土壤重金属含量。此外，对于多种重金属复合污染土壤修复效果的评价，往往没有考虑不同重金属的毒性差异。

为削减螯合淋洗后土壤残留重金属的环境风险，王明新等（2019）研究了乙二醇双（2-氨基乙基醚）四乙酸（EGTA）淋洗、磷酸二氢钾（KH_2PO_4）钝化及两者联合修复对土壤重金属洗脱率的影响，并分别采用 TCLP 法和 BCR 法分析重金属浸出浓度及化学形态分布，构建了涵盖土壤重金属残留量、生物有效性和毒性的环境风险评价方法，对淋洗、钝化及其联合修复效果进行了评价。结果发现，EGTA 淋洗处理后，随着 KH_2PO_4 投加量的增加，Pb、Cd 和 Cu 浸出浓度呈下降趋势，Zn 浸出浓度先上升后下降。KH_2PO_4 对重金属形态分布的影响主要表现为降低弱酸态或可还原态重金属占比，提高残渣态重金属占比。EGTA 和 KH_2PO_4 联合修复显著降低了 4 种重金属的可还原态残留量和弱酸提取态 Pb、Cd 残留量，大幅度削减了 Cd 和 Cu 的浸出浓度和环境风险。他们认为，Zn 污染土壤宜淋洗修复，Pb 污染土壤宜钝化修复，Cd 和 Cu 污染土壤深度修复宜淋洗/钝化联合处理。

王明新等（2019）还研究了 EDTA 淋洗/纳米羟基磷灰石钝化联合修复对土壤重金属洗脱率、TCLP 浸出浓度、化学形态分布的影响。结果发现，ED-TA 淋洗对 Pb 和 Cu 的洗脱效果较好，对 Zn 浸出浓度的削减率较高。纳米羟基磷灰石对 Pb 和 Zn 具有较好的钝化效果，对 Cu 和 Cd 的钝化作用相对较弱。淋洗/钝化联合修复大幅度降低了 Pb 和 Cd 的浸出浓度，降低了可还原态 Cu 残留量、可还原态和残渣态 Cd 残留量，以及弱酸提取态和可还原态 Zn、Pb 残留量。当 EDTA 和纳米羟基磷灰石投加量分别为 1g/kg 和 1％时，土壤重金属总环境风险削减率达到 74.1％。EDTA 对土壤中 Cu 和 Cd 的洗脱效果较好，后续钝化修复作用有限，Pb 和 Zn 则可通过淋洗/钝化联合修复大幅度提高环境风险削减率。

与淋洗技术联合采用的农田重金属钝化还有很多，其主要问题是淋洗不适于黏性、与重金属结合紧密的土壤，淋洗后残留的重金属本身稳定性高，再进行钝化作用不够明显，而且没有从土壤中彻底去除残留态重金属。另外，钝化与超积累植物吸收去除的思路相反，不宜结合使用。

二、钝化剂优化及改性

污染土壤常是多种重金属共存的体系，同时地域、气候等环境因素对钝化剂的要求不完全相同。因此，必须结合每种重金属的性质、形态、含量来选择不同的钝化剂和修复措施。钝化剂改性可以根据不同重金属特性增强其钝化功能，形成广谱性多功能钝化材料。

黏土矿物常被用于土壤重金属离子的固定，包括膨润土、高岭石、海泡石及凹凸棒石等。其中，采用膨润土的研究最多，且为提高其钝化效果，多数对其进行改性后使用。但关于蒙脱石改性及其对重金属固定等方面的工作，目前主要着眼于材料吸附试验及小规模的室内盆栽试验，而少有实际田间修复方面的应用研究。

黏土矿物作为一种环境友好型材料，储量丰富、易于开采，且其自身与土壤环境融合性好，对土壤重金属具有钝化作用，但仍需加强对黏土矿物钝化修复长期稳定性、不同添加剂量及老化时间对土壤重金属钝化修复效应、农艺与耕作制度及环境条件变化对黏土矿物钝化修复重金属污染土壤效应与稳定性影响、黏土矿物钝化修复对土壤环境质量长期影响、黏土矿物对农田重金属污染钝化修复机理、中重度重金属污染农田黏土矿物与其他技术联合集成技术以及钝化修复技术异地复制稳定性的研究等。

巯基-蒙脱石复合物是对蒙脱石进行改性的产物之一。朱凰榕等（2018）采用该改性物对重金属镉污染农田土壤进行钝化研究，通过盆栽和大田试验发现，向镉高污染水平（Cd 3.25mg/kg）土壤施加巯基-蒙脱石复合物后，小白菜 Cd 含量分别降低 27.2%～88.4%，且当添加量为 1% 时，小白菜 Cd 含量低于 GB 2762—2012《食品安全国家标准》中的限量值；同时当添加量为 1%、2% 时，土壤 Cd 水溶态、离子交换态含量分别显著低于空白对照。镉中污染水平（Cd 1.43mg/kg）土壤中，小白菜 Cd 含量分别降低 47.5%～85.2%；镉低污染水平（Cd 0.62mg/kg）土壤中，小白菜 Cd 含量分别降低 18.3%～79.4%。后效试验表明，在种植第二季小白菜时，修复材料的钝化效果仍然显著。

宋乐等（2019）选取我国南方生物质发电厂的灰渣为原料，经物理和化学改性制成重金属钝化剂，对重金属 Cd 污染的土壤开展钝化修复研究。用底灰原料制备的腐殖酸型钝化剂在水中对 Cd 的吸附量可达 16mg/g 以上。盆栽试验中，添加土壤干重 1% 的钝化剂，第一季稻米 Cd 含量降低 80% 以上，从超标 2.8 倍降至达标；第二季小麦籽粒 Cd 降低 70%，从超标 0.9 倍降至达标。

在南方 Cd 重度污染的农田中开展的原位修复试验表明，添加 1% 的灰渣改性钝化剂，稻米和小麦籽粒中 Cd 降低 70%～90%，Ni 降低 60% 以上。

生物炭是高效的重金属钝化（吸附）剂。Bashir 等（2018）研究了水稻秸秆炭化制得生物炭及其经 KOH 改性后对水体中 Cd 的移除效果。结果表明，未改性生物炭对 Cd 的最大吸附量为 12.17mg/g，经改性后吸附量可达 41.9mg/g，比未改性时增加 3 倍多。他们认为，改性后表面积增加、孔隙结构改变，特别是表面官能团的变化，是导致对 Cd 吸附量增加的主要原因。

生物炭和磷酸盐均可以高效吸附铅，但是关于生物炭-磷酸盐复合物去除铅的研究很少。Gao 等（2019）将油菜秸秆分别与 $Ca(H_2PO_4)_2 \cdot H_2O$ 和 KH_2PO_4 以 5 : 1（W/W）的比例共热解，制备得到生物炭-磷酸盐复合材料（分别记为 WBC - Ca 和 WBC - K），并探索共热解生物炭对铅的去除能力及机理。结果表明，共热解生物炭比原生物炭具有更强的 Pb 去除能力，用 FTIR、XRD、XPS 和 NMR 观察表明，共热解生物炭中的磷在 Pb 去除过程中起重要作用，且三种生物炭同 Pb 作用后分别形成 $Pb_5(PO_4)_3Cl$、$Pb_2P_2O_7$ 和 $Pb_{n/2}(PO_3)_n$ 沉淀。磷的形态在共热解过程中发生了转化，WBC - Ca 中的正磷酸盐主要转化为焦磷酸盐，而 WBC - K 中的正磷酸盐可转化为偏磷酸盐和焦磷酸盐。

化学氧化是提高生物炭去除重金属能力的有效方法。Gao 等（2019）用 HNO_3、H_2O_2 和 $KMnO_4$ 氧化油菜秸秆生物炭（BC）后对铅的吸附结果表明，同 BC（175mmol/kg）相比，HNO_3 和 H_2O_2 处理 BC 对水体中 Pb 的最大吸附量分别为 526mmol/kg 和 917mmol/kg，其中表面络合的贡献分别占 55.1% 和 39.0%。$KMnO_4$ 处理 BC 对 Pb 的最大吸附量为 1 343mmol/kg，即使在 pH 为 2 和高初始 Pb 浓度下，其去除率也高达 1.0mol/L。

目前，对常见钝化剂进行改性处理是提高钝化效果的有效措施，并取得大量成果。其不足之处是对不同类型污染重金属的钝化研究较少，改性条件和方法较随意，实际成功的田间应用尚不多见。

三、新型高效钝化剂研发

土壤重金属的钝化剂包括人工合成的材料和天然材料，有些天然材料中可能含有重金属以及放射性物质，遗留在土壤环境中也会对环境造成一定的副作用，当它们累积到一定量时，材料的环境负效应就需要考虑了。因此在选用不同材料修复被重金属污染的土壤时，必须环境友好，同时要提高其修复效率。

孙晶等（2019）以云南省某铅锌重度污染场地土壤为研究对象，采用原位钝化技术修复污染土壤。3 种钝化剂的主要成分包括 Si、Al、Ca、Mg、S、Fe 等及其化合物，区别在于每一种药剂的特殊成分、配比和合成工艺不同，结果显示，采用药剂 SJ-1 号、SJ-2 号、SJ-3 号对土壤铅、锌、镉的钝化效果显著，但药剂 SJ-2 号、SJ-3 号会造成土壤中活性砷释放。

武成辉等（2017）通过活化蒙脱石中硅（Si）元素制备新型硅酸盐土壤重金属钝化剂，盆栽试验结果表明，在 Cd 含量为 3mg/kg 和 5mg/kg 污染土壤上施加新型硅酸盐钝化剂，均可显著增加小白菜的生物量并降低其重金属含量，土壤 Cd 含量为 3mg/kg 时施加 5‰ 硅酸盐钝化剂，可使小白菜 Cd 含量降低 59.2%，土壤 pH 升高约 1.4 个单位，且土壤中弱酸溶解态镉含量显著降低。

据 Xu 等（2019）报道，凹凸棒石黏土（ATTP）经纳米零价铁改性后（nFeO@ATTP）可用于土壤重金属的钝化。他们的结果表明，钝化剂可以增加土壤 pH，显著降低土壤可提取态 Cd、Cr 和 Pb 浓度，nFeO@ATTP 能很好地将 Cd、Cr 和 Pb 转化为生物有效性低的形态，抑制其被植物吸收。

随着纳米技术快速发展，纳米材料更多用于污染沉积物的修复。Cai 等（2019）综述了纳米材料修复沉积物中重金属的主要研究结果，主要的纳米材料包括纳米零价铁（nZVI）、纳米磷灰石（包括纳米羟基磷灰石 nHAp、纳米氯磷灰石 nCLAP）、碳纳米管（CNTs）、纳米二氧化钛（TiO_2 NPs）等。他们认为，今后在纳米材料钝化重金属的研究中应更加关注：①纳米材料的管理和再生；②纳米颗粒污染物与沉积物的分离；③对环境微生物区系和生物的负面作用；④纳米材料应用引起环境风险的有效评价与监测；⑤减少纳米颗粒与重金属反应期间环境因素影响的方法；⑥纳米材料的老化问题；⑦纳米材料与其他修复方法如生物修复的联合应用。

但是，这些新型钝化材料生产成本较高，有的用量偏多，同时长期使用可能也存在一定的环境风险和副作用，因此亟须研发低廉、高效、环境友好的土壤重金属污染新型钝化产品。

四、钝化机理与产物稳定性

钝化剂的性质是决定其钝化重金属机理的主要因素。当前，宜对不同材料钝化重金属机制开展深入研究，为进一步的实践奠定理论基础。在重金属难溶物中，氢氧化物和碳酸盐的溶解度要大于磷酸盐沉淀物的溶解度，所以，利用重金属的溶解性选用不同的钝化剂和措施可以有效地降低重金属的生物活性，更多地将重金属离子转化为活性更低的难溶矿物，以达到更强的钝化效果。

但是，土壤重金属钝化剂的频繁施加可能会导致一些负面影响。长期施用石灰可能破坏土壤团粒结构，影响土著微生物的丰度和群落结构，造成土壤板结和养分流失；粉煤灰的施入会在一定程度上增加土壤的盐碱度和重金属总量。因此，合理有效地施用钝化剂，延长钝化剂的有效性值得注意。

目前延长钝化剂长效性的方法主要有：①与有机质、微生物肥料复合施用。有学者认为将石灰类钝化剂与有机质、微生物肥料复合使用，可以削弱因石灰大量施入而引起的副作用。若将粉煤灰与有机质联用，可适当延长粉煤灰的重金属钝化后效。有学者将粉煤灰与泥炭混合施用，其钝化后效从1年延长至1.5年左右，且钝化效果优于粉煤灰单独施用。②施用重金属钝化剂的同时配合以套种、轮作等农艺措施。有田间原位修复试验研究表明，适当选取两种作物套种可以削弱因石灰施入而引起的副作用。有学者用550℃热解制得生物炭修复酸性土壤中的重金属污染，并种植向日葵，在进行试验7周后土壤pH与对照组之间不存在显著差异。而Jones等用480℃热解园林废弃物得到的生物炭进行玉米与牧草轮种田间试验，3年后生物炭上的离子交换反应才基本平衡，表明作物轮种会在一定程度上增强生物炭的钝化作用和长效性。

钝化产物的稳定性受到多种环境变化的影响，比如土壤pH改变、植物吸收导致的重金属形态和浓度变化、施肥与灌溉导致的陪伴离子效应和氧化还原条件等，都将影响钝化态重金属的中间产物、终产物的转化过程与稳定性。

1. 土壤酸化对钝化产物稳定性的影响

农田土壤的pH会对土壤中重金属的吸附解吸、络合解离和沉淀溶解产生影响，进而改变重金属的环境毒性。并且农田土壤的pH还会对土壤微生物的封堵、活性、群落结构等产生影响，从而使重金属的毒性发生改变。据研究，农田土壤中可交换态重金属的含量会随土壤pH的升高而降低，二者具有明显的负相关关系，碳酸盐结合态、有机结合态等的含量则与农田土壤的pH呈正相关关系。

2. 根际变化和低分子有机酸对钝化产物稳定性的影响

农田生态系统受到较多的人为因素的干扰，农作物是农田生态系统中的重要组成，并且与土壤中重金属具有紧密的联系。农作物的根部会分泌金属螯合物、金属还原蛋白酶，或释放质子使根部的土壤酸化，从而使土壤中重金属被溶解，并利用微生物的活性、群落结构等对重金属的活性产生影响。不同种类的农作物，同类农作物的品种、基因型等所产生的根分泌物、酶具有不同的种类、数量和功效，都会对农田土壤的修复效果产生一定程度的影响。

由于作物根部的酸化作用和钝化剂自身老化作用，钝化剂施入土壤后，其对重金属的钝化作用和对土壤酸化的改良作用是有一定期限的。石灰类物质的pH在10左右，与土壤混合后可有效缓解土壤酸化现象，提高土壤pH，但由于作物种植、土壤缓冲和石灰自身的转化作用，土壤pH不能一直维持在较高水平，会随着时间的推移缓慢下降，当pH小于6时，土壤交换态的重金属含量将会升高，从石灰施入土壤后到土壤pH低于6的时间，即为石灰的重金属钝化作用有效期。有田间试验发现，在酸性土壤中施用石灰，对重金属的钝化效果可维持一年半左右，超过期限后只有继续施加石灰才能使作物中的重金属含量维持在较低水平。

有试验表明，在中性和酸性土壤中施入 5% 的粉煤灰可以使土壤 pH 升高 1 个单位左右，但种植蔬菜三个月后，土壤 pH 下降约 0.5 个单位，这与植物根系的酸化作用以及粉煤灰中碳酸盐的消耗和硫化物的氧化有关。亦有学者在 pH 为 5 的酸性土壤中施加粉煤灰以降低重金属的有效性，刚施入粉煤灰时土壤 pH 上升约 1.5 个单位，向日葵种植 7 周后土壤 pH 几乎降回到 5.0。有学者通过对铜矿尾矿污染土壤的修复研究表明，粉煤灰施入土壤的长效性约为一年，随后土壤 pH 有所下降，且土壤中部分重金属有效态含量略有升高。目前对于生物炭作为重金属钝化剂的研究多为 2~6 个月的短期盆栽试验或土柱试验，对其后效期限众说纷纭，尚无统一观点，从 7 周到 3 年不等。这表明生物炭钝化土壤重金属的长效性除了与其制备原材料、热解温度、活化处理有关外，还与土壤条件和植物种植有关。

3. 有机肥和化肥对钝化稳定性的影响

有机肥中富含氮、磷、钾等植物生长所需的营养元素，可以提高农作物产量且肥效较长，其内腐殖质的矿化过程一般可以持续两年左右。但在实际应用中，农用有机肥的施用周期一般根据作物的生长需要而定，主要为作物提供生长所需的各种营养元素。

于春晓等（2017）以生物炭（B）、海泡石（S）和磷矿粉（P）为重金属镉钝化材料，研究它们与尿素配施对土壤重金属镉（Cd）钝化效果的影响，结果表明：3 种钝化剂经盐酸改性后，表面积和比表面积显著提高，吸附能力增强；与未添加钝化剂的处理相比，3 种钝化剂的单一和复合处理均显著降低土壤活性 Cd 的含量，其中海泡石与磷矿粉复合处理（S+P）降低幅度最大，活性 Cd 含量降低了 23%；与单施尿素相比，尿素与钝化剂配施能有效降低活性 Cd 含量，其中 S+P+尿素处理钝化效果最好，钝化剂的添加能缓解由于尿素态氮转化带来的土壤酸化的趋势，提高土壤 pH，在一定程度上降低 Cd 的有效性。

农田土壤重金属钝化后，往往伴随有机肥、氮肥和磷钾肥的施用，这些肥料及其在土壤中转化对重金属的稳定性尚研究不多。通过合理施肥，包括不同形态化肥、有机肥和改良剂及其组合，可实现土壤重金属钝化修复。研究表明，磷钾肥、有机肥和改良剂及其组合对土壤中重金属吸附特性、pH 和重金属形态均有影响，可改善作物生长和重金属吸收状况。

贾倩（2016）研究了钾硅肥及硅钙肥施用对重金属污染土壤上水稻生长及重金属吸收的影响，分析了钾硅肥和硅钙肥降低水稻地上部重金属含量的机制，发现钾硅肥的施用显著降低了水稻地上部各部位铅、镉的积累量，肥料用量与重金属积累量呈负相关关系，但水稻根部重金属积累量并无显著差异。土壤中有效态铅、镉经过一季水稻种植后均有不同程度降低，钾硅肥处理与硫酸钾处理土壤有效态铅、镉含量无明显差异。硅钙肥施用可以显著抑制水稻对重金属的吸收与积累，而硅钙肥未明显促进土壤重金属从酸溶态和可还原态向可氧化态和残渣态的转化。

在现有的土壤重金属污染钝化修复研究中，往往忽略了施用化肥对钝化修复的影响，不同化肥对钝化修复效应具有协同促进作用还是抑制作用，目前鲜有研究涉及。黄荣（2018）采用水稻/油菜盆栽试验，探究了施用不同化肥对海泡石钝化修复 Cd 污染农田土壤修复效果的影响，结果表明，海泡石钝化修复下，淹水灌溉和湿润灌溉处理的水稻，施用不同量尿素显著降低土壤 DTPA 浸提态镉含量。与单一海泡石钝化处理相比，施加尿素处理可使水稻根系铁氧化物胶膜中的铁含量降低。淹水管理下施用尿素，对水稻根膜吸附土壤 Cd 有抑制作用，而湿润管理下有激活作用。

有研究表明，海泡石、钙镁磷肥、海泡石＋钙镁磷肥处理均显著降低糙米和水稻秸秆中 Cd 含量，同时显著降低土壤 DTPA 浸提态 Cd 含量。与单施海泡石钝化相比，钝化时施用 KCl 和 K_2SO_4 两种钾肥，油菜地上部茎叶 Cd 含量增加。施用钾肥对土壤 pH 未产生显著影响，却显著增加土壤有效态 Cd 含量。以水稻糙米中 Cd 含量为考察指标，在海泡石钝化修复 Cd 污染土壤过程中，施加尿素、钙镁磷肥、过磷酸钙和硫酸钾对钝化效果无不利影响，而施加氯化钾则在一定程度上降低了海泡石的钝化效果。

4. 氧化还原过程对钝化产物稳定性的影响

农田土壤的氧化还原电位主要受土壤中的水、气的比例的影响，并影响着重金属的环境毒性。农田土壤中所含有的重金属多为亲硫元素，所以当土壤的氧化还原电位较低时，容易生成具有难溶性的硫化物，从而使重金属的毒性显著降低。农田土壤为氧化状态时，具有难溶性的硫化物将转变为易溶性的硫酸盐，重金属的有机结合态缺乏稳定性，增加了重金属的移动性。As与其他重金属元素相反，当土壤的氧化还原电位较低时，毒性较大，反之则毒性较小。

五、钝化机理和过程的深入研究

关于重金属钝化机理的研究，限于科技和仪器等方面的制约，较长时间内尚难以从微观分子尺度进行细微的解释和剖析。近年来，随着纳米科技、能谱-透射电子显微镜、原子力显微镜、X 射线衍射技术、同步辐射 X 射线吸收光谱等在土壤环境科学领域的应用，将能够对农田土壤重金属的钝化过程与机理给予更精确的阐释。

同步辐射是分析样品内元素形态和结构分布的有力手段，不需要进行样品不同组织结构的预分离或化学前处理过程，能在不破坏土壤结构的前提下进行重金属含量分布和形态组成的检测。因此，同步辐射在研究土壤中重金属元素的化学形态及其转化过程方面有不可替代的优势。同步辐射技术包括基于 X 射线的 X 射线荧光光谱（XRF）、X 射线吸收精细结构谱（XAFS）、X 射线衍射谱（XRD）和基于红外光的傅里叶变换红外光谱（μ-FTIR）等。

X 射线荧光光谱（XRF）能在广泛的浓度范围内对各种基质中的微量和超微量元素同时进行准确定量的分析。此技术在小体积样品的多元素同步检测方面具有优势，且有助于降低检测成本。孙晓艳等（2018）利用 XRF 和 XAFS 研究了铅锌矿区土壤中铅的生物有效性，结果发现土壤中铁锰氧化物吸附和磷酸铅沉淀是降低铅生物有效性的主要机制。Wu 等（2020）合成了一种新型钙基磁性生物炭，并且通过 XRF 和 XAFS 来探究了该材料对 Cd 和 As 的钝化机制。μ-XRF 结果表明，钙基磁性生物炭上的 As 和 Fe 分布情况较为相似，且高值区域分布高度相关，表明 As 主要分布在铁氧化物上；XANES 分析则证实了 As 主要以 As（V）的形态存在于生物炭表面。

X 射线吸收精细结构（XAFS）谱学技术是用来研究原子近邻结构的重要实验手段，主要用于研究吸收原子的价态和配位结构（包括配位原子数、种类、距离等）。Kunene 等（2020）利用 XANES/EXAFS 分析方法研究污染土壤和水稻中镉的形态分布发现，Cd 主要以 Cd（II）-O 的形式存在于土壤和水稻中，EXAFS/XANES 光谱有助于确定镉的存在形式及其结构信息（形态、氧化状态和原子结构）。Helen 等（2021）利用 XANES 光谱研究桉树、芥菜和栅栏草的种植对土壤中铅形态和有效性的影响，发现这些植物的栽培完全改变了根际铅的形态，其主要以 Pb-K 和（CH_3COO）$_2$Pb 形式存在。

基于红外光的傅里叶变换红外光谱（μ-FTIR）是通过测量干涉图和对干涉图进行傅里叶变化的方法来测定红外光谱，具有扫描速率快、分辨率高、稳定的可重复性等特点。Sun 等（2020）基于同步辐射傅里叶变换红外光谱和 X 射线荧光显微光谱对蚯蚓和沼渣上的金属组分和去除机理进行了定量研究，结果表明蚯蚓堆肥可降低沼渣中潜在有毒金属的浓度，并提高其对沼渣中铜（26.4%）、锌（32.3%）和铅（13.7%）的去除效率。Zhou 等（2020）在研究微生物还原过程中天然有机物对 Cd 的影响时，基于 EXAFS 及其相应的快速傅里叶变换（μ-FTIR），分析得出水铁矿上包覆天然有机物（NOM）可以增加镉的非生物吸附，抑制铁氧化物的转化，提高伴生镉的长期稳定性。

由于同步辐射技术众多的优越性和广泛应用，其在土壤重金属研究中的应用潜力已引起了学者的极大关注。近年来，随着实验技术本身的发展，通过多种同步辐射方法的联用，扩大了同步辐射技术在土壤重金属研究方面的应用范围。但是，目前的同步加速器光源仅允许对浓度为几百 mg/kg 的样品进行表征，这明显高于重金属在许多土壤中的实际含量。因此，可能需要更新当前的波束线设施，可以预期，我国乃至世界上同步辐射光源的建设与发展可以提供更高的通量和更好的灵敏度，从而为利用同步辐射技术在土壤环境污染方面的研究提供更大的发展空间。

六、展望

土壤重金属污染问题日趋严重，对全球生物化学循环和人类健康问题产生的威胁不可忽视，已成为当今生态农业与可持续农业发展中急需解决的一个重要课题。目前，重金属钝化技术多集中在有机螯合剂或碱性物质等方面的研究，主要通过络合沉淀和增加土壤 pH 来钝化土壤中的重金属污染物；对于矿区等重度污染的土壤研究较多，对中轻度的农田土壤污染研究较少，且多集中在盆栽试验、小区试验，大田原位应用较少；在酸性土壤中的应用较为广泛，在中性、碱性土壤中的研究较少。

针对目前农田土壤重金属钝化技术的应用及其潜在风险，对今后的研究工作提出以下建议：①完善相关行业标准。加强对施入农田土壤中的各种钝化材料中重金属含量的监测，完善相关行业标准中针对土壤调理剂及其原料中多种重金属的标准限值规定。②开展系统性和长效性研究。目前对于中性和碱性土壤的重金属钝化技术研究还不深入，对于不同重金属钝化剂施入土壤后的长效影响尚缺乏一致的结论，这些有待进一步的深入研究。③开展农田土壤重金属污染的生态修复。通过无机和有机钝化剂复合、钝化剂与微生物肥联合、重金属钝化与植物修复技术复合应用等，可以在一定程度上降低土壤钝化剂施入土壤后可能存在的风险，增加钝化剂的长效性。此外，重金属钝化技术与深耕、轮作、套种等农艺措施相结合，也可以增强土壤钝化剂的钝化效果。

在进行农田土壤重金属污染修复时，迫切需要针对农田土壤重金属污染程度、不同土壤特性，采取相应的施加剂量和修复技术方法，以实现对轻、中、重度重金属污染农田的高效钝化修复。不仅要考虑修复效果，也需要考虑经济成本、激活农田土壤自净能力、改善农田土壤质量等因素。钝化修复技术可以降低重金属在土壤中的溶解性、迁移能力和生物有效性，减轻重金属污染物对生态系统的危害，但这一技术并未将重金属从农田土壤中去除。因此，在发展土壤重金属钝化技术的同时，考虑与诸如植物修复技术等重金属去除技术相结合，力求达到降低土壤重金属总量和有效态比例的效果。农田土壤重金属污染修复是一项具有挑战性的兼具成本和技术复杂性的工作，需要环境领域各个方面研究者的合作交流，方能获得环境和经济效益双赢。

参 考 文 献

宋乐，韩占涛，张威，等，2019. 改性生物质电厂灰钝化修复南方镉污染土壤及其长效性研究 [J]. 中国环境科学，39：226-234.

孙晶，杨子轩，潘学军，等，2019. 新型土壤钝化剂治理铅锌重度污染土壤试验 [J]. 环境工程，37：380-383.

孙晓艳，柳检，罗立强，2018. 利用 μ-XRF 和 XANES 研究铅锌矿区土壤铅形态及其生物有效性 [J]. 环境科学，39：3835-3844.

王明新，张金永，肖扬，等，2019a. BEGTA 淋洗和 KH_2PO_4 钝化联合修复重金属污染土壤 [J]. 环境化学，38：2366-2375.

王明新，王彩彩，张金永，等，2019b. EDTA/纳米羟基磷灰石联合修复重金属污染土壤 [J]. 环境工程学报，13：396-405.

武成辉，李亮，晏波，等，2017. 新型硅酸盐钝化剂对镉污染土壤的钝化修复效应研究 [J]. 农业环境科学学报，36：2007-2013.

徐建明，孟俊，刘杏梅，等，2018. 我国农田土壤重金属污染防治与粮食安全保障 [J]. 中国科学院院刊，33：153-159.

徐奕，梁学峰，彭亮，等，2017. 农田土壤重金属污染黏土矿物钝化修复研究进展 [J]. 山东农业科学，49：156-162，167.

于春晓，张丽莉，杨立杰，等，2017. 镉钝化剂与尿素配施对土壤镉钝化效果的影响 [J]. 生态学杂志，36：1941-1948.

朱凰榕，赵秋香，倪卫东，等，2018. 巯基——蒙脱石复合材料对不同程度 Cd 污染农田土壤修复研究 [J]. 生态环境学报，27：174-181.

Bashir S，Zhu J，Fu Q L，et al.，2018. Comparing the adsorption mechanism of Cd by rice straw pristine and KOH-modified biochar [J]. Environmental Science and Pollution Research，25：11875-11883.

Cai C Y，Zhao M H，Yu Z，et al.，2019. Utilization of nanomaterials for in-situ remediation of heavy metal (loid) contaminated sediments：A review [J]. Science of the Total Environment，662：205-217.

Gao R L，Fu Q L，Hu H Q，et al.，2019. Highly-effective removal of Pb by co-pyrolysis biochar derived from rape straw and orthophosphate [J]. Journal of Hazardous Materials，371：191-197.

Gao R L，Xiang L，Hu H Q，et al.，2020. High-efficiency removal capacities and quantitative sorption mechanisms of Pb by oxidized rape straw biochars [J]. Science of the Total Environment，699：134262.

Helen C S，Luís C C，Leonardus V，et al.，2021. Lead speciation and availability affected by plants in a contaminated soil [J]. Chemosphere, 285: 131468.

Kunene S C, Lin K S, Mdlovu N V, et al., 2020. Speciation and fate of toxic cadmium in contaminated paddy soils and rice using XANES/EXAFS spectroscopy [J]. Journal of Hazardous Materials, 383: 121167.

Sun F S, Yu G H, Zhao X Y, et al., 2022. Mechanisms of potentially toxic metal removal from biogas residues via vermicomposting revealed by synchrotron radiation – based spectromicroscopies [J]. Waste Management, 113: 80 – 87.

Wu J Z, Li Z T, Huang D, et al., 2020. A novel calcium – based magnetic biochar is effective in stabilization of arsenic and cadmium co – contamination in aerobic soils [J]. Journal of Hazardous Materials, 387: 122010.

Xu C B, Qi J, Yang W J, et al., 2019. Immobilization of heavy metals in vegetable – growing soils using nano zero – valent iron modified attapulgite clay [J]. Science of the Total Environment, 686: 476 – 483.

Zhou Z, Muehe E M, Tomaszewski E J, et al., 2022. Effect of natural organic matter on the fate of cadmium during microbial ferrihydrite reduction [J]. Environmental Science and Technology, 54: 9445 – 9453.

附录 课题组发表的相关论文

Ⅰ. 重金属吸附及机理

1. Rizwan M S, Imtiaz M, Zhu J, Yousaf B, Hussain M, Ali L, Ditta A, Ihsan M Z, Huang G Y, Ashraf M, Hu H Q. 2021. Immobilization of Pb and Cu by organic and inorganic amendments in contaminated soil [J]. Geoderma, 385: 114803.

2. Hu C, Hu H Q, Tang Y F, Dai Y J, Wang Z F, Yan R. 2020. Comparative study on adsorption and immobilization of Cd (Ⅱ) by rape component biomass [J]. Environmental Science and Pollution Research, 27: 8028 - 8033.

3. Hu C, Hu H Q, Song M D, Tan J, Huang G Y, Zuo J C. 2020. Preparation, characterization, and Cd (Ⅱ) sorption of/on cysteine - montorillonite composites synthesized at various pH [J]. Environmental Science and Pollution Research, 27: 10599 - 10606.

4. Salam A, Bashir S, Khan I, Hu H Q. 2020. Biochar production and characterization as a measure for effective rapeseed residue and rice straw management: an integrated spectroscopic examination [J]. Biomass Conversion and Biorefinery, https: //doi. org/10. 1007/s13399 - 020 - 00820 - z.

5. Yang Y Q, Hu H Q, Fu Q L, Xing Z Q, Chen X Y, Zhu J. 2020. Comparative effects on arsenic uptake between iron (hydro) oxides on root surface and rhizosphere of rice in an alkaline paddy soil [J]. Environmental Science and Pollution Research, 27: 6995 - 7004.

6. Xu F L, Zhu J, Zhang B S, Fu Q L, Chen J Z, Hu H Q, Huang Q Y. 2019. Sorption and immobilization of Cu and Pb in a red soil (Ultisol) after different long - term fertilizations [J]. Environmental Science and Pollution Research, 26: 1716 - 1722.

7. Zhu J, Fu Q L, Qiu G H, Liu Y R, Hu H Q, Huang Q Y, Violante A. 2019. Influence of low molecular weight organic ligands on the sorption of heavy metals by soil constituents: A review [J]. Environmental Chemistry

Letters, 17 (3): 1271 – 1280.

8. Hu C, Zhu P F, Cai M, Hu H Q, Fu Q L. 2017. Comparative adsorption of Pb (Ⅱ), Cu (Ⅱ) and Cd (Ⅱ) on chitosan saturated montmorillonite: kinetic, thermodynamic and equilibrium studies [J]. Applied Clay Science, 143: 320 – 326.

9. Hu C, Li G Y, Wan Y Y, Li F Y, Guo G G, Hu H Q. 2017. The effect of pH on the bonding of Cu^{2+} and chitosan – montmorillonite composite [J]. International Journal of Biological Macromolecules, 103: 751 – 757.

10. Qi Y B, Zhu J, Fu Q L, Hu H Q, Huang Q Y. 2017. Sorption of Cu by humic acid from the decomposition of rice straw in the absence and presence of clay minerals [J]. Environmental Management, 200: 304 – 311.

11. Qi Y B, Zhu J, Fu Q L, Hu H Q, Rong X M, Huang Q Y. 2017. Characterization and Cu sorption properties of humic acid from the decomposition of rice straw [J]. Environmental Science and Pollution Research, 24 (30): 23744 – 23752.

12. Zuo JC, Fu Q L, Su X J, Liu Y H, Zhu J, Hu H Q, Deng YJ. 2016. Effects of phosphate and citric acid on Pb adsorption by red soil colloids [J]. Environmental Progress and Sustainable Energy, 35 (4): 969 – 974.

13. Hu C, Hu Q, Zhu J, Deng YJ. 2016. Adsorption of Cu^{2+} on montmorillonite and chitosan – montmorillonite composite toward acetate ligand and the pH dependence [J]. Water Air and Soil Pollution, 227 (10): 1 – 10.

14. Gao R L, Zhu P F, Guo G G, Hu H Q, Zhu J, Fu Q L. 2016. Efficiency of several leaching reagents on removal of Cu, Pb, Cd and Zn from highly contaminated paddy soil [J]. Environmental Science and Pollution Research, 23 (22): 23271 – 23280.

15. Ugochukwu N, Mohamed I, Ali M, Iqbal J, Fu Q L, Zhu J, Jiang G J, Hu H Q. 2013. Impacts of inorganic ions and temperature on lead adsorption onto variable charge soils [J]. Catena, 109: 103 – 109.

16. Ugochukwu N, Ali I, Fu Q L, Zhu J, Jiang G J, Hu H Q. 2012. Sorption of lead on variable charge soils in China as affected by initial metal concentration, pH and soil properties [J]. Journal of Food Agriculture and Environment, 10 (3 – 4): 1014 – 1019.

17. Ugochukwu N, Ebong E, Onweremadu U, Fu Q L, Huang L and Hu H Q. 2011. Impacts of inorganic ions and temperature on lead adsorption onto variable charge soils [C]. International Conference Proceedings of

PSRC，ICCEBS'2011：429 - 435.

18. Liu Y H，Feng L，Hu H Q. 2011. Removal of copper from aqueous solution with phosphate rocks，2011 [C]. International Conference on Remote Sensing. Environment and Transportation Engineering，3：2367 - 2371.

19. Huang L，Hu H Q，Li X Y，Li L Y. 2010. Influences of low molar mass organic acids on the adsorption of Cd^{2+} and Pb^{2+} by goethite and montmorillonite [J]. Applied Clay Science，49（3）：281 - 287.

20. Hu H Q，Liu H L，He J Z，Huang Q Y. 2007. Effect of selected organic acids on cadmium sorption by variable - and permanent - charge soils [J]. Pedosphere，17（1）：117 - 123.

21. 左继超，胡红青，刘永红，朱俊，付庆灵. 2017. 磷和柠檬酸共存对高岭石和针铁矿吸附铅的影响 [J]. 土壤学报，54（1）：265 - 272.

22. 左继超，苏小娟，胡红青，朱俊，付庆灵. 2014. 磷-铅-柠檬酸在红壤胶体上相互作用机理初探 [J]. 土壤学报，51（1）：126 - 132.

23. 黄国勇，付庆灵，朱俊，万田英，胡红青. 2014. 低分子量有机酸对土壤中铜化学形态的影响 [J]. 环境科学，35（8）：3091 - 3095.

24. 左继超，高婷婷，苏小娟，万田英，胡红青. 2014. 外源添加磷和有机酸模拟铅污染土壤钝化效果及产物的稳定性研究 [J]. 环境科学，35（10）：3874 - 3881.

25. 李妍，刘静，朱俊，付庆灵，胡红青. 2012. 水溶性有机质对 Cd 和 Zn 在土壤表面竞争吸附的影响 [J]. 广东农业科学（21）：79 - 81.

26. 姜利，史志鹏，胡红青，姜冠杰，付庆灵，朱俊. 2012. 有机酸和磷对两种污染土壤铅的释放作用研究 [J]. 农业环境科学学报，31（9）：1710 - 1715.

27. 王淑君，胡红青，李珍，陈愫惋，陈国国. 2008. 有机酸对污染土壤中铜和镉的浸提效果 [J]. 农业环境科学学报，27（4）：1627 - 1632.

28. 廖丽霞，胡红青，贺纪正. 2008. 两种有机酸对恒电荷土壤和可变电荷土壤次级吸附镉的影响 [M]//中国主要土壤环境题与管理. 南京：河海大学出版社：219 - 224.

29. 黄丽，刘畅，胡红青，刘凡，李学垣. 2007. 不同 pH 下有机酸对针铁矿和膨润土吸附 Cd^{2+}、Pb^{2+} 的影响 [J]. 土壤学报，44（4）：643 - 649.

30. 王朴，胡红青，刘凡，李学垣. 2007. 黄褐土根际土壤表面电荷特征及对 Cu^{2+} 的吸附 [J]. 土壤学报，44（4）：757 - 760.

31. 黄丽，王茹，胡红青，李学垣. 2006. 有机酸对针铁矿和膨润土吸附 Cd^{2+}、Pb^{2+} 的影响 [J]. 土壤学报，43（1）：98 - 103.

Ⅱ. 磷对重金属的钝化

1. Yang Y Q, Hu H Q, Fu Q L, Zhu J, Zhang X, Xi R Z. 2020. Phosphorus regulates As uptake by rice via releasing As into soil porewater and sequestrating it on Fe plaque [J]. Science of the Total Environment, 738: 139869.

2. Gao R L, Fu Q L, Hu H Q, Wang Q, Liu Y H, Zhu J. 2019. Highly - effective removal of Pb by co - pyrolysis biochar derived from rape straw and orthophosphate [J]. Journal of Hazardous Materials, 371: 191 - 197.

3. Huang G Y, Gao R L, You J W, Zhu J, Fu Q L, Hu H Q. 2019. Oxalic acid activated phosphate rock and bone meal to immobilize Cu and Pb in mine soils [J]. Ecotoxicology and Environmental Safety, 174: 401 - 407.

4. Huang G Y, Su X J, Muhammad S R, Zhu Y F, Hu H Q. 2016. Chemical immobilization of Pb, Cu and Cd by phosphate materials and calcium carbonate in contaminated soils [J]. Environmental Science and Pollution Research, 23: 16845 - 16856.

5. Su X J, Zhu J, Fu Q L, Zuo J C, Liu Y H, Hu H Q. 2015. Immobilization of lead in anthropogenic contaminated soils using phosphates with/ without oxalic acid [J]. Journal of Environmental Sciences, 28 (1): 64 - 73.

6. Zhu J, Cai Z J, Su X J, Fu Q L, Liu Y H, Huang Q Y, Violante A, Hu H Q. 2015. Immobilization and phytotoxicity of Pb in contaminated soil amended with gamma - polyglutamic acid, phosphate rock, and gamma - polyglutamic acid - activated phosphate rock [J]. Environmental Science and Pollution Research, 22 (4): 2661 - 2667.

7. Jiang G J, Liu Y H, Fu Q L, Huang L, Zhang J Q, Hu H Q. 2014. Immobilization of soil exogenous lead using raw and activated phosphate rocks [J]. Environmental Progress and Sustainable Energy, 33 (1): 81 - 86.

8. Jiang G J, Liu Y H, Huang L, Fu Q L, Deng Y J, Hu H Q. 2012. Mechanism of lead immobilization by oxalic - activated phosphate rocks [J]. Journal of Environmental Sciences, 24 (5): 919 - 925.

9. Jiang G J, Hu H Q, Liu Y H, Cai Z J. 2010. Immobilizing soil exogenous lead using rock phosphate [J]. Journal of Food Agriculture and Environment, 8 (1): 275 - 280.

10. Jiang G J, Hu H Q, Liu Y H, Yang C, Yang H Z. 2009. Study on immobilizing soil exogenous lead using phosphate rock [C]. In Molecular Environmental Soil Science at the interface in the Earth's Critical Zone. Jianming

Xu，Pan ming Huang eds. Zhejiang Univ. Press，Springer：121 - 123.

11. 宋子腾，左继超，胡红青.2021. 柠檬酸与磷共存对土壤吸附镉的影响 [J]. 环境科学，42（3）：1152 - 1157.

12. 胡红青，黄益宗，黄巧云，刘永红，胡超.2017. 农田土壤重金属污染化学钝化修复研究进展 [J]. 植物营养与肥料学报，23（6）：1676 - 1685.

13. 汤帆，胡红青，苏小娟，付庆灵，朱俊.2015. 磷矿粉和腐熟水稻秸秆对土壤铅污染的钝化 [J]. 环境科学，36（8）：3062 - 3067.

14. 刘永红，冯磊，胡红青，郑新生.2013. 磷矿粉和活化磷矿粉修复 Cu 污染土壤 [J]. 农业工程学报，29（11）：180 - 186.

15. 许学慧，姜冠杰，付庆灵，刘永红，胡红青.2013. 活化磷矿粉对重金属污染土壤上莴苣生长与品质的影响 [J]. 植物营养与肥料学报，19（2）：361 - 369.

16. 姜冠杰，胡红青，张骏清，易珊，王宝林，路漫.2012. 草酸活化磷矿粉对砖红壤中外源铅的钝化效果 [J]. 农业工程学报，28（24）：205 - 213.

17. 冯磊，刘永红，胡红青，郑新生.2011. 几种矿物材料对污染土壤中铜形态的影响 [J]. 环境科学学报，31（11）：2467 - 2473.

18. 许学慧，姜冠杰，胡红青，刘永红，付庆灵，黄丽.2011. 草酸活化磷矿粉对矿区污染土壤中 Cd 的钝化效果 [J]. 农业环境科学学报，30（10）：2005 - 2011.

19. 刘永红，姜冠杰，杨海征，付庆灵，胡红青.2008. 土壤重金属污染及修复技术研究进展 [M]. 土壤科学与社会可持续发展（第 3 册）. 中国农业大学出版社：356 - 362.

Ⅲ. 生物炭对重金属的钝化

1. Islam M S，Gao R L，Gao J Y，Song Z T，Umeed A，Hu H Q. 2021. Cadmium，lead，and zinc immobilization in soil by rice husk biochar in the presence of low molecular weight organic acids [J]. International Journal of Environmental Science and Technology，19：567 - 580.

2. Islam M S，Song Z T，Gao R L，Fu Q L，Hu H Q. 2021. Cadmium，lead，and zinc immobilization in soil by rice husk biochar in the presence of low molecular weight organic acid [J]. Environmental Technology，43（16）：2516 - 2529.

3. Gao R L，Hu H Q，Fu Q L，Li Z H，Xing Z Q，Umeed A，Zhu J，Liu Y H. 2020. Remediation of Pb，Cd and Cu contaminated soil by co - pyrolysis biochar derived from rape straw and orthophosphate：speciation transfor-

mation, risk evaluation and mechanism inquiry [J]. Science of the Total Environment, 730: 139119.

4. Bashir S, Hussain Q, Zhu J, Fu Q L, Houben D, Hu H Q. 2020. Efficiency of KOH modified rice straw derived biochar on cadmium mobility, bioaccessibility and bioavailability risk index in red soil [J]. Pedosphere, 30 (6): 874 - 882.

5. Gao R L, Xiang L, Hu H Q, Fu Q L, Zhu J, Liu Y H, Huang G Y. 2020. High - efficiency removal capacities and quantitative sorption mechanism of Pb by oxidized rape straw biochars [J]. Science of the Total Environment, 699: 134262.

6. Umeed A, Shaaban M, Bashir S, Gao R L, Fu Q L, Hu H Q. 2020. Rice straw, biochar and calcite incorporation enhance nickel (Ni) immobilization in contaminated soil and Ni removal capacity [J]. Chemosphere, 244: 125418.

7. Zhu P F, Zhu J R, Pan J Y, Xu W W, Shu L Z, Hu H Q, Wu Y, Tang C P. 2020. Biochar improves the growth performance of maize seedling in response to antimony stress [J]. Water, Air, and Soil Pollution, 231: 154.

8. Bashir S, Hussain Q, Zhu J, Fu Q L, Houben D, Hu H Q. 2020. Efficiency of KOH modified rice straw derived biochar on cadmium mobility, bioaccessibility and bioavailability risk index in red soil [J]. Pedosphere, 30: 874 - 882.

9. Salam A, Bashir S, Khan I, Hussain Q, Gao R L, Hu H Q. 2019. Biochar induced Pb and Cu immobilization, phytoavailability attenuation in Chinese cabbage and improved biochemical properties in naturally co - contaminated soil [J]. Journal of Soils and Sediments, 19 (5): 2381 - 2392.

10. Gao R L, Wang Q, Liu Y H, Zhu J, Deng Y J, Fu Q L, Hu H Q. 2019. Co - pyrolysis biochar derived from rape straw and phosphate rock: carbon retention, aromaticity and Pb removal capacity [J]. Energy and Fuels, 33 (1): 413 - 419.

11. Salam A, Shaheen S M, Bashir S, Khan I, Wang J X, Rinklebe J, Rehman F U, Hu H Q. 2019. Rice straw - and rapeseed residue - derived biochars affect the geochemical fractions and phytoavailability of Cu and Pb to maize in a contaminated soil under different moisture content [J]. Journal of Environmental Management, 237: 5 - 14.

12. Salam A, Bashor S, Khan I, Hu H Q. 2019. Two years impacts of

rapeseed residue and rice straw biochar on Pb and Cu immobilization and revegetation of naturally co - contaminated soil [J]. Applied Geochemistry, 105: 97 - 104.

13. Bashir S, Zhu J, Fu Q L, Hu H Q. 2018. Comparing the adsorption mechanism of Cd by rice straw pristine and KOH - modified biochar [J]. Environmental Science and Pollution Research, 25 (12): 11875 - 11883.

14. Bashir S, Zhu J, Fu Q L, Hu H Q. 2018. Cadmium mobility, uptake and anti - oxidative response of water spinach (Ipomoea aquatic) under rice straw biochar, zeolite and rock phosphate as amendments [J]. Chemosphere, 194: 579 - 587.

15. Bashir S, Qaiser H, Akmal M, Riaz M, Hu H Q, Ijaz S S, Iqbal M, Abro S, Mehmood S, Ahmad Munir. 2018. Sugarcane bagasse - derived biochar reduces the cadmium and chromium bioavailability to mash bean and enhances the microbial activity in contaminated soil [J]. Journal of Soils and Sediments, 18: 874 - 886.

16. Bashir S, M S Rizwan, Abdus S, Fu Q L, Zhu J, S Muhammad, Hu H Q. 2018. Cadmium immobilization potential of rice straw - derived biochar, zeolite and rock phosphate: Extraction techniques and adsorption mechanism [J]. Bulletin of Environmental Contamination and Toxicology, 100 (5): 727 - 732.

17. Bashir S, Shaaban M, Mehmood S, Zhu J, Fu Q L, Hu H Q. 2018. Efficiency of C_3 and C_4 plant derived - biochar for Cd mobility, nutrient cycling and microbial biomass in contaminated soil [J]. Bulletin of Environmental Contamination and Toxicology, 100 (6): 834 - 838.

18. Bashir S, Hussain Q, Shaaban M, Hu H Q. 2018. Efficiency and surface characterization of different plant derived biochar for cadmium (Cd) mobility, bioaccessibility and bioavailability to chinese cabbage in highly contaminated soil [J]. Chemosphere, 211: 632 - 639.

19. Salam A, Bashir S, Khan I, Muhammad S R, Chhajro A M, Feng X W, Zhu J, Hu H Q. 2018. Biochars immobilize Pb and Cu in naturally contaminated soil [J]. Environmental Engineering Science, 35 (12): 1349 - 1360.

20. 汤家庆, 张绪, 黄国勇, 胡红青. 2021. 水分条件对生物炭钝化水稻土铅镉复合污染的影响 [J]. 环境科学, 42 (3): 1185 - 1190.

21. 高瑞丽, 唐茂, 付庆灵, 郭光光, 李晓, 胡红青. 2017. 生物炭、蒙脱石及其混合添加对复合污染土壤中重金属形态的影响 [J]. 环境科学, 38

（1）：361 - 369.

22. 段然，胡红青，付庆灵，寇长林. 2017. 生物炭和草酸活化磷矿粉对镉镍复合污染土壤的应用效果 [J]. 环境科学，38（11）：4836 - 4843.

23. 高瑞丽，朱俊，汤帆，胡红青，付庆灵，万田英. 2016. 水稻秸秆生物炭对镉、铅复合污染土壤中重金属形态转化的短期影响 [J]. 环境科学学报，36（1）：251 - 256.

Ⅳ. 其他物质对重金属的钝化

1. Umeed A，Shaaban M，Bashir S，Chhajro A，Li Q，Rizwan M S，Fu Q L，Zhu J，Hu H Q. 2021. Potential of organic and inorganic amendments for stabilizing nickle in acidic soil，and improving the nutritional quality of spinach [J]. Environmental Science and Pollution Research，28：57769 - 57780.

2. Hu C，Hu H Q，Song M D，Tan J，Huang G Y，Zuo J C. 2020. Preparation, characterization, and Cd（Ⅱ）sorption of/on cysteine - montorillonite composites synthesized at various pH [J]. Environmental Science and Pollution Research，27（10）：10599 - 10606.

3. Umeed A，Shaaban M，Bashir S，Gao R L，Fu Q L，Hu H Q. 2020. Rice straw, biochar and calcite incorporation enhance nickel（Ni）immobilization in contaminated soil and Ni removal capacity [J]. Chemosphere，244：UNSP125418.

4. Hu C，Hu H Q，Tang Y F，Dai Y J，Wang Z F，Yan R. 2020. Comparative study on adsorption and immobilization of Cd（Ⅱ）by rape component biomass [J]. Environmental Science and Pollution Research，27（8）：8028 - 8033.

5. Bashir S，Umeed A，Muhammad S，Allah B G，Iqbal J，Khan A，Husain A，Ahmed N，Mehmood S，Kamran M，Hu H Q. 2020. Role of sepiolite for cadmium（Cd）polluted soil restoration and spinach growth in wastewater irrigated agricultural soil [J]. Journal of Environmental Management，258：110020.

6. Bashir S，Salam A，Rehman M，Khan S，Gulshan A B，Iqbal J，Shaaban M，Mehmood S，Zahra A，Hu H Q. 2019. Effective role of biochar, zeolite and steel slag on leaching behavior of Cd and its fractionations in soil column study [J]. Bulletin of Environmental Contamination and Toxicology，102（4）：567 - 572.

7. Umeed A，Bashir S，Shaaban M，Zhou X P，Gao R L，Zhu J，Fu Q

L，Hu H Q. 2019. Influence of various passivators for nickle immobilization in contaminated soil of China ［J］. Environmental Engineering Science，36 (11)：1396－1403.

8. Bashir S，Salam A，Qaiser H，Sajid M，Zhu J，Fu Q L，Omar A，Hu H Q. 2018. Influence of organic and inorganic passivators on Cd and Pb stabilization and microbial biomass in a contaminated paddy soil ［J］. Soils Sediments，18 (9)：2948－2959.

9. Bashir S，Salam A，Chhajro MA，Fu QL，Khan MJ，Zhu J，Shaaban M，Kubar KA，Ali U，Hu HQ. 2018. Comparative efficiency of rice husk derived biochar (RHB) and steel slag (SS) on cadmium (Cd) mobility and its uptake by chinese cabbage in highly contaminated soil ［J］. International Journal of Phytoremediat，20 (12)：1221－1228.

10. Muhammad S R，Muhammad I，Muhammad A C，Huang G Y，Fu Q L，Zhu J，Omar A，Hu H Q. 2016. Influence of pyrolytic and non－pyrolytic rice and castor straws on the immobilization of Pb and Cu in contaminated soil ［J］. Environmental Technology，37 (21)：2679－2686.

11. Muhammad S R，Muhammad I，Huang G Y，Muhammad A C，Liu Y H，Fu Q L，Zhu J，Muhammad A，Mohsin Z，Saqib B，Hu H Q. 2016. Immobilization of Pb and Cu in polluted soil by superphosphate，multi－walled carbon nanotube，rice straw and its derived biochar ［J］. Environmental Science and Pollution Research，23：15532－15543.

12. 钟晓晓，王涛，原文丽，刘永红，朱俊，付庆灵，胡红青. 2017. 生物炭的制备、改性及其环境效应研究进展 ［J］. 湖南师范大学自然科学学报，40 (5)：44－50.

13. 原文丽，冯磊，刘永红，郑新生，胡红青. 2016. 改性膨润土修复铜污染的土壤 ［J］. 湖南师范大学自然科学学报，39 (2)：43－47.

14. 杨海征，胡红青，黄巧云，黄丽，张喆，刘永红. 2009. 堆肥对重金属污染土壤 Cu、Cd 形态变化的影响 ［J］. 环境科学学报，29 (9)：1842－1848.

15. 杨海征，胡红青，黄巧云，黄丽，张喆. 2009. 堆肥对重金属污染土壤上茼蒿品质和产量的影响 ［J］. 农业环境科学学报，28 (9)：1824－1828.

Ⅴ. 修复植物对重金属的吸收

1. Huang G Y，Zhou X P，Guo G G，Ren C，Rizwan M S，Md S I，Hu H Q. 2020. Variation of dissolved organic matter and Cu fractions in rhizosphere soil induced by the root activities of castor bean ［J］. Chemosphere，

254：126800.

2. Huang G Y, You J W, Zhou X P, Ren C, Md S I, Hu HQ. 2020. Effects of low molecular weight organic acids on Cu accumulation by castor bean and soil enzyme activities [J]. Ecotoxicology and Environmental Safety, 203：110983.

3. Zhou X P, Huang G Y, Liang D, Liu Y H, Yao S Y, Umeed A, Hu H Q. 2020. Influence of nitrogen forms and application rates on the phytoextraction of copper by castor bean (Ricinus communis L.) [J]. Environmental Science and Pollution Research, 27 (1)：647 – 656.

4. Ren C, Qi Y B, Huang G Y, Yao S Y, You J W, Hu H Q. 2020. Contributions of root cell wall polysaccharides to Cu sequestration in castor (Ricinus communis L.) exposed to different Cu stress [J]. Journal of Environmental Sciences, 88：209 – 216.

5. Zhou X P, Wang S L, Liu Y H, Huang G Y, Yao S Y, Hu H Q. 2020. Coupling phytoremediation efficiency and detoxification to access the role of P in the Cu tolerant Ricinus communis L [J]. Chemosphere, 247：125965.

6. Huang G Y, Rizwan M S, Ren C, Guo G G, Fu Q L, Zhu J, Hu H Q. 2018. Influence of phosphorus fertilization on copper phytoextraction and antioxidant defenses in castor bean (Ricinus communis L.) [J]. Environmental Science and Pollution Research, 25 (1)：115 – 123.

7. Chhajro M A, Fu Q L, Shaaban M, Rizwan M S, Zhu J, Salam A, Kubar K A, Bashir S, Hu H Q, Jamro G M. 2018. Identifying the characterization of functional groups and the influence of synthetic chelators and their effects on Cd availability and microbial biomass carbon in Cd contaminated soil [J]. International Journal of Phytoremediation, 20 (2)：168 – 174.

8. Huang G Y, Jin Y, Zheng J, Kang W, Hu H Q, Liu Y H, Zou T. 2017. Accumulation and distribution of copper in castor bean (Ricinus communis L.) callus cultures：In vitro [J]. Plant Cell, Tissue and Organ Culture, 128 (1)：177 – 186.

9. Ren C, You J W, Qi Y B, Huang G Y, Hu H Q. 2017. Effects of sulphur on toxicity and bioavailability of Cu for castor (Ricinus communis L.) in Cu – contaminated soil [J]. Environmental Science and Pollution Research, 24 (35)：27476 – 27483.

10. Huang G Y, Guo G G, Yao S Y, Zhang N, Hu H Q. 2016. Organic acids, amino acids compositions in the root exudates and Cu – accumulation in

castor （Ricinus communis L.） under Cu stress ［J］. International Journal of Phytoremediation，18 （1）：33 - 40.

11. Muhammad A C，Muhammad S R，Huang G Y，Zhu J，Hu H Q. 2016. Enhanced accumulation of Cd in castor （Ricinus Communis L.） by soil - applied chelators ［J］. International Journal of Phytoremediation，18 （7）：664 - 670.

12. Kang W，Bao J G，Zheng J，Hu H Q. 2015. Distribution and chemical forms of copper in the root cells of castor seedlings and their tolerance to copper phytotoxicity in hydroponic culture ［J］. Environmental Science and Pollution Research，22 （10）：7726 - 7734.

13. 姚诗源，郭光光，周修佩，任超，黄国勇，胡红青 . 2018. 氮、磷肥对蓖麻吸收积累矿区土壤铜的影响 ［J］. 植物营养与肥料学报，24 （4）：1068 - 1076.

14. 黄国勇，胡红青，刘永红，黄巧云 . 2014. 根际与非根际土壤铜化学行为的研究进展 ［J］. 中国农业科技导报，16 （2）：92 - 99.

15. 金勇，付庆灵，郑进，康薇，刘永红，胡红青 . 2012. 超积累植物修复铜污染土壤的研究现状 ［J］. 中国农业科技导报，14 （4）：93 - 100.

Ⅶ. 重金属污染土壤的安全生产

1. Yang Y Q，Hu H Q，Fu Q L，Xing Z Q，Chen X Y，Zhu J. 2020. Comparative effects on arsenic uptake between iron （hydro） oxides on root surface and rhizosphere of rice in an alkaline paddy) soil ［J］. Environmental Science and Pollution Research，27 （7）：6995 - 7004.

2. Bashir S，Umeed A，Muhammad S，Allah B G，Iqbal J，Khan A，Husain A，Ahmed N，Mehmood S，Kamran M，Hu H Q. 2020. Role of sepiolite for cadmium （Cd） polluted soil restoration and spinach growth in wastewater irrigated agricultural soil ［J］. Journal of Environmental Management，258：110020.

3. Zhu P F，Zhu J R，Pan J Y，Xu W W，Shu L Z，Hu H Q，Wu Y，Tang C P. 2020. Biochar improves the growth performance of maize seedling in response to antimony stress ［J］. Water，Air，and Soil Pollution，231：154.

4. Umeed A，Hu H Q. 2019. Effect of rice straw，biochar and calcite on maize plant and Ni bio - availability in acid Ni contaminated soil ［J］. Journal of Environmental Management，259：109674.

5. Yang Y Q，Hu H Q，Fu Q L，Zhu J，Huang G Y. 2019. Water management of alternate wetting and drying reduces the accumulation of arsenic in

brown rice – As dynamic study from rhizosphere soil to rice [J]. Ecotoxicology and Environmental Safety, 185: 109711.

6. Zhou J, Hao M, Liu Y H, Huang G Y, Fu Q L, Zhu J, Hu HQ. 2018. Effects of exogenous sulfur on the growth and Cd uptake of chinese cabbage (Brassica campestris spp. Pekinensis) in Cd contaminated soil [J]. Environmental Science and Pollution Research, 25 (16): 15823 – 15829.

7. Fu Q L, Hu H Q, Li J J, Huang L, Yang H Z, Lv Y. 2009. Effects of soil polluted by cadmium and lead on production and quality of pepper (Capsium annuum L.) and raddish (Raphanus salivus L.) [J]. Journal of Food Agriculture and Environment, 7 (2): 698 – 702.

8. 周健, 郝苗, 刘永红, 付庆灵, 朱俊, 胡红青 . 2017. 不同价态硒缓解小油菜镉胁迫的生理机制 [J]. 植物营养与肥料学报, 23 (2): 444 – 450.

9. 万田英, 霍庆, 祁志福, 曹艳丽, 胡红青 . 2014. 武汉钢铁公司周边地区土壤和蔬菜重金属含量分析 [J]. 华中农业大学学报, 33 (4): 77 – 83.

10. 林笠, 周婷, 汤帆, 胡红青, 付庆灵 . 2013. 镉铅复合污染灰潮土中添加磷对草莓生长及重金属累积的影响 [J]. 农业环境科学学报, 32 (3): 503 – 507.

11. 汤帆, 胡红青, 刘永红, 姜冠杰 . 2013. 污染场地类型及其风险控制技术 [J]. 环境科学与技术, 36 (12M): 195 – 202.

12. 杨倩, 付庆灵, 胡红青, 黄承开, 董易君, 钟文 . 2006. 黄棕壤中铅镉复合污染对莴苣生长和品质的影响 [J]. 华中农业大学学报, 25 (4): 389 – 392.

13. 黎佳佳, 胡红青, 付庆灵, 吕意 . 2006. 单一与复合污染对辣椒生物量及重金属残留的影响 [J]. 农业环境科学学报, 25 (1): 49 – 53.

14. 付庆灵, 吕意, 黎佳佳, 胡红青 . 2006. 生菜对灰潮土重金属 Cd Pb 污染的反应与矿质元素吸收 [J]. 农业环境科学学报, 25 (5): 1153 – 1156.

15. 黎佳佳, 付庆灵, 吕意, 胡红青 . 2005. 辣椒对灰潮土重金属 Cd Pb 污染的反应与矿质元素吸收 [J]. 农业环境科学学报, 24 (2): 236 – 241.

16. 付庆灵, 胡红青, 黎佳佳, 吕意 . 2005. 灰潮土 Cd Pb 复合污染对萝卜产量品质和矿质元素吸收的影响 [J]. 农业环境科学学报, 24 (2): 231 – 235.